JN245015

# 贈与と共生の経済倫理学

ポランニーで読み解く金子美登の実践と「お礼制」

折戸えとな＝著
Etona Orito

Economic Ethics of Gift and Commitment

図書出版ヘウレーカ

# はじめに

スーパーマーケットなどで生産者のシールが貼られている野菜を見かけることが多くなった。顔写真や物語の書かれたポップが添えられていたり、最近ではバーコードやＱＲコード、ＨＰ情報なども商品に記載されている。消費者はそれらにアクセスすることで、作り手の顔を見ることができ、生産者や生産工程の説明といった物語を知ることもできる。「顔の見える関係」は、安心や信頼を商品に付与してどう効果的に売るか、どのように物語を消費者に説得力をもって伝えて買わせるかという、マーケティング手法として取り入れられるようになったが、その言葉が本来もつ意味は希薄化し、形骸化している感は否めない。

１９６０年代後半から70年代にかけて、安全な食べ物を手に入れたいと切望する家庭の主婦たちと、農薬や化学肥料を使わずに農作物を育てたいという農家たちが「信頼に基づいた顔の見える関係（face to face）」（中西 2015：62）で結ばれた日本における有機農業運動は、「提携」というユニークなシステムを構築してきた。水俣病事件などの公害は食べるという行為から食物連鎖によって汚染が拡大した。カネミ油症事件をはじめとする食品公害が多発した時代、森永ヒ素ミルク事件の弁護側に立った当時大阪大学医学部教授であった丸山博は、この事件の教訓から「生産者は消費者の命に責任をもち、消費者は生産者の生活に責任をもつ」という言葉を残し、これが日本の提携の一つの重要な理念として、今に至るまで運動を担ってきた人びとにとって生産者と消費者の関係を端的に表す言葉となっている。

ここでいわれる責任とは、当時裁判を争った人たちにとっては、当然のことながら裁判における刑事責任という意味あいも強くもっていたであろうが、そのような法的な責任概念に限定されず、食べ物を生産する人とそれを食べる人との間の関係性の中にある、双方が担うべき責任という倫理的な意味あいで用いられている。この両者の間に横たわる責任は「顔の見える関係性」の中に存在するのだというのが、提携の理念であり、さらには、この両者の関係性が敵対的なものではなく、「友好的つきあい」にもとづく「相互扶助」、もっといえば「自立互助」の関係性であることが望ましいとしたのだ。

だが、先に述べたように、「顔の見える関係」という言葉は、有機農業運動の特許でもなく、現在さまざまなところでキャッチフレーズのように使われるようになった。

そもそも「顔の見える関係」とはいったい何か。「顔」とは何を表象し、そして「見える」ということは一体何を意味するのだろうか。「他者の顔とは、私たちに何かを呼びかける存在としてそこに現前している」と言ったのは、第二次世界大戦のホロコースト、ユダヤ人の大量虐殺を生き抜いた哲学者エマニュエル・レヴィナスである。[1] 他者の「顔」はすでにそこに現前しているだけで、私たちの目の前に存在しているだけで、私たちに対して「殺すなかれ」と訴えているのだと。「顔」とは唯一無二のものであり、歴史上、世界中見渡しても同じ顔は存在しないからだ。その唯一無二の「顔」は、私たちに絶対的な他者として立ち現われ、またその他者という存在を認識したときに、他者との関係性において、責任が現われてくる。レヴィナスはこの他者の「顔」に対する応答の中にこそ、そして他者との非対称性の中にこそ、責任が出来する素地を追求し、その倫理学を第一哲学として位置づけた。対称性の中には道徳性は生まれないというのがレヴィナスの思想の根底にある。

責任の議論は、自然環境の問題が深刻になる時代に入り、その責任の対象や「他者」の概念を広げながら現在にまで議論が続いている。決して同等にはなりえない「他者」、唯一無二の存在としてこの地上に存在する他者。他者の概念は、人間を起点に、その範囲は次第に拡大してきた。動物、植物、微生物、命あるすべての生命体、そして、死者、先祖という肉体としてはすでに存在していない者たち、さらに死者と別の意味において、まだ存在しない者たちである、将来世代の子孫、そうした過去、現在、未来の存在を含めて私たちは認識を拡大しなければ、責任や倫理を語ることのできない現実の中に生きている。今に至るまで、他者の存在はその概念の枠組みを拡大しながらその議論が展開されており、例えば、人間たるものを研究してきた人類学では、「森が思考する」こと、その森の中に住む「ジャガーのまなざし」の他者性が議論され（Kohn 2014=2016）、環境哲学においても、建築物、空間、モノも他者として認識されるようになる[2]（篠原 2016）。

例えば、もの言わぬ者、声を発することのできない者、声を出すことができても、まだ言葉を話すことのできない乳飲み子[3]、そして牛や動物たち[4]。そうした他者たちから呼びかけられた側の私たちが、その他者からの呼びかけに応答することを課せられているのだ。

こうして他者概念が広がっていく中で、私たちにとっての他者は、もはや「相互性」を前提にして据えることはますます困難になるだろう。そして、責任という問題は対等な他者との間で問われることはできず、ますます非対称性を条件にして、責任をとらえる必要があるだろう。

レヴィナスが「顔」に責任の対象を見出したように、ハンス・ヨナスは乳飲み子の「声」に責任の対象を聞き取っているといってもいいかもしれない。「この呼び声に触発されるだけの能力」を責任の感情と定義し、傷つきやすい存在の「声なき声」に耳を澄まし、その声に「触発され」、応じることを責任の能力としている（Jonas 1979 = 2000：223）。この2人の責任概念に共通するのは、他者の「非対称性」を前提にし、その他者の「顔」、「声」に対して、私たちの側には、本来的に応じる自由も、または応じない自由さえも選択することが許されているにもかかわらず、その「顔」は私たちに「命令」をし、その声の主はそこに存在するだけで「べし」と要求してくるという点であり、それに対しての私たちの「応答」こそが、責任の本質であるととらえているところにある。そしてその呼びかけの「声」と、向けられた「顔」に答えるのか否か、どのように答えるのかは、まさに「私」の側に委ねられた責任なのだ。そして、この責任は決して、私たちを単に束縛する呪縛のようなものではない。

レヴィナス自身の言葉では、「『顔』によって立ち現われる非対称的な他者の存在は、私に責任を呼び起こさせる」のであるが、しかしその責任は単に私たちを苦しめるような重い責務を迫るようなものではない。それはむしろ「私の自由を傷つけるのではなく、私の自由を責任へと呼び戻し、私の自由をむしろ創設する」のである（Lévinas 1961=2015：51）。私たちが他者との関係性において担う責任は、私たちの側の自由を損なうものではない。つまり私たちの自由を制限するものでもない。それどころか、私の自由を責任へと呼び戻し、私の自由を生み出すものとなるという。そして、「汝殺すなかれ」と私たちに命令し、訴えている「顔」に対して応じることは「根底的には、共生を模索し、より善き共生を求めるがゆえの呼びかけ」（大庭 2005：30）という責任の発露となるのである。

有機農業運動が生み出してきた生産者と消費者の「提携」における「顔の見える関係」でいう「顔」も、このレヴィナスが概念化した「顔」、つまり絶対的な他者の存在とその関係における責任のありかを参照して理解することができるだろう。提携において責任は、生産者と消費者という立場の非対称性の中で問われているからだ。この非対称性は、すべての他者の関係性の中に存在しているにもかかわらず、時にはそれが意識されずに私たちの社会生活は営まれていることもある。そうした、他者との関係性の非対称性は、非常事態や事件、非日常の出来事などの際に顕在化する。

本書においては、東日本大震災の放射能汚染事故という事態が、提携関係の生産者と消費者の非対称性を浮き彫りにするだろう。顔の見える関係性であった提携は、その互いの顔に対してどのように振る舞うのか、どのように応答するのか、対峙するのかが迫られたのだった。生産者は消費者に対して、消費者は生産者に対して応答する可能性、応答する能力としての response-ability = 責任が問われる事態であった。生産者は汚染された自然と作物に対して、消費者は自らの子どもや身体の健康に対して、どう対応するかが問われた。これは、私たちが現状をどう認識し、どのようにして向き合うのかを生の根源から問われる契機となった。

「顔の見える関係」とは、放射能汚染を前にして、単に生産者と消費者だけの関係を指すのではない。母親は自らの子どもの顔を見て何を食べさせるべきなのか、その判断を迫られただろう。また、福島の生産者たちもそうだ。浪江町の牛飼い、吉沢はその牛の顔を見て、殺処分すべきか、飼い続けるのかを問われた。国からの「殺処分」の指示にもかかわらず、牛を飼い続けた彼には、「殺さないでくれ」と訴える牛たちの「顔」が、そして「声」が生かすことを命じたように感じたのかもしれない。吉沢が商品にならなくなった牛たちを未だ飼い続けている理由として、「俺は牛飼いだから……」[5]という、それ以下でもそれ以上でもないほど単純な言葉に表象されているのは、彼の牛に対する責任 = response-ability にほかならない。もちろん、そこで牛たちを殺すことも可能だ。いや、むしろ、殺すことが国から命じられている。しかし、何の罪もなく人間の都合によって放射能汚染にさらされた牛たちの顔を見、声を聴いてしまったその牛飼いは、殺すことができなかった。すでに商品価値のなくなった、出荷することのできない牛たちを飼い続けるという選択をしたのだ。「家畜でもなければペットでもない。それじゃあ動物園の動物なのか？　違うよね。でも、おれにもわからないんだよ。被曝した牛の生きる意味が――そのことは、みんなにも正直に問わなければならない」（針谷 2012：155）、そう語る吉沢は、そこに被ばく牛たちが存在していることの意味を自らに、そして世に問い続けるためにも、牛を飼い続けている。

　牛飼いは国の「自己責任でどうぞ」という態度に怒りを露わにする。被ばく牛の維持費用を「自己責任」でというのはどう考えてもおかしい。国は牛を「殺して、埋めておしまいにする」ことを命じてくる。そもそも、汚染問題がなかったとしても肉牛は殺されて肉として売られるために育てられたものだが、今はその商品価値も存在意義もなくなった「動くがれき」（前掲書：139）として牛を見ることができる役人とは異なり、この牛飼いにとっては、牛は命のある他者である（現在の環境哲学ではガレキも他者に含まれるだろう）。そして、その他者にどう応えるのかを問われ、彼は牛を生かすことを選択したのだ。たとえ「農家のあずかり知らぬところで起きた」（前掲書：136）事故であったとしても、汚染してしまった牛を処分することを命じられ、それに従わないで生かしたときにかかる維持費用は「自己責任」であるという時、この「責任」はここで議論している「責任」とは異なる意味で用いられている。すなわち責任を担うべきものがそれを放棄するだけでなく、その責任放棄を正当化するための方便として使われているといわなければならない。

本書は、すべてが「自己責任」という「自己統治」や、強者の「責任の放棄」と、倫理の基礎に支えられてはじめて立つことのできる柱としての「責任」とが同義として語られていくような「無責任」なすり替えが起こっている風潮の中で、牛の「顔」や「声」によって表象される現前する他者、その存在の現われが私たちに問うてくる責任にどう応じるかという「責任」の問題をも問う。それにいかに応えるかは、私たちの「自由」なのである。

しかし、その応答可能性（response-ability）の「自由」が開かれているにもかかわらず、時として、いや、もしかすると常に、私たちの側はそれを「命令」や「要求」のように「なぜか」感じてしまう。そのメッセージは他者からの「殺さないで」という命令であり、要求である。「顔において他者が現前することが平和なのである」（Lévinas 1961=2006：51）という言葉は、私たちは顔を向けられた時、その「殺さないで」というメッセージを受け取ってしまっているがゆえに、この他者とどのように「共に生きるのか」という私たちの側のレスポンスを呼び起こす。私たちにはその他者の顔を拒否する自由があるにもかかわらず、目をそむけ、知らないふりをすることさえも許されているにもかかわらず、もしも、その「顔」を無視し、知らないふりをするならば、心の奥底にどこか苦しさや負い目を感じてしまう。それが責任の根源に横たわる困難な自由の問題なのである。[6]

# 贈与と共生の経済倫理学†目次

# 第2部　「お礼制」の可能性

## 第7章　人間の動機と経済合理性――ヴァルネラビリティというつながりの起点　241

## 第3部 「お礼制」に埋め込まれた「もろとも」の関係性

＊とくにことわりのない限り、調査対象者の所属、肩書等は調査当時のものです。

# 序章　「お礼制」と人間的解放

## 本書の背景

２００４年、筆者が有機農業で新規就農をして間もない頃、就農先の地域の人びとから「農業なんかじゃ食っちゃあいけないよ」とよく言われた。農業とは、食べ物を作っているにもかかわらず「食ってはいけない」という言葉が意味するのは、もちろん生計を成り立たせるのが難しい、お金にならない、儲からない仕事ということであった。そういう認識が一般的だった。それから、さほど時間が経ったわけではないが、近年、「儲かる農業」というフレーズが聞かれるようになった。これからの農業に必要なのは、農民ではなく、農業経営者であるともいわれる。それが喜ばしいことなのかどうかわからないが、これまでの一般的な農業のイメージを払拭する農業観をあえて打ち出そうという意図、雑誌や書籍の販売戦略でもあり、同時にそのようなまなざしで、人びとが農業を見始めているということの証左でもあるだろう。農の営みをどこかで非効率で非合理的なものであると感じ、どうしたら農業を「儲かる」仕事にできるのかという見方をする背景とも無関係ではないだろう[1]。

この「儲けることを人生最大の目的として、倫理的、社会的、人間的な営為を軽んじる生きざまを良しとする考え方」こそが市場原理主義である（宇沢 2016：39）。１９６０年代に世界各地に拡散し始めたこの市場原理主義的思想は、今や私たちの生活の隅々にまで及び始めている。そして近年喧伝されている「儲かる農業」[2]、国際競争に打ち勝つ「強い農業」といった発想は、この思想が農業分野でも加速的に浸透し始めているとみてよいだろう。このような市場原理主義の思想は「社会の非倫理化、社会的紐帯の解体、文化の俗悪化、そして人間関係自体の崩壊」といったものをもたらし、結果的には非人間的な状態を象徴する子どものいじめ、自殺の頻発といった人びとの精神の病理という社会現象につながっている（宇沢 2016：38）。そして、市場原理主義の波は農業分野のみならず教育、医療など生活世界全体を覆う勢いで影響を及ぼし続けている。

　こうした背景を受けて、世界各地で大小多様な抵抗運動もまた活発化している。世界のあり方、私達が進むべき方向は、これで本当によいのだろうかという疑問や抗いから、いかに生きるのかという根源的なテーマに対する問い直しが世界各地で始まっている。世界各地でさまざまな運動として行われているこれらの人びとの動きは、多種多様に見えるが、その根底にある問題意識には共通点が見られる。人間の管理社会の広がりに対して自由、貧富の格差に対する平等、管理主義や全体主義に対して民主主義、恐怖や憎しみに対する相互扶助やケアといった生の根源に関わるテーマがその運動が問うている問題群である。例えば、協同組合運動、連帯経済、スローフード[3]、スローシティ[4]、スローサイエンス[5]、反功利主義運動、贈与の経済、脱成長、ブエン・ビビール、アグロエコロジー、トランジションタウン[6]などである。また、世界で同時多発的に起こっている、電子経済、ウィキペディア、脱成長とポスト開発、スローフードやスロータウン、スロー科学、ブエン・ビビール声明[7]、自然の権利宣言とパチャママ礼賛[8]、対抗グローバリゼーション、政治エコロジー[9]、急進的民主主義、「怒れる人びと」運動[10]、ウォール街オキュパイ（占拠）運動[11]、富のオルタナティブな指標研究、自己変革運動、質素な生活や節倹に豊かさを求める運動、文明間の対話、ケア倫理、コモンズの見直し[12]といった異なった名前で呼ばれる多岐にわたる人びとの活動や思想の潮流を同じ問題意識の連なりであるといってよい。

これらを、コンヴィヴィアリスム＝共生主義として一つの新たな潮流にしていこうという動きも始まっている。イリイチの概念を起点にそれをさらに拡大しながら、いかに人と人が、また人と自然が共に生き続けていくのかというテーマは、「共生主義」（コンヴィヴィアリスム）として次のように説明されている。「共生主義」とは「他者をいたわり、自然への配慮を忘れずに、自分が属する社会のすべての構成員の幸福のために、責任を果たしつつ生きていくこと」（西川・アンベール 2016：7）。言葉にすると至極簡単で当たり前のことのようにも聞こえるこの「共生主義」ではあるが、それをいかに現実の社会の中で実行し、次の時代を切り拓いていくのかは、現在の世界を見渡してみると喫緊の課題であることがわかる。今人びとが生きる世界の中で「倫理」という言葉が盛んに使われるようになったのは、この他者をいたわり、自然への配慮をし、また自分も他者の幸福も実現しながら生きる責任を果たすことを可能にするための規範として「倫理」が模索されているからだといってよい。それはとりわけ、市場原理が覆い尽くす経済合理性の荒波の文脈の中で盛んに語られるようになっている。

しかし、こうした運動が市場原理主義に対抗してどれほど活発化しても、市場原理を敵視し、批判し、また打倒するといったシナリオは現実味を帯びてはいない。市場システムは、時折その脆弱さを垣間見せながらも、強靭に機能し続けている。だからといって、もはやこの現実を仕方がないと肯定し、市場の下僕として、市場原理の競争の中で走り、勝ち負けを競い、時に疲れ果ててそのレースから脱落することに怯えながら生きざるを得ないのだろうか。上記に列挙した運動は、時として市場という強靭なシステムに対抗する小人たちの群れのようにさえ感じられる。[13]

とはいえ、一見強靭に見える現行の市場経済システムも決して安泰ではなく、むしろ「危機」を孕んで危うい運転を続けている老朽化した車のようになりつつあることは多くの人が感じているだろう。それは、システム内部の問題というよりも、市場システムの維持にこそ、外部としての非市場を必要としているからだ（荒谷 2013：15-19）。「外部」を食い尽くし猛烈な勢いで拡大する市場システムは、その拡大の果てに、取り込むべき「外部」の存在を消滅させ、結果として市場内部、すなわち自らが死守し、拡大してきたシステム自身の生存基盤の崩壊を招きかねない。その時は、システムの内部も外部も崩壊することを免れないかもしれない。

## 問い直しとしての「お礼制」

先に見てきたような人びとの運動は市場原理主義が席巻するにしたがって近年より先鋭化しているが、しかしこうした抵抗運動は決して今に始まったことではない。すでに近代文明に対する批判的な問い直しや環境と経済の相克が最も顕在化したのは１９７０年代で、日本国内でも、また世界の至る所で、人びとの日常生活の中から問い直しは始められて、現在までその流れは続けられてきたといってよいだろう。本書が事例として扱うのは、そうした人びとの生きる現場から立ち上がってきた運動の一つである有機農業運動である。日本においては、反原発運動をはじめ多くの市民運動がなされたのが１９７０年代であったが、この有機農業運動は、食と農を切り口として近代化、産業化、さらに国家主導の市場経済が牽引する経済合理性への一つの抗いの運動であった。都市化が加速した時代の中で急激に増加した消費者と、農の近代化と工業化優先の流れで急速に減少する農民たちが自然に配慮し、命の価値を重んじつつ共に生きるために、結びついたのが日本の有機農業の原点であった。

事例とした埼玉県比企郡小川町の霜里農場には、「お礼制」と呼ばれる、生産者と消費者が直接農産物をやりとりする仕組みがある。この農場で収穫された農産物を消費者、つまり非農家の人びとへ直接届けるというシンプルな仕組みである。日本の有機農業運動の中では生産者と消費者が直接農産物を流通させる方法が「提携」と呼ばれており、ＣＳＡ（Community Supported Agriculture）に代表されるような食と農のオルタナティブ運動の先駆けといわれている。この「お礼制」は「提携」の一形態であるととらえられてきた。その意味においては、先に列挙された世界各地の運動の潮流にも位置づけられており、近年この農場にも多くの人びとが訪れている。

この「お礼制」は霜里農場において１９７７年から「こころみ」として始まったものであり、それが現在まで続いている。「お礼制」とは、生産者と消費者が直接に関係を取り結び、両者が農産物の授受を行う仕組みのことをいう。基本的には農産物を「売買」するのではなく、生産者は農産物を消費者に贈与し、消費者側は各々の「こころざし」に基づいて農産物への「お礼」をする、ということから「お礼制」という名前がついている。この「お礼制」は有機農業運動が生み出した産消提携の一形態ではあるが、決して一般的な提携の方法ではなく、この方法を採用している事例は、あまり存在していない。さらにこの方式については今まであまり着目されず、この「お礼制」の実態や意味はさほど注目されてこなかったといってよいだろう。しかしながらこの「お礼制」の中にこそ、提携の最も重要なエッセンスが凝縮されている。「お礼制」の解明は「提携」の解明でもある。

## 現場からの二つの言葉

本書の問いを導き出すことになった二つの言葉があるので、最初にここで紹介しておくことにする。一つ目は、農場主、金子美登（よしのり）氏の以下のような言葉である。

「『お礼制』に切り替えたことで精神的に安定し、百姓として人間的に解放されたみたい」

幾度となく、かつ何気なく語られてきたこの「人間的な解放」という言葉はどのような意味なのか、「お礼制」に切り替えたことと、精神的な安定とはどのような関係があるのだろうか。自ら作った農産物に値づけするという主体的な農民としての行為を放棄してしまったかのようにも見える「お礼制」であるが、切り替えた後になぜ、百姓として人間的に解放されたと感じたのか。「お礼制」開始から10年後に書かれた子ども向けの本である『未来をみつめる農場』のなかで、金子は「お礼制」自給農場としてのこの農場の「豊かさといいようもない安心感は目をみはるばかり」（金子 1986：101）と表現した。そして「このままこの農場を90年間続けること」を夢見ていると述べている。

このように表現される「お礼制」とはいったいどのようなものであり、農民に何をもたらしたのだろうか。市場を介さない直接的なやり取りの中で農産物が贈与されるという「お礼制」のどのような要素が、このような言葉を引き出したのだろうか。

もう一つは、この「お礼制」開始から40余年後に起こった一つの大きな事件、東日本大震災以後の福島原発事故による、放射能汚染問題と関連したものである。この原発事故は、有機農家、慣行農家を問わず、甚大な影響を及ぼしたことは周知のとおりであるが、とりわけ、環境、健康、安全性などを配慮してきた有機農家、そして消費者にとっても、今まで築いてきた関係が根底から覆されるほどの出来事となった。震災直後に、有機農法は自然物を循環させるため、慣行農法よりも危険だという情報が専門家の言葉として流れたことで、安全性を標榜していた農家にとっては厳しい試練となった。これまでも霜里農場はゴルフ場建設問題や火事といった災害や試練を経験しながら農場の営みが続けられてきた。乗り越えてきた数々の災害や事件の中でも、この放射能問題は有機農業にとっては根源的な課題をもたらしたものであったといっていいだろう。本書の研究は、この震災、放射能汚染問題が発生した時期にまたがって行われたために、この問題を無視しては、論じられないものとなっていった。

そのような時期に、「お礼制」の最初の消費者であった尾崎史苗氏にインタビューをすることになった。その中で交わされた会話の中で出てきた言葉が、二つ目の問いを導くものとなった。放射能問題について質問した筆者に対して、返ってきたのは次のような言葉だった。

「心配は心配なんですけどね、金子さんのはね、〝もろとも〟と思いますよ」

食べ物の安心と安全を求めて有機農産物を選択して提携をしてきた一消費者が、なぜ「金子さんのはね、もろともと思う」と言ったのだろうか。安心安全を価値として有機農産物を意識的に選択してきた消費者たちの中には、この原発事故を経て、農家との提携をやめてしまったというケースも多く発生した。そうした安全性を第一に放射能問題に関しては提携のほころびが見られ農産物の買え控えや風評被害が起こったにもかかわらず、「もろとも」というこの言葉を発し、その農産物を食べようとするこの行為は、どのような理由によるのだろうか。

金子が「人間的に解放された」と表現した「お礼制」、そしてその「お礼制」の最初の消費者として今日まで野菜を食べ続けてきた尾崎の口から、放射能汚染問題の直後に出てきたこの「もろとも」という言葉。「お礼制」は金子をなぜ「人間的に解放してくれた」と感じさせ、精神的な安心感をもたらしたのか、さらに40数年たった後に、放射能汚染を経験した尾崎が金子とは「もろとも」であるという言葉を発したのか。本書の問いはこの二つの言葉を手がかりに展開していく。

まず、第1部では現場の人々へのインタビューによるライフストーリーを記述し、第2部ではそのライフストーリーをもとに、「お礼制」という仕組みの解明とその意義を明らかにする。そして第3部で、その「お礼制」の中に埋め込まれている「もろとものの関係性」とは何かを、主としてカール・ポランニーの思想を基盤として論ずる。

# 第1部　一人の決意が地域を変えた

第１部では、金子美登が営む霜里農場の特色と、お礼制を始めた金子美登、消費者である尾崎史苗とともに、中山雅義、渡邉一美、安藤郁夫、山本拓己という４人のインフォーマント（情報提供者）たちのインタビューをもとにしたライフヒストリーを記述する。取り上げるインフォーマントたちの語り、そしてライフヒストリーは、生身の人間たちの固有の人生の記録であり、またそれぞれの物語の重なり合いや、それぞれの物語の中に描かれる、一見偶然のような出来事の重なり合いが、広がりをもっていく様子、また一人の人間の暮らし、人生の中には重層的な関係性の層が生み出され、その関係性が幾層にも重なりあいながら人の暮らしが営まれていることが見えてくる。

基幹産業が農業から工業へと時代が大きく転換する時代背景の中、また自由化の波が押し寄せる時代、金子は自らの生存と農民として生きる意義がどこにあるのかを模索した。また同時期に母親であった尾崎史苗は、「たまごの会」で安全な食べ物を子どもたちに手に入れるために活動していたが、離婚を契機にシングルマザーになった。それぞれが別の立場と場所で必死に生存を希求する中で、双方が出会いつながっていく仕方が「お礼制」と名づけられたものである。この関係の中において、農夫は自然に対する責任を担い、母親はシングルマザーとなって子どもを育て、その子どもに対して責任を担っており、さらにその両者は互いの生活と生命に責任を担い合う。その時に農産物やお礼としての貨幣が授受され、そこには、感謝の思いや、やりがいが付与されている。

こうして始まった「お礼制」によって支えられた有機農業は、次第に地域の地場産業の担い手へと広がっていく。時系列的には、まず晴雲酒造の旦那である中山雅義が、酒蔵の未来を見据え、経営維持、そして生きていくために、高付加価値商品としての無農薬米づくりに踏み出す。その時に、地元有機農家である金子と出会う。当初は高付加価値のための酒づくりが、いつしか農家の再生産を支え、生活を支え、そしてその役割を担う自分を「旦那」の生きがいとして認識するようになる。

次のインフォーマントは、スーパー業界が大きくなる時代に、小川の隣町ときがわ町で小売業の豆腐屋を営む渡邉一美である。遺伝子組み換え大豆問題に消費者によって目が開かれ、お願いされて地元大豆、国産大豆を使った豆腐をつくりはじめる。最初は競争原理による規模拡大路線からの生き残りをかけた模索であったが、次第に大豆を買い支えることで農家を支援し、そしてその結果として環境を守ることを自らの役割として課していく。

霜里農場の隣の集落に住む、慣行農家の安藤郁夫は、中山間地の小規模農民として地域の資源を生かしながら複合生業を営んできたが、次第に行き詰まっていった。農民としての人生の最晩年に、金子の元に相談に訪れたことから、有機農法に切り替えた。有機農法に切り替えれば、金子がすでに開拓した販路があった。安藤は、生きていくために必死の選択ではあったが、有機に転換した後、人生で初めて農業が楽しいと思え、自らの農業、そして農作物に誇りをもてるようになった。

安藤と下里一区の慣行農家が有機農業に転換して間もなく、リーマンショックの影響を受け、彼らが作った米の販売先のレストランが閉店となった。余った1・8トンもの米を抱えて困っていたちょうどその時期に霜里農場の見学会に訪れた、さいたま市のリフォーム会社ＯＫＵＴＡの社長山本拓己は、その話を聞きその米を全量買い取ることを即決、即答した。以来ＯＫＵＴＡは下里一区の有機米を社員が買い支える仕組みを作り、社員研修の一環として農作業をし、さらに会社が扱う特定の建築資材の売り上げの１％を下里市区の環境保全のために寄付をしている。営利企業として、環境に関わ

図１－１　お礼制のはじまりから地域社会への広がり

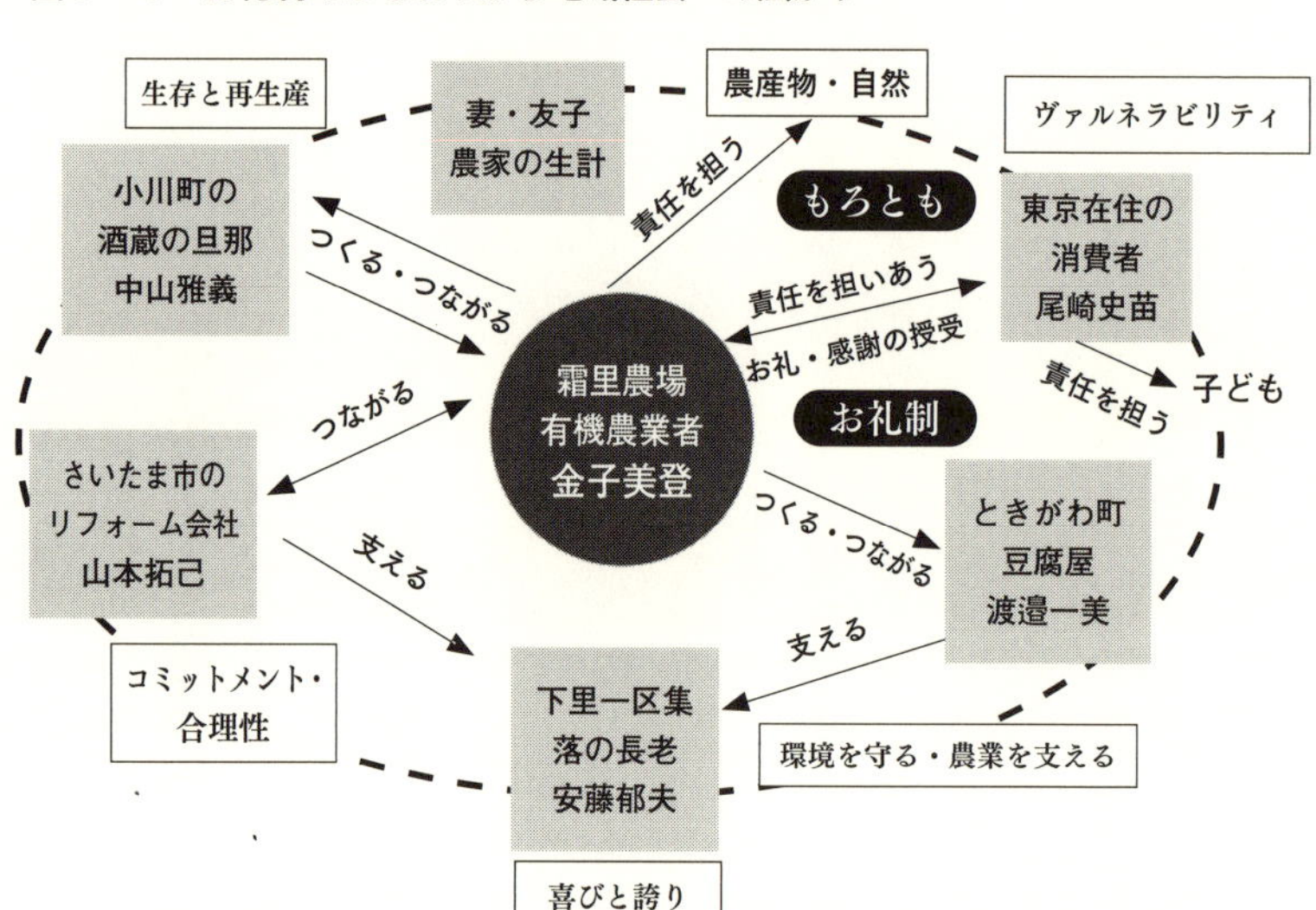


り、農家を支え、つながることにコミットメントと経済合理性を見出している。以上6名のインフォーマントの相関図は上記のようになる。

# 第1章　挫折から復活へ——金子美登の物語

## 1　「有機の里」霜里農場の特色

金子が営む霜里農場は埼玉県比企郡小川町で350年以上続く農家であり、1971年に金子の就農と同時に有機農業による営農を行っている。開始当初は町内で唯一の有機農家であったが、今現在では、この農場で研修をし、新規就農した農家、またIターン移住者などの増加により、小川町には40軒程度の有機農家があり、町内全体の6%を占める。[1] そのほとんどは新規就農、町外からの移住組だ。そして町内の面積比では14・3%が有機農業になっている。このような小川町の有機農業による就農者及び面積の増加が農林水産省（農水省）などから注目され、国内における有機農業先進モデル地域として注目を集めている。必ずしも専業農家だけではなく、いわゆる農的暮らしをしながら、家庭菜園など自給のための農、兼業などその形態はさまざまである。

都市からの移住者や新規就農者だけではなく、1999年より霜里農場が位置する下里地区の在来

図１－２　小川町と下里地区

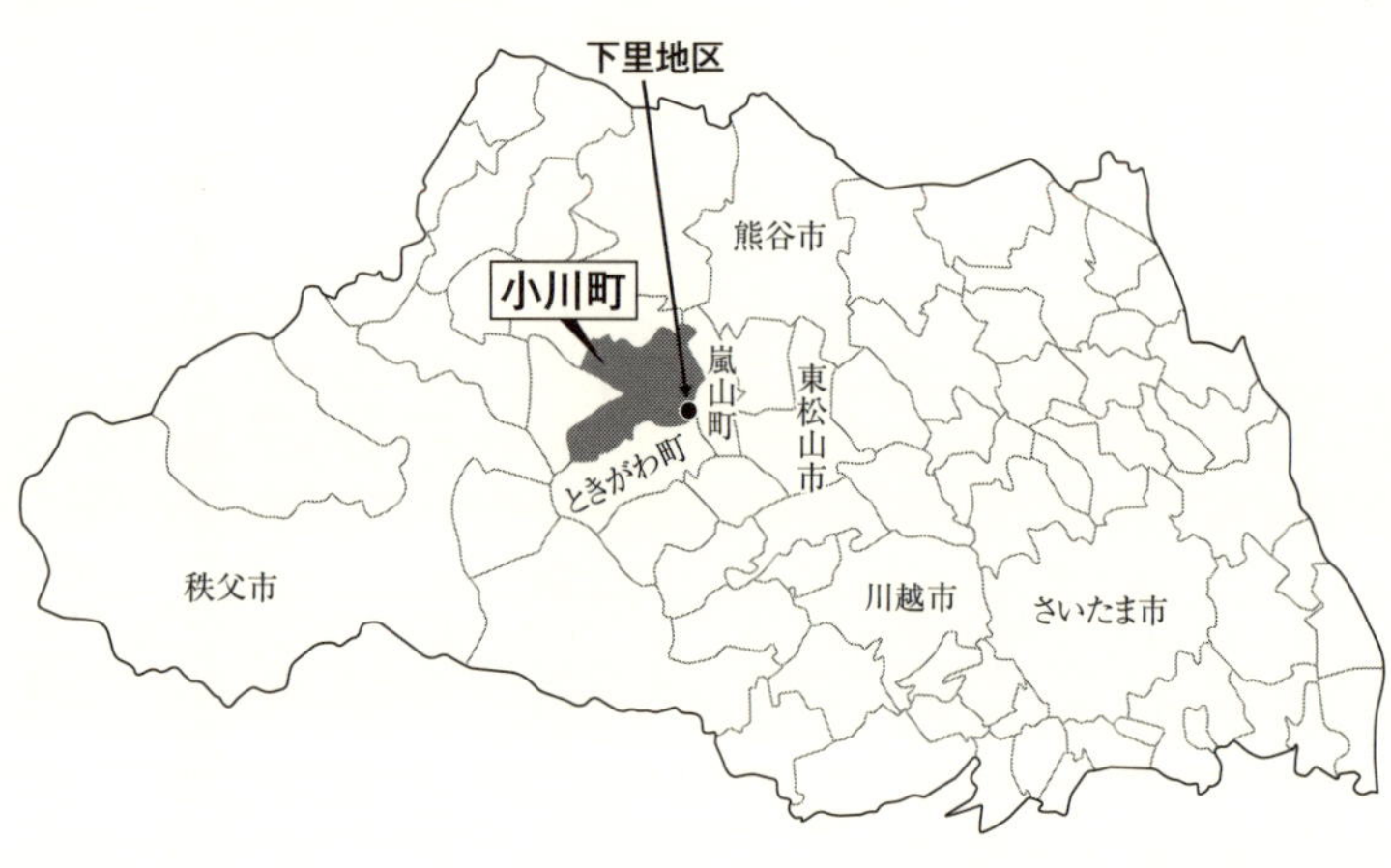


農家が慣行農法から有機農法に徐々に転換を始め、２００９年には集落全体が有機農業に転換した。今現在、日本国内では有機農家が点としての存在にとどまる傾向の中、在来農家が集落全体として有機農業に転換した事例として国内では高い評価を得ている。在来農家が有機農業に集落ぐるみで転換する事例はまれであり、農水省のモデルケースとなり、天皇杯を受賞することにもつながった。有機農業への集落全体の転換理由は、霜里農場がすでに実践してきた地場産業との連携などの下地があったことによる。霜里農場が培ってきた地場産業との関係や、有機農法の技術などの布石があり、集落の農家が徐々に転換参入を行った[2]。農業の工業化や産業化政策のなかで経済効率、作業効率などが悪くなり、日本各地ではすでに畦畔（けいはん）の大豆栽培や米麦二毛作などが行われなくなった時勢においても、この霜里農場が大豆栽培を続け、米麦二毛作を継続してきたことにより、地域内にあった地元の造り酒屋、豆腐屋などと連携が可能になり、地域内循環経済をつくる契機となった。そうした有機農

業を基盤として、集落、そして近隣町村でも生業を続け、さらに新しい形の生業の展開が試みられている。

また霜里農場は、身近な自然資源を利用したエネルギー自給の試みを含めた循環型農場として営まれてきた。農場の規模に合わせて適正規模に抑えた頭数での有畜複合農業により、家畜の糞尿を利用した堆肥づくり、家庭排水、汚水、汚物などのバイオガス発酵装置による液肥づくりやメタンガス、太陽光発電を利用した獣害対策用電気柵や、近隣豆腐屋からの食用廃油を利用したトラクター、車用ディーゼル燃料などエネルギー自給の試みも積極的に行ってきた。こうした身近な自然資源を利用した小規模な自然エネルギー利用と循環型農場の試みも、複合的な生計戦略のなかに位置づけることができる。

さらにもう一つの特徴として研修制度があげられる。[3] 近代農業、慣行農法が隆盛を極める中、有機農業を学ぶことのできる公的な学びの場がなかったために、先代からの寺子屋を応用した研修生の受け入れを行ってきた。通常1年間の住み込み、または通いによる研修生は農業未経験者、非農家が95％を占めており、その数は160名ほどになる。また海外からの短期間の研修生も随時おり、40か国近くの国々から訪れている。[4] この農場で研修した人びとは、研修後、全国各地で新規就農して営農しているが、必ずしも全員が農業に従事してはいない。しかし、広く農業関連の仕事に従事している。この研修制度は、農家が食・住、そして学びの機会を提供し、研修生は農場の仕事を手伝うという、労働・学びを交換し合う仕組みであり、契約による雇用関係ではなくむしろ師弟関係のような形で行われてきたことが特徴である。

このように小川町は現在、「有機の里」として日本全国、また国外でも知られるようになったが、その発端となったのは、これから見ていく金子の個人的なライフストーリーである。一人の人間の決意や想い、そして日々の実践が地域全体に波及し、小川町で「有機農業」が展開された。その過程には、当然のことながら、そこにさまざまな背景や条件、経緯、要因、関係者の存在がある。

# 2　霜里農場前史

## 霜里農場の生業変遷

金子が家業を継いだ1970年代が、農業の歴史にとってどのような時代であったかを理解するうえで重要だと思われる、金子家の祖父母の時代、両親の時代から見ていくことにしたい。祖父母の時代、両親の時代、そして金子の時代と金子家三世代の暮らしと生業の変遷を追うことで、金子の生きた時代の特徴と、この時代に農民が直面した課題が浮かび上がってくる。

いつの時代においても、農民の暮らしにとって、国の主導する農政や国際情勢は無関係ではなく、生業や暮らし向きに少なからぬ影響を与えてきた。一農家の暮らしの変遷を見ても、農政という国内事情だけではなく、国際情勢、例えば第二次世界大戦とその後のシベリア抑留、国際貿易の影響といった社会情勢の影響を見てとることができる。34ページのグラフで日本の全人口に対する農業人口

## 埼玉県比企郡小川町

埼玉県比企郡小川町は埼玉県のほぼ中央に位置する、面積60.45㎢、人口3万152人の町である（2018年12月）。

奥武蔵や秩父の山々の緑と清流にめぐまれた盆地で、その地理的条件から、米、麦、養蚕を中心に比較的小規模な畑作で自給的な農業をしてきた地域だといえる。小川村には安永年間（1772～1781年）に江戸問屋の絹買宿が6軒あり、小川地方の絹の売買が盛んに行われたことを物語っている。小川絹といえばやはり、裏絹のことで、小川絹を盛んに江戸に送ったことを示す資料が残されている。小川は槻川の谷口集落として八王子・上州・熊谷方面・江戸・秩父へ結ぶ道が交わる要衝として、近世初期より市が立ち、発達してきた。小川と周辺の市は、市と市が組み合わされ、小市場圏が形成されたという。産業はその他、和紙や絹織物、酒、建具などで栄えた[5]。2014年11月、小川町及び東秩父村で伝承されている手すき和紙「細川紙」の技術がユネスコ無文化遺産に登録された。

小川町は現在、以下の27地区に分かれており、下里地区はその一つの地区である（なお、27地区は、次の通りである。青山、飯田、伊勢根、大塚、小川、角山、笠原、上古寺、上横田、木部、木呂子、高谷、腰越、下里（シモザト）、下古寺、下横田、勝呂、鷹巣、高見、奈良梨、西古里、能増、東小川、増尾、みどりが丘、靭負）。

現在は「下里」と表記されるこの地区は、もともとは「霜里」が地名の由来であるとされる[6]。この地区に残る、大聖寺にある、宝篋印塔の碑文のなかに、貞和5年（1349年）の年号と「下里郷大聖庵」という地名が刻まれているのが初見である。

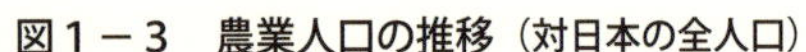
図1－3　農業人口の推移（対日本の全人口）

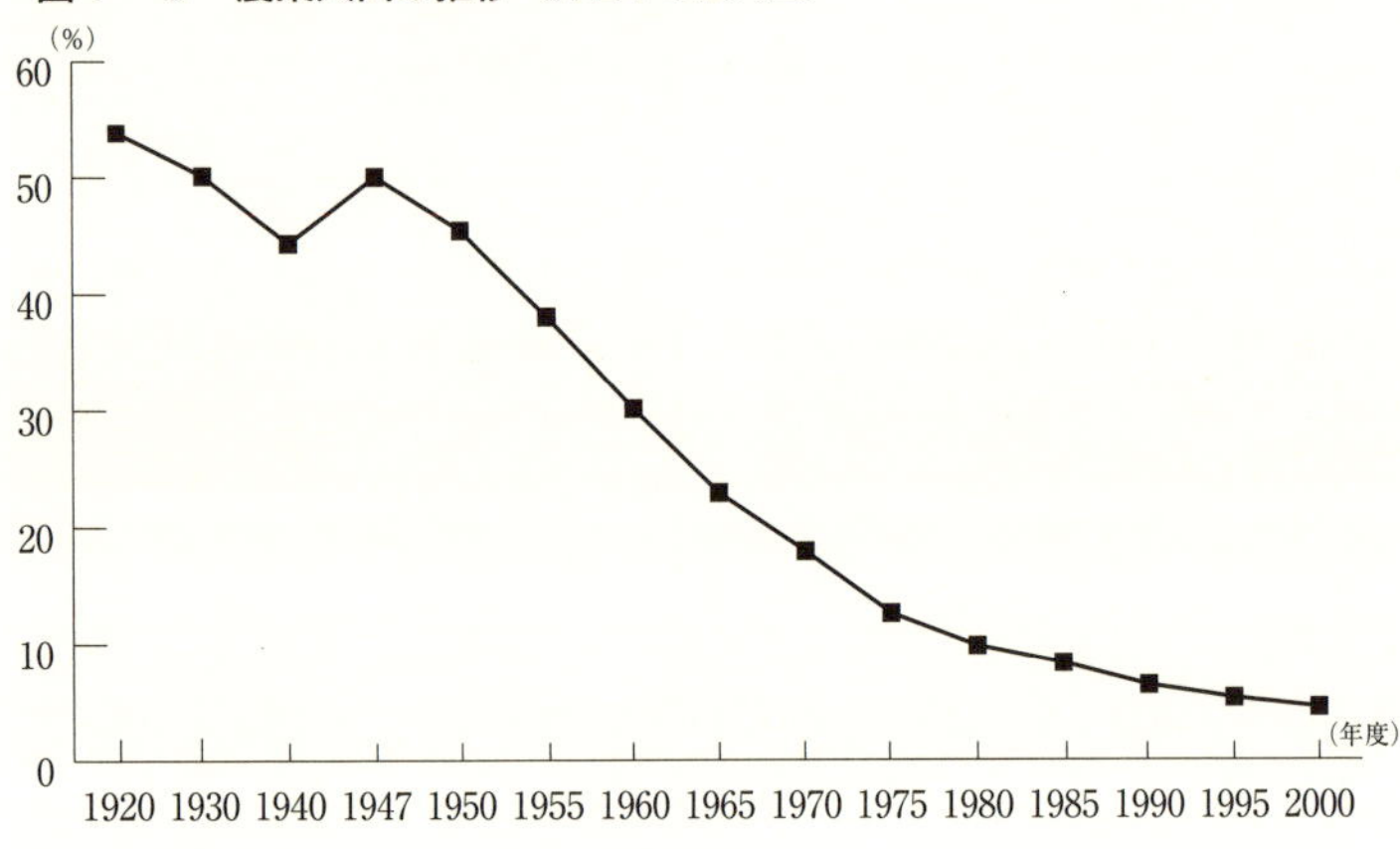


出典：農林水産省のデータをもとに筆者作成。

の割合の変化を見てみると、1878年生まれの祖父、そして1912年生まれの父親の時代までは農業人口の減少は比較的なだらかであるが、その後、1948年生まれの金子の時代に一気に農業人口の激減に向かっていることが読みとれる。

日本の経済社会の中における産業構造の変化、とりわけ工業化、都市化が急激に浸透したのが金子美登の生きた時代である。こうした産業構造の劇的な変化という背景が金子の生き方や農業に対する考え方に大きな影響を与えている。当然のことながら、祖父や父の時代に比べて、農を生業にして生きていくという選択の意味合いは、この時代特有の意味合いを帯びることとなった。

## 祖父母の時代――養蚕と機織りで財をなす

下里地区は、古くからの採石所があり、この石の存在がこの地域の生業にとって歴史的には重要な意味をもってきた。小川町の下里地区と青山地区は、

写真右、下里１区に並ぶ板碑（馬頭観音等）、左、集落の石積み（筆者撮影）。

鎌倉時代から中世まで続く、石切り場があり、日本でも貴重とされている通称〝青石〟（緑泥石片岩）が採掘されてきた場所である。[7]

金子家の本家はこの石工の末裔[8]であるといわれており、本家の石材業は現世代で途絶えてしまったが、金子石材店[9]という石材業を長らく営んでいた。現在、霜里農場となっている金子家はその分家で、4代目に当たる（曽祖父は濱次郎、祖父は忠蔵、父は萬蔵、本人、美登）。

祖父忠蔵は、1878年（明治11年）生まれで商才のある人物だったといわれている。小川町の上古寺地区の出身であった7歳年下のすて（〝捨て〟の意味）という妻と結婚し、この2人には、長男、二男（萬蔵）長女、二女、三女と5人の子どもがいた。すては、大変な機織りの名人で、すてと3人の娘たちは養蚕が最も盛んだった時代に、養蚕・繭取・機織りをして1日に二反を機織りで織り上げるような腕をもっていた。この女4人の働きで金子家の実入りは大変によかったという。それに加えて商才があった忠蔵は養蚕と機織りでなした財で、売りに出ていた集落の山林を次々に購入して増やしていった。

## 小川町の養蚕の歴史

小川町の養蚕の歴史は古く、奈良時代、７１４年（和銅7年）に、男衾(おぶすま)郡大河郷に帰化した高麗人によって絹織りの技術が伝えられ、そのうち秩父地方に広まった根古屋絹が秩父太織や秩父銘仙となり、一方、越生、小川、大里地方に広まった武蔵絹の一つが小川絹となった。主に、小川絹は着物の裏地とする小幅物の裏絹として流通していた（小川町編 2000：370）。祖父、忠蔵が生きた時代の江戸末期から明治にかけては生糸の生産量が増加し、日本の養蚕はすでに国際貿易の重要な品目であり、全国で養蚕が盛んに行われた時代である。明治から昭和初期にかけて生糸は日本からの輸出の70％～40％を占め、１９００年頃になると、日本は中国を抜いて世界一の生糸輸出国となり、アメリカが最大の輸出先であった。日本は、生糸の輸出で外貨を獲得し、それを財源に近代化が進められていった時代であった。

埼玉県は政府の奨励をうけて、生産額だけでなく研究においても全国屈指の養蚕県となった。養蚕は副業の代表でもあるが、とりわけ稲作の生産性が悪いところで発展している。江戸期においては、不足する生活費を補い、銭で納めなければいけない年貢のために、人びとは副業として養蚕に力を注いだ。本年貢は米で納めることが基本ではあったが、小川町の町域のように、現在でも33％が山林であるような自然条件のもと、水田面積が少なく、米の生産性の低い地理的条件に置かれた地域では、金納が割り当てられていた。そのため、もっとも換金性の高かった繭や生糸、絹織物は農家の貴重な現金収入の手段として広く定着していくことになった（新田 2014：60）。蚕は「お蚕様」と呼ばれ、農家にとっては換金して現金をもたらす貴重な存在であったし、それゆえ養蚕信仰として祀られる対象にもなった。こうした背景から小川町は製糸業、絹織物が地場産業として発展したのである[10]。

## 町場と市

養蚕業では、換金をするための市が重要な場となっていく。小川町の町場は、徳川家康が関東の新領主として江戸に入ったのち、この地方を支配した代官頭大久保長安によって整備されて市が開かれたのが始まりであるとされている。農家の副業で生み出されたさまざまな製品を換金するために市があったわけだが、市は常設ではなく、決められた日に商人が集まり、道に露店を開くもので、小川町の場合は、一と六がつく日がそれにあたり、六斎市と呼ばれ、月に6回開かれていた。

市の存在が町場の賑わいを生み、小川町には芸者の置屋が最盛期には13軒あった。また近江商人、伊勢商人も出店して、その中には常設店を構えた商人も出るようになった。江戸中期以降は「市」はその賑わいを増し、その賑わいの記録も多く残されており、「小川の市は大いに売れ申し候」（川越榎本家の１６５４年の日記）、１７８８年の「関東自慢繁盛期」の番付表には小川の市は上位に記載されている。

このように小川町の地場産業であった養蚕は金子家の生業の主要な一部でもあり、忠蔵は妻のすてと3人の娘を中心とした労働で生み出された絹織物を換金し、山林を買い、今の霜里農場の基礎を築いたといえる。金子の祖父が口にしていたという「孫の芸者遊びのために木を植える」という言葉にも表されるように小川の町場の栄えた時代であった。

## 養蚕と女性の役割

養蚕は女性が担う作業の多い生業であるといわれる。男たちの仕事は、桑の葉を集めてもってくること、また出来上がったものを町場や市場に売りにいくことが主な仕事で、それ以外は、女性が担う作業が圧倒的に多かった。米作りの田んぼの作業と野菜などの畑作、そして家事全般、それに加えて養蚕をすることは農家にとって、とりわけ女性たちには過酷な労働を課した。その時代を生きた農家の女性たちが、1年に3回繭を作る蚕の作業がどれほど大変だったかという言葉を口にするのはそのためでもある。金子の母親も晩年に「田んぼと畑、そしてお蚕、年3回」という決まったフレーズを繰り返し苦労話として口にしていた。

それと同時に、こうした女性たちの仕事における役割の大きさが、上州に見られるように養蚕の盛んな地域では「かかあ天下と空っ風」という言葉として残っている。「かかあ天下」という言葉が、近代養蚕の中心地にもなっていった上州によりはっきりとした形で作られていったのだろうが、絹工業が家内工業として、糸挽き、機織りまでを女性が担い、女性の技術に頼っていたことで、農家経済を支える主業にもなっていた背景がそこにはある。そうした女たちの働きが現金収入に直結していたことで、一家の家計を支えた女性たちの力は比較的強く、女性たちが現金収入をもたらす役割を担っていたのが養蚕の栄えた地域の特徴でもあった（福地 1963：光岡 2001）。そこには文化的な意味での家父長的な家族社会という側面からでは、外側には見えにくいが女性たちの存在感や力が垣間見られる。その意味において、金子家も女性たちの力が家族の暮らしの基盤を支えていたといえる。

## 両親の時代――養蚕から酪農へ

忠蔵の後を継いだ父、萬蔵は明治の最後の年、１９１２年（明治45年）元号がその年の７月に大正に変わる直前に生まれている。萬蔵は、農業をしながら、家では寺子屋を開き、地域の子どもたちに論語、漢文、書道、剣道などを教えていた。萬蔵は１９３１年に安岡正篤の創設した「日本農士学校」の１期生である。日本農士学校は敗戦と共にＧＨＱにより解体を命じられたが、萬蔵は同窓会会長として永く関わりをもったこともあり、現在、武蔵嵐山の国立女性会館（ＮＷＥＣ）の傍にひっそりと残る記念館には萬蔵の卒業証書が展示されている。陳列されている昭和６年４月の安岡正篤の開校式辞には次のようなくだりがある。

> 国家の新生命を発揚した者は、必ず退廃文化の中毒を受けずに、純潔な生活と確乎たる信念を持った質実剛健な田舎武士である。国家の明日、人民の永福を考える人々は、是非とも活眼を地方農村に放って、此処に信仰あり、哲学あり、私情あって而して鋤鍬を手にしつつ毅然として中央を睥睨し、周章ず、騒がず、身を修め、家を斉え、余力あらば先ずその町村からして小独立国家にしたてあげゆかうといふ土豪や篤農や郷先生を造ってゆかねばならぬ。是れ、新自治主義ともいふべき日本振興策である。

萬蔵は、この安岡の影響と農士学校の１期生として、地元の村で自らの役割を果たしながら生きた人物でもある。萬蔵は、町外の高坂から新井いちを妻として迎え入れているが、その数年前に金子家からは、萬蔵の妹で次女の金子カツが新井家の二男定吉のところに嫁に行っていた。さほど間をおかずに金子家と新井家の両家の間で、双方の娘の交換（トレード）が行われていたことになる。

いちは一人娘を身ごもったが、その赤ん坊の誕生を見ずして萬蔵は第二次世界大戦に駆り出されていった。残された妻のいちは夫の留守中に、一人娘を育てながら農業を続けた。当時、下里集落では出兵した男たちがほかにも大勢いた。戦時中、いちは村の人にお茶をだし、お礼をしながら農作業を手伝ってもらって田畑を守り夫の帰りを待った。「夫は帰ってこないかもしれない」、どこかでそういう思いもあり、生まれた長女が家長になる可能性も考慮しつつ娘を育てた。後にわかったことであったが、萬蔵は戦後シベリアで抑留されていた。他の大勢の抑留者同様、シベリア時代のことはあまり語らなかったといわれるが、お灸ができたことで上官の病を治療し、重宝されて生き延びたといわれている。シベリア抑留から萬蔵が帰還したのは戦後しばらく経ってのことであった。村の人たちは、ひそかに萬蔵はもう戦死しているのではないか、もう帰らないのではないかと噂をしていたが、いちは希望を捨てずに夫の帰りを待ち続けた。役場から、今日萬蔵が帰ってくると連絡がきたその日、いちは庭先に出て「ご苦労様でした」という言葉で夫の帰還を出迎えた。萬蔵が戦地から帰還し、その後まもなくして1948年（昭和23年）に生まれたのが、長男の金子美登である。

戦後、萬蔵は酪農を現金収入の柱にし、それに加えて薬草や花卉（かき）で生計を成り立たせていた。金子家にはじめてきた牛は金子が3歳の時に「引き車で牛を買ってきた〝福来号〟」という名前の牛で、祖父、忠蔵が1953年（昭和28年）に買った牛であった。酪農を主軸にした父の萬蔵はその後、少しずつ牛の数を増やしていった。萬蔵が農業に従事したのは、ちょうど日本が農業政策として酪農を奨励し、全国で酪農が盛んになった時期と重なっている。歴史的に見て「乳食文化圏ではない」日本で酪農が〝ブーム〟となり奨励されていくこの時期は、食文化の外的要因による変化と絡まり合いながら、日本の農業が「米と繭」から「米と牛乳」へと移行していく時代であった[12]（藤原 2014：266）。

１９５０年から60年代という時代に祖父忠蔵が最初の乳牛を購入し、その後、萬蔵が乳牛を増やしていくという酪農を主軸とした生業の変遷は、こうした国の農業政策と連動している[13]。萬蔵が増やした乳牛は最も多い時で30頭ほどで、それは金子美登の言葉では「さまざまの試行錯誤の結果、乳牛を1頭から、本当に石橋をたたいて渡るがごとく増やしてきた」結果の頭数であった。こうして酪農の規模を徐々に拡大し、萬蔵が生乳、花卉、薬草などを出荷して現金収入を得る一方、妻のいちは自給用の野菜、味噌や醤油などをすべて手作りしながら暮らしを成り立たせていた。先述のように、田んぼ、畑に加え、「年に3回のお蚕」がどれほど大変だったかが口癖だったいちの話から、養蚕もまだ継続していたことがわかる。こうして祖父母の世代、両親の世代は、時代の潮流にあわせ日本の農業政策の流れに沿った形で、現金収入の柱としての養蚕を酪農に移行しながら、自給的農業を組みあわせた暮らしが営まれていたといえる。

# 3 金子美登の原点

## 牛の健康問題からの出発

牛が20～30頭近くいた幼少期の金子にとって牛の存在は格別に大きい。小さな時から乳牛に接し、その暮らしに疑問ももたずに育った金子は、自然と農業高校に進学した[14]。金子は、子ども時代からすでに搾乳などの牛の世話を手伝っており、農業高校を卒業後に、進学した農林水産省農業者大学校[15]の「酪農経営計画」という題目で書かれた卒業論文では、牛とのかかわりについてその頃の様子を次のような言葉で表現していた。

初めて搾乳をしたのは、中学生の頃だったが、実にこわかったのを、今でもおぼえている。体中に力をいれて、ビクビクしてしぼると、牛はいやがり足をあげた（今考えてみると、こちらの人間がいかに、牛の立場を理解してやらないで扱っていたかということである）。けられるし、牛のシッポでは、ビシッとやられるし、なんでこんな仕事をしなければならないのかと思ってみたりした。しかし毎日乳牛と接しているうちに愛着を感じ、かわいがっていくうちに、乳牛達は、私を同じ仲間だと思うようになっていく。（金子 1971：13）

牛とのかかわりを通して、金子は牛を観察し、そして牛の方からも自分の存在を「仲間」として受け入れられていると感じていた。そしてそのかかわりの中から、牛という動物の能力と人間を比較する視点をもっていた。

牛の鼻でかぎわける能力、又、飼主をききわける能力は、素晴らしいものがあると思う。１㎞くらい離れていても、帰ってくるのがわかると鳴いて歓迎してくれる。彼女らの鳴き方により、目によりいっていることがわかるようになるし、実に正直である。一番自分に、正直なのである。人間には、できないことである。彼女達が、目をパチクリさせて、チョット顔を横にひねった時などは、実にかわいい。おどけたポーズもいいものだ。牛とともに、働く時、うそでない世界にいられるのである。レカ、ボスのグレン、ジョー、バーチ、ネザー、ビー、ミドリ、ギョク、などは、私が話しかける時の名前である。（前掲書：13）

このように、金子家で飼っていた牛には当時から今に至るまで一頭一頭、名前がつけられており、一頭ごとの性格が把握され、家族同然として扱われてきた。こうした牛と関わる青年期の生活から、金子は農業、酪農という仕事に対しての意味合いややりがいを見出し始めていた。次の言葉にそれが現われている。

堆肥を畑に運んだ時、またこれを土にすきこむ時、言葉にはいいあらわせないほど、気分がいいのは、農業者だけの特権であろう。酪農は、人間をかえる。真実の仕事をしなければならないと思う。（前掲書：13-14）

ここでは、酪農という仕事を「人間を変える、真の仕事」として受け止め、そのような仕事にたいする心意気が述べられている。牛という動物に対峙する時に、自らはどのような人間であるべきなのかを牛によって問われていると感じていた。その牛たちを世話する仕事、その牛の乳を現金化するという酪農は、牛とのかかわりのうえに成り立つなりわいであると同時に、人間としていかにあるべきかを牛によって日々問われるような仕事であると金子がとらえていたことがわかる。その後の金子の人生を貫く自然に対する感覚つまり責任感は、牛という物言わぬ存在、すくなくとも人間と同じような言語をもたない存在に対する感性によって育まれてきたといってよい。自然に対する金子の態度や感覚を培った大きな要因となったのはこうした子ども時代から接してきた牛たちの存在であった。こうして、牛とのかかわりの経験から生まれてきた素朴な疑問点として、当時金子は牛乳の味と牛の健康に関して次のような指摘をしていた。

農業学校（高校）を卒業して、本格的に、父と酪農に取り組んでから、2、3の疑問をもち、それを知るごとにその疑問は深まっていった。1つは、牛乳の味についてである。結論からいえば、市販されている牛乳がいかにうまくないかということだが、幼心に自分の家の牛乳を出荷しているメーカーの製品を宣伝し、自分の家の牛乳が入っているのだと、自分も大きな喜びを感じていたものであった。アイスクリームにも、コーヒー牛乳にも、牛乳が入っているし、白牛乳には、乳牛から搾ったままの乳が、当然使われているものと思っていた。ところが、いろいろと現実を知るにつれ、これらのことは、まったくくつがえされてしまった。（前掲書：18）

ここに挙げられている疑問の1点目は牛乳の味に関してであり、自らが搾乳した牛乳の味と、市販品の牛乳の味の違いについての指摘だ。次に、二つ目の疑問は牛の健康についてである。以下がその記述である。

2つめは、牛の耐用年数が短くなり、牛が弱くなったということである。2、3頭飼いの時は、別に草作りをしたわけではないが、土手の草を刈ったり、あぜの草を与えたり、充分自給できていた。この時分の乳牛は体型はくずれないし、実によく乳をだしてくれ、離しがたいものであった。ところが現在の乳牛は、もちろん多頭化につれて、粗飼料が足りないということが根本的事情と思うが、飼養標準どおり計算して飼ってもせいぜい長く搾っても6、7産くらいでつぶしてしまわなければならない。このようなことで、濃厚飼料にかたよってくる酪農に、疑問をもつとともに、完全飼料として高価に売られている配合飼料等も、本当に完全飼料なのかと疑ったものである。（前掲書：18）

牛の健康寿命が短くなっていることが気になり、牛の弱体化は多頭化に伴う飼育条件と、配合飼料のエサがその原因ではないかと問題視をしはじめる。農業者大学校を卒業するにあたり、当初金子が考えていたのは、もしも父親が主力としていた酪農をこのまま引き継いで続けていく前提に、こうした問題をどう解決するかという道筋であった。この「卒業論文」は自分が農民としてどのように生きていくかという展望を、自らの酪農経験をもとにひねり出した将来への方向性を示したものであった。

> このような体験の中からでてきた、小さな問題意識を少しでもよい方向へ、解決する方法はないものか、さがし出そうと求めてきたものが、これから色々書く中で、出て来ると思う。私が2年ほどの農業経験の中で感じ、また当大学校へ入る時、身上調書にも書いた、全国一元集荷多元販売ということは、流通をどうにかしようという意欲と、少しでも農業、農民のためになればということである。（前掲書：18-19）

父親の酪農を継ぐことを前提に、農業者大学校へ入学した金子はすでに、上記のように、市販品の牛乳の味と自分の搾った牛乳の味、つまり「味覚」という五感による気づきから疑問を抱いていた。さらに牛の観察を通して、牛の頭数に比例して牛の健康状態が悪化するということに気がつき、その原因をエサにあると仮説を立てていた。それゆえに、次第に酪農で生計を成り立たせていくための条件である土地問題、多頭飼育による規模の問題に意識が向かっていくことがわかる。

金子がこの卒業論文を書いた、１９７０年初頭という時代は、農業と農民にとっての大きな転換の時期であった。減反のはじまりと共に、農業が大きな転換期を迎えていることを意識せざるを得ないこの時期に、この卒業論文は書かれている。こうした時代の風潮、とりわけ国の減反政策を「米があまるからと、米のかわりに雑草をはやしていてもお金（補助金）をくれる」ために、「農民の生産する心をなくさせ」るような農業政策であったと批判し[16]、その結果、農民が培ってきた大事な「苗つくりや稲つくりの技術がとだえてしまう」ということを金子は危惧していた（金子［1986］1994：29）。

## 卒業論文に書かれた三つの課題

農民の生産意欲をそぐような政策が打ち出された時代に農家を継いだことにより、国の農政が奨励する養蚕や酪農を手掛けた祖父や父の時代のような選択とは異なる方向へと進んでいくこととなった。何かがおかしいと思いはじめていた金子にとって、近代化路線を志向した近代農業への道を進むことには安易に乗ることもできず、時代の流れと逆行せざるを得ない自分の農業への想いを卒業論文の冒頭の文章で次のような言葉で表現した。

これから書こうとしている卒論は、たぶんこの大学校が求めているものとは、少しピントがはずれた方向へ進んでいるかもしれないが自分でもそのことは、充分ふまえたつもりでいる。昨今の農業への風当たりは、内外ともに厳しく、農業は非常に軽視されつつあり、果たしてこのままでよいのかとさえ思われる。この物質的繁栄の裏側を、真剣に見ようとするなら、それと同居して、人間にとっていかに危険な方向へと、この日本全体が、いや地球全体が追いやられているように思われる。私達が、今後行おうとしている農業も、いかに、悪循環に陥り、どうもがいてももがききれないような所まできてしまっていると思われる。この時期に、経営計画の樹立もさることながら、もっと根本的な問題を、掘り下げて検討しておきたいと思う。すなわち自分の今までの過程を素直にふり返り、問題点を明確化し、追求するとともに、日本酪農の本質的なことへの問いかけを含めて、私がなぜ農業をしようとするのかを、腹の中にどっしりとつめ込んでおかないと、たとえ村に帰ったとしても、その荒波の中へ埋没してしまうのではないかと思われるのである。それらを含め、あらいざらいにすることにより、何ものにも屈しない気力と意欲が求められればいいいと思っている。（金子 1971：4-5）

かなり悲観的で深刻なトーンに彩られたこの卒業論文の書き出しは、農家の長男として育ち、家を継いで農民として生きていく、その決心を改めてするに先立ち、金子が抱えていた苦悩や葛藤が表現されている。１９７１年に執筆されたこの論文では、当時の一農民の目に映った農村、農業、都市、工業、国際情勢、地球環境などが描かれている。この時代に農民として生きるとはどういうことなのか、農民としての存在意義を自ら模索する内容がこの卒業論文を貫いている。

そしてこの論文中で、結論部に出てくる次のような文章においては、最終的に金子は農業の置かれている現状を分析し、それを三つの課題に集約させている。

卒論に対する考え方のくい違い、ジレンマなどもあり、前期集合教育、派遣実習、在宅学習を体験して、考え、思いついたことを、与えられた時間を有効に活用し、もっともっと追究しなければならないものがあったにもかかわらず、そこまでいかないで終ってしまったことは、非常に残念に思っている。それらは、経営に対する人間の問題、また消費者との直結の方向や、私の願う所の大規模畜産基地の必要性及び、計画等であった。現状の日本農業、私の経営をかえりみての混乱、悩みは、悲しいことに、自給自足以外に生き残り得ないようにまで思う。それは、第１に、自由化の問題であり、第２に、物価の問題である、第３に、公害の問題である。貿易立国で進む以外ないなら、当然、自由化を促進する方に向かうであろうし、外国品に比べ、べら棒に高い食糧を作り続ける農業でも先はないであろうし、農業公害の問題も、日本人の健康に重大なカゲリを与えている。（金子 1971：99　傍点引用者）

金子は、３年間かけて農業者大学校という学び舎で土壌学、栄養学、生物学など自然科学的な農の技術、さらに経営学、農業経済学、社会経済学、そして、哲学や思想なども含めて、座学、実習での学びを経験したが、現在の霜里農場のあり方に照らしてみると、その３年間の学びの集大成であることの「卒業論文」に書かれている農の思想、および農民としての生き方の指針は、金子がその後の農民として歩んだ人生の青写真として重要な方向づけをしていたことが見えてくる。

特に結論部分に書かれた「自由化の問題」、「物価の問題」、「公害の問題」という三つの課題は、農民として金子がその後、向かい合ってきた問題群であった。当時の金子はこの三つの課題の大きさにやや圧倒されながらも、それらの課題に対して、自らが農民としてこの時代を生きることの意義と、その方策はどこにあるのかを自問自答していた。卒業論文においては、農業の展望に関しては、かなりの部分悲観的なトーンに彩られている。

要するに、日本農業の将来は、貿易資本の自由化の闘いに耐え抜き、物価の安定に寄与し、大地と食料公害を根絶することなくして、生存は許されない。滅びる以外にないと思われる。（前掲書：99）

こうした日本農業の行く末に対する絶望感は、当時の農業の置かれていた状況を冷静に見据えていた彼の率直な想いであっただろう。にもかかわらず、金子はこの悲観的な文章を、「しかし」という接続詞でつづけている。この「しかし」は、その後の金子の人生を見通す小さな風穴のようなものである。卒業論文の「おわりに」で語られた金子自身の言葉は、自らを説得し鼓舞するような響きと共に、「しかし」という逆接の接続詞をもってこの課題に挑戦していこうとする若い農民の心意気のような言葉でつづられている。

しかし、日本の農業は、生き続けなければならない。日本民族の繁栄を充実、完全なものにするために、必ず農業は生き残るべきであると思う。なぜならば、国土と国民という、国家の二大構成要素を養い育てる農業こそ、人間の生命と大地の生命を養い育て、健康を維持増進する農業こそ、その使命とするところであり、人類生存の鉄則であると思う。農業を軽く扱うものは、生命

を軽く扱っているように思えてならない。（前掲書：99-100　傍点引用者）

この言葉こそが、３年間の学びの中で得た最終的な結論であったし、その後の金子の人生を導いていくことになる。ここで表明されているのは、農民として存在の自己肯定であり、そして農業を存続させることへの固い意志と誇りである。１９７０年代という時代の農業と農民が置かれた立ち位置から結論づけたこの「三つの課題」は、本書で明らかにしようとする「お礼制」を導き出す重要な道標となる。この三点の問題群に対し、それぞれに対応するかたちで金子は自らの営農を展開してきた。そのことが霜里農場を形成してきたといってもよいからだ。言いかえれば、この課題に対する解としての模索がもたらしたものこそ、霜里農場の「お礼制」であったということもできる。その意味でこの卒業論文の中に書かれている内容は、現在ある霜里農場の「種」あるいは「設計図」のようなものといってもよい。

## 農夫にとっての土地問題

金子の「三つの課題」に対する解に入っていく前に、彼の問題意識の根本にある「土地」に対する考えを見ておきたい。金子は、土地問題が農業の置かれた状況にとって決定的な問題をもつと卒業論文の時点ですでに述べている。当初、父の酪農を継ぐことを前提としていた時に浮上した問題は、牛の健康状態の悪化であった。当初は理由がわからずにいたが、次第に多頭飼育に伴うエサの問題から配合飼料、エサとして使っていた輸入大豆の粕が無脳症、牛の奇形の原因ではないかと考えるようになる。30頭の牛を狭いコンクリートで固めた牛舎に押し込めての飼育であり、放牧はできない。そのような環境での酪農を続けることは、健康な牛と、質のいい牛乳をつくる理想の酪農には程遠いものであったが、理想的な環境での放牧を実現しようとするには、土地問題が現実として立ちはだかっていた。そもそも金子の住む下里集落にはそのような放牧できるだけの規模の土地もなければ、すでに土地の値段がいまだかつてないほどに上昇していた。卒業論文での金子はこの土地問題について次のように述べていた。

> 今自分が進もうとしている方向は、他人が見たら馬鹿らしいと思うだろうが、現実の土地所有規模では、食って行けそうもない、農業の方向に歩もうとしている。ささやかな真実への抵抗と思われるが、これから夢みようとする牧場のための実験的なものにしようとしている。それは経済の発展していく方向とは反対の、量、物を基礎としたものから、質、生命を基礎とした農業経営の方向である。（前掲書：20-21 傍点引用者）

牛の健康、エサの問題を真剣に考えれば、自分の出身地である小川町の下里地区の地理的条件は大規模酪農に向いていないことは明白であった。理想とする酪農を継続して行うならば、小川町の地を離れて、別の新天地をめざすことも考慮に入れ、真剣に人生の選択肢を模索していた時期でもある。この時点では、まだ大規模酪農の夢を完全にはあきらめてはいなかったが、卒業論文の「おわりに」に書かれている次の箇所が今の金子の農業経営のスタイルの原型、礎となっていると思われる。

現在の私の家でやれる方法としたら、一番小さな方法が考えられるが、47年度以降からの実験計画予定なので、そこまでは、記さないでおいたが、そこからが、私の本当の出発ということになると思う。あくまでも、資本の妨害に会わない、自分も生活が当然の権利としてできる、見通しがでてくれれば幸いである。牛乳のみでなく、すべてに通じる農畜産物についても同じような方向で、村へ浸透させたい。しかし、土地の解決、これにともなう資金の解決がなされなければ、自給自足程度の農業で終わってしまうのかもしれない。すべてが兼業になってしまっている私の村では、それでよいのであるが、村だけの解決の方向で終わってはいけないと思う。（前掲書：75-76　傍点引用者）

金子は、自らの農民としての生き方と選択、土地に根差した農業という仕事をどのような形態で行うのか、悩みながら理想を追求していた。下里地区は集落全体でも30㏊程度しかなく、さらに小川町では次第に住宅地が増え農地が減少しつつあり、そして土地の値段は上がるばかりであった。そのような土地の面積規模や土地の価格上昇、そもそもの発端が牛の健康状態からの問題意識から発想された「生態的農業」を酪農で実現するには、余りにも自分の出身地では実現不可能であると思わざるを得なかった。

土地問題は、その後も継続的に金子にとっての一貫したテーマとなる。小川町地域内の市街化が進み土地の値段が上昇し、その土地が商品として売買されていく現状を見ながら土地問題と格闘する。

この問題に対する意識はことのほか高く、司馬遼太郎の『土地と日本人』に共鳴し、自らが思い悩んでいた土地問題と司馬の考え方が近いことに感銘を受けた金子は、司馬と対談を実現させているほどであった。[17] 金子にとって土地の商品化という現象は、自らの存在基盤と、農民としての生計維持にとって決定的な問題であった。[18] その土地の上で自らが投じた労働の成果である農産物をさらに、市場に出していくという農産物の商品化のあり方に対しても最初から疑問視していたのだった。金子は、土地をフィクションとして商品化し、それを投機対象にすることが、農民の暮らしも、そしてひいては環境を破壊する根底にある問題であることを理解するようになり、そして「『土地の商品化』という近代のフィクションは農民の農的暮らしを脅かし、その結果として現代の環境破壊を引き起こす」と論じていた司馬の土地問題に関する指摘に対して、わが意を得たりと共感したのだった（金子 1979：8-9）。こうして、この土地問題によって、国の農政が奨励した酪農を拡大してきた父の営農をそのまま引き継いでいくという選択肢の限界につきあたることになっていった。

## 家族との関係と土地に根差すという決断

さらに、家族の想い、家族との関係性もまた金子が理想の酪農を追求していくに際しての重要なファクターであった。小川町を出て新天地をめざして理想の酪農を実践するのか、それともあくまでも生まれ育ったこの小川町に根差すのかの選択に悩む。金子は、自分の選択が、決して自分一人の人生の理想の追求で進めていけるものではないことを、この時点で理解していた。家、両親、村（地域）という関係性の「しがらみ」とどのように折り合いをつけるべきなのかについて悩んでいた。そして今ある自分の学びの機会もまた家族の犠牲と期待の上にあることを十分に理解していた。農家にとって、息子を１人、３年間の大学校に送ることは大変なことであり、その間の労働力を誰かが肩代わりをしなければならず、また大きな現金出費を強いているということも当然理解していた。そうした家族の期待と犠牲を想うとそのことにも「負い目」を感じざるを得なかった。それらを振り切って、家族の想いを断ち切って理想の酪農をするか否かは、若い金子にとっては悩ましい人生の大きな選択であった[19]。結果的には、こうした状況の中で悩みぬいて自分の理想とする酪農の追求を天秤にかけた結果、最終的に理想の追求を断念して、故郷の小川町に戻って就農を決意することになった。「土地に根差す」ということ、与えられたこの場所で農民として生きていくことをこの時に決意したことになる。

## 4　生態系農業の確立を目指して

### 公害問題への解としての「生態系農業」という選択

ここからは、金子が挙げた三つの課題の一番目として、公害あるいは「農害」とも呼ばれた、農業における工業的技術がもたらした問題をとりあげて見ていきたい。１９６０年代から70年代にかけて、食の安全性や添加物問題などに関心が高まった背景には、「公害」問題による人びとの危機意識があった。メディアを通して報道される四大公害のニュースや、森永ヒ素ミルク混入事件、カネミ油症事件といった事件は、一般人に衝撃を与え、環境破壊、健康問題、食品公害に対する世論の関心を高める契機となる。この時期に有機農業運動にかかわった人びとの動機やきっかけにはこうした時代背景があった。実際に健康被害を体験していた農民や消費者もいたが、さらに、１９７４年から掲載された朝日新聞連載小説で有吉佐和子の『複合汚染』が与えた社会的インパクトは大きく、多くの女性、とりわけ主婦たちが有機農業運動に入っていくきっかけをつくった[20]。『複合汚染』の連載に先立ってすでに書かれていた金子の卒業論文でも、農業者として公害の被害者側に立たされることのみならず、加害者側に立つ危険性、つまり化学肥料、農薬を使う農業を行うことによる影響を危惧する文章がある。卒業論文の中には、自らの農法に対する考え方を述べる中で「公害」ならぬ「農害」という言葉で次のように書かれていた。

> 元来、農業は土から離れて存在しないのであるにも拘らず、最近は「商社農業」に典型的にあらわれているように、土から離れ工業化した生産が行われ、農畜産物の工業製品化が進められている。自然の制約（土地から離れない有機質肥料を投与する等）を離れ、経済合理性を貫徹して、生産を行う結果が、質の低下となり「農害」の発生を招いている。質量の追求は、必然的に、質の低下を伴い、農畜産物の質の低下は人間にとり致命的である。有機質肥料のかわりに、化学肥料のみで育てた農畜産物の質が低下し、農薬の厄介にならなければならないように、工業製品的、化学合成品的、農畜産物を食べた人間も、また質的に低下し、医者や薬なしではいきていけないようになりつつある。（金子 1971：20　傍点引用者）

こうした公害問題に対する金子の見方は、農業政策への不信と、農村の荒廃への憂慮と葛藤へとつながっていく。

最近急に問題視されだした公害も、ますます事態は悪化してきている。我々が、卒業後再び従事しようとしている現下の農業も、米の過剰問題などがからまり、食品公害等、現在の自分の立つところからどう出発してよいかわからない現状といってよいであろう。また、現状の政策などを見るごとに、反発的になり、信じられなくなり、展望のない所ない所へとおし出されつつある。この10年危機が累積されているにもかかわらず、解決の方向は出されず、その深みにどんどん陥っている状況である。これはいったい何なのだろうか。経済合理性という、資本論理にひきずられて、荒廃に向かう農村を目の前に見ながら、農業に対する施策の貧困、不信は大きい。私は、どうしようもないような実感の中で苦しんでいる。（前掲書：20）

農民が農業の近代化路線に乗って農業に従事することにより、自らが否応なく加害者側に立たされる事態を懸念していたが、当時この問題に言及しているのは金子だけではなかった。水俣病事件に関わり、「公害に第三者はいない」というテーゼを公害問題につきつけた工学研究者、宇井純も農業者向けの講演会で話した際、農民が「加害者」側に立つ危険性に言及していた[21]。「公害への開眼」と題した講演の冒頭で、宇井はこう切り出している。

> 農業関係の方にお話しするというのは、私にとって荷の重い仕事なのです。じつは私は中学・高校を通して、開拓農民の暮らしをしたことがあり、いくらか農業の経験がございます。その当時の終戦直後に比べて、現在の農業はたしかに大きく変わっております。[22]

変わってきているのは、農民の地位が相対的に低くなってきていること、それから公害問題という視点から見ると農業が加害者にも被害者にもなっているという実態である。生業としての農を続けていく中で、農民が意図せずとも加害者にならざるを得ないという状況と農業の変化について言及し、次のように続ける。

> 最近は、とくに農業とか、肥料とか畜産という形で、**農業そのものが公害の加害者になる機会がふえてまいりました**ので、早々私もいままでのように工業対農業の対立として公害をつかまえて、自分は農業側につくという態度ばかりをとってもいられなくなりました。いうだけのことを農業に対してもどんどんいおうではないか。かならずしも農業を応援する側にはまわらない。たとえば、ここに正確な図はもちあわせておりませんが、こういう傑作なグラフを、最近農学部関係者から手に入れることができました。昭和25年～40年の15年間に、単位面積あたりの農薬の使用量はほぼ4倍にあがっている。それに対して、その農薬をまいた単位面積当たりの病虫害の損害量は殆どかわっていない。これは世界各国でいわれていることでありますが、日本でもこういう奇妙な

結果が出ているということを、私は今までうっかりしていて知りませんでしたが、こういう奇妙な結果になるとすれば農薬をたくさんまいても、べつに病虫害は減らないんだということになります。それで、では農薬をもうそろそろ減らしたらいいんではないかという疑問を、われわれ素人はもってくるわけですが、そうすると、反当収量が減るといって、農業側は大変反対します。片方で一割減反やって、わざわざ耕作面積を減らして、穫れすぎたから減らしておきながら、収量が減るといって、今度はおこるわけです。これはどうみてもおかしい話でして、それならはじめから反当収量を減らせばいいんじゃないか。農薬を使うのをやめて、まともな米を食わせてくれたほうがよっぽどありがたい、と消費者といいますか、われわれは思うんですが、依然として危険な農薬の入った農作物を食わされている。（宇井「公害への開眼」『たべものと健康』傍点引用者）

宇井は、工学研究の立場に身を置きながら、農業は工業と単純に対立する構造の産業であるという見方が妥当でなくなりつつあること、農業が工業化されていることを指摘した。そして、農業に対しては、「素人」目線で素朴な疑問を投げかける。

いったいこれは農業の名に値するであろうか。農業というのは安心して食える食料品を提供して、はじめて農業でありまして、毒入りの米をつくる百姓というのはあるだろうかと考えますと、私はやはり、農業という名に値しないというか、百姓とはいえないのではなかろうか。毒米製造工業ではあっても、農業ではないのではなかろうか。（宇井、前掲書：34）

急速に農業が従来の農的な営みから工業化へと変化しつつある中で、工学研究者という立場にいた宇井からも率直な問いとして発せられたのは、このような点についてであった。先の金子の卒業論文中において、被害者と加害者の狭間で葛藤している金子の言葉は、この宇井の見ていた農業がもたらす公害の構図と重なりあっている。農薬の被害について公害問題をめぐってすでに金子は次のような考え方をもっていた。

農業の分野でも、最近のようにＤＤＴがいけないとか、ＢＨＣも、水銀もいけないと禁止になり、制限が早急にやかましくなってきたが、逆にいうならば、いままで、禁止もしないで認めてきたということであり、この責任は、政府もとらなければ、それにたずさわった、学者も研究者もとらないというのでは、いかに、良い方向へ伸びようとする民間の創意工夫、努力と勤勉の芽があってもどうにもならない。今までのように、批判忠告の声すら耳を貸さず、傷をいやす方向での政策、楽観的見方は、許されない所まできているのではなかろうか。農薬の問題というものをもっとはっきりさせ、その解決方向を打ち出さなければならない。農薬を散布し害虫を殺すとどうなるか。その農薬がある一つの病害虫のみに作用すれば、そこでことはすむのであるが、重要な益虫、天敵をも殺し、生物界のバランスを崩す結果となってしまう。わずか生き残った害虫が、多発することになり、さらに薬剤散布をくりかえしても、抵抗性がついて生き残り、イタチごっことなってしまう。低毒性農薬でも、水俣病などで、生態学者の努力の結果あきらかになったように、食物連鎖の段階を経るにしたがって、希釈されるどころか、自然界は、逆に濃縮する。（金子 1971：56-57 傍点引用者）

金子は、国や研究者たちの責任にまで言及して批判すると同時に、害があると想定される農薬を自らが使うことに関しては自分の側の選択であり、明確にその責任を自分自身に引きつけて考えていることがわかる。ここで述べられているように、希釈の原理ではなく、食物連鎖により、生体濃縮の原理を水俣病事件の事例をあげている[23]。そして生態系に対しては、害虫のみならず、益虫をも殺してしまうことにより、生態系バランスの破壊に自分が加担してしまう危険性を見ていたのである。

農民として自らが、加害者にならないために金子がとった選択、それが「生態学的農業」というものであった。それはこのような農業の置かれていた現実を知ってしまったゆえの決断だったといっていいだろう。金子が、卒業論文を書いた当時、「有機農業」という言葉はまだ存在していなかった。金子が当時考え出した自らが目指す農業は「生態系」に配慮し、「生態系」を破壊しない、また「生態系」のメカニズムと調和した農業という意味でこの言葉を使った。

農業者大学校の卒業論文ですでに農業の加害性とその責任について自問していた金子は、近代農業、近代畜産に従事するということによって、結果的に自然環境、人間の健康に対しては、加害者の側に回らざるを得ないということを見通すだけの知識を得ていた。自分が生業として行う農業が、農法の如何によって自然環境にどのような影響を及ぼし、さらにその土壌を含めた環境の中で生み出される農産物がどのようなものになり、さらにその農産物を食する人間の健康にどのような影響を及ぼすか

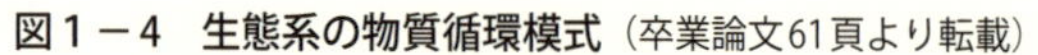

**図1－4　生態系の物質循環模式**（卒業論文61頁より転載）

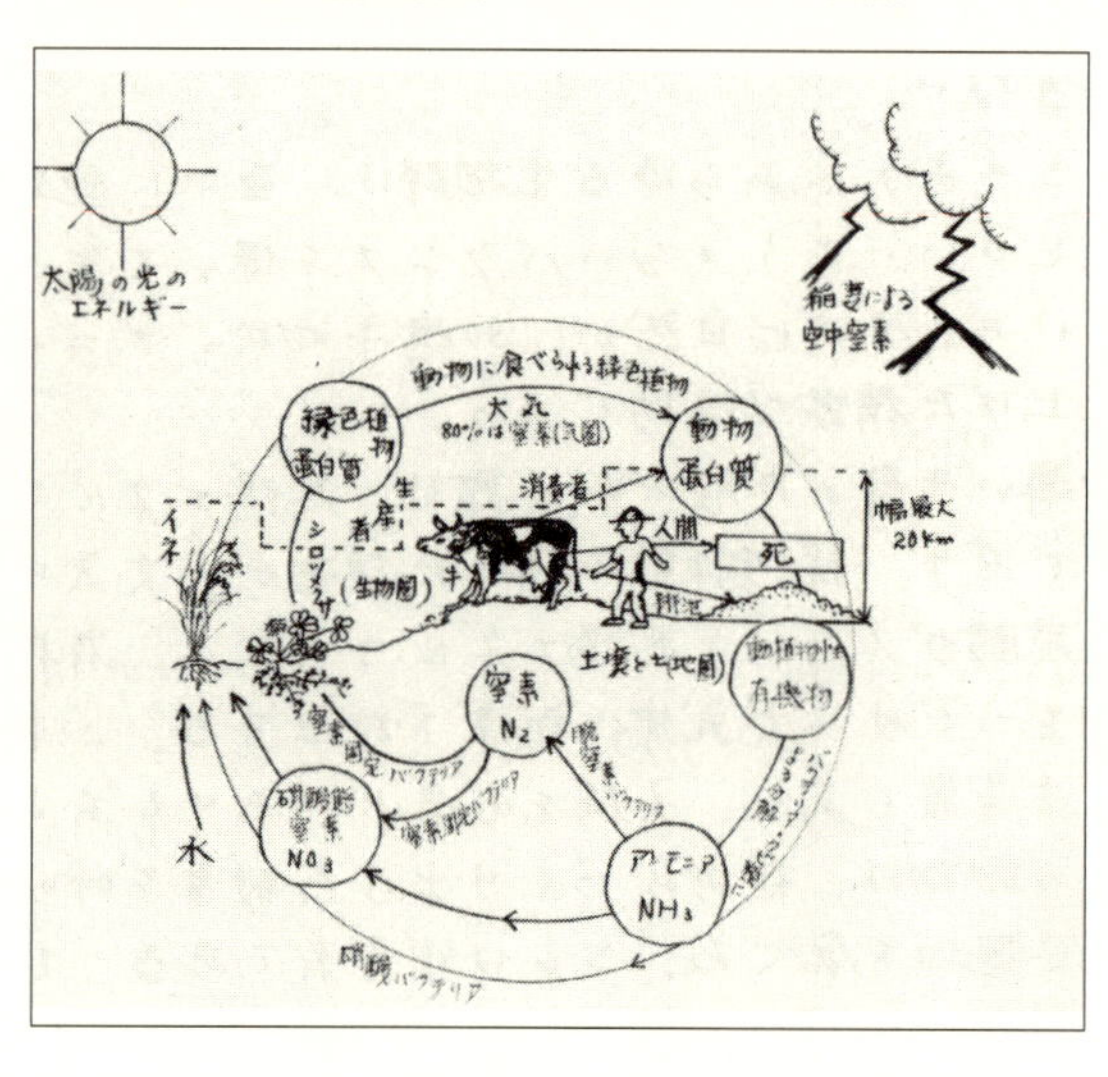


ということを学んだからこそ、この問題に自覚的にならざるを得なかったのだった。そしてその事実を知ってしまったからこそ葛藤を抱えることにもなった。まずは自然環境に対しての影響、そして循環の環の中にある農民、牛などの動物たち、そして出来上がった農産物さらにその先にいる消費者の存在、こうした生態系の循環の環のなかに存在する連関を理解していた。卒業論文の中に描いていた生態系の図（図1－4）は、金子の生態系に関するその理解を端的に表しているものである。

こうした生態系のつながりや物質循環の理解に基づいた農業観は、次のような言葉で表現されている。

農業は、元来、生命そのものであったと思う。これに比べて、工業は、私物であると思う。真の生産を行っていたのは、農業だけであり、工業は、地球上の物質移転しかやっていないのではないだろうか。この必要なものだけを取り出し、他をすてるという、生産活動の後始末をしない欲望の産物が、公害等をひきおこしている。近代的大工場制が続くかぎり、体制のいかんに拘らず公害解決の方法はないように思われる。これからは、工業の農業化が必要なのではないだろうか。物を基盤としたものから、「生命」を基盤としたものへ、価値観の転換である。農民は、よりうまいもの、安全なものを作って提供していればよいと思うのだが、この本質をつく農業を行っていたのでは、目的の生活がなりたたない社会の仕組みとなってしまっている。どうしても、手段の金儲けの方へ、走ってしまっていると思う。この結果が、肥料、農薬を使い、質を無視した量の追求となり、品質の低下、まずい農産物となる。同じまずいなら、工業生産されたものと同じである。同じなら、安い方の工業生産的なものでもよいという消費者の要求となる。（前掲書：8, 9-11）

金子は農業の工業化を憂いつつ、必要なのはその逆を行うこと、つまり「工業の農業化」だと考えていた。工業も含めて「生命」を基盤とする発想に立つこと以外に、公害問題も解決を見ないだろうというのがこの時の持論であった。そして、再度酪農に言及して、工業化しつつある農業や畜産業の問題を指摘し、自らの加害者と被害者との間で引き裂かれる思いを次のように述べた。

現在の私は、非常に加害者意識を持つとともに、被害者意識をも感じている。しかし、農業で、生きつづけなくてはならない。意地でも見せかけでもない本来の農業を望んでいる。（前掲書：

11)

ここで金子の言っている被害者意識は、農民が自らが使用している近代的技術の産物に対する無知によってもたらされていた。実際に農薬を使う農民たちは自分たちが扱っている物質や作用などを熟知せず、知らず知らずのうちに農民自らも健康被害を受けていると考えていた。[24]

戦争時の爆弾のために製造した窒素を、売らんがために農業に利用したなど、肥料の問題、これらは、長い目で見て、人間に害が出ていないのか。アメリカなどの、化学肥料による土壌の荒廃は何なのか。また、これらに関連して出る病害虫の防除に使用するための農薬はなんのための農薬なのか。何も知らない農民は、自分の命を縮めながらも使っている。自然の循環という農業の上に立ち、食糧生産というものをあらためて考えてみる時だと思う。（前掲書：28）

自らは、この事実を知ってしまった以上、加害者としての立場に身を置くことはできないという切実な思いと同時に、工業偏重の社会背景と近代化農業の中で自らの意図とは関係なく、いやおうなく構造的に被害者の立場に置かれてしまっている農民としての自らの存在に対して、被害者と加害者の狭間に置かれて引き裂かれるような思いでいたことがわかる。この狭間で悩みぬいた結果として出した結論は、父親の酪農をそのまま継続する道ではなかった。それとは別の選択を自らの意志で選び取ることになったのだった。

環境問題という概念がまだ今ほどに定着していなかったこの時代[25]、しかし公害を通じて警鐘が鳴らされて社会の中に共通の問題意識として認識され始めたこの時期に、自らの生き方の選択として、自分のこととして真剣に悩み考え抜いた一農民が行きついた結論は、「生態系農業」であった。自分は可能なかぎり自然環境に対しても、人間に対しても加害者にならない農法を考え抜いた結果だったのである。

豊かすぎる自然のあまさゆえなのか、一番自然を破壊してしまっている。このことにいつまでも、手をくださないでいるならば、取り返しのつかないことになるのではないだろうか。有限なる自然は、簡単には復元できない。再生産はきかないのである。母なる大地は、病に苦しんでいるのではなかろうか。（前掲書：6-7）

この金子の自然観は、その後まもなくして生まれた「有機農業」という言葉に合わせて自らの農法を表現していくようになる。その原点にあるのは、ここまで見てきたように生態系とのバランスに配慮し、永続的な農を可能にする農法の追求であり、このようにして辿りついた末のものであった。

## 農薬の空中散布反対

金子が就農と同時に、最初に取り組んだことは、ヘリコプターによる、田んぼへの農薬の空中散布を中止してもらうことであった。これは、金子一人の問題では済まされないことであり、集落全体の人たちを巻き込まざるを得ない「村の大事件」の一つであった。農業者大学校で学び、その学びに基づいて、自ら決断した「生態系農業」の実践ではあったが、固い決意をして戻った集落内では、そのようなことを理解する人はおらず、また言葉でそれを説明し理解させるということなど到底できないような状況であった。

ここで農薬のヘリコプターを使用した空中散布が、日本で共同防除が実用化されたのは1958年であった。[26] 水田だけではなく「林野関係の野鼠駆除のための毒餌の空中散布」も並行して実施され、1959年に2万2000ha、1960年は9万8800haと年々面積は飛躍的に増加し、1962年には薬剤の空中散布計画は森林関係のものを除いてでさえ、26万7493haにも達したという。[27]

こうして、全国規模で加速度的に実用化されていった空中散布は小川町下里地区でも始まっていた。金子が就農した1971年には、人びとはすでに「共同防除」と呼ばれる村ぐるみで協力して害虫対策をする体制になっていた。「生態系農業」をやると決めた金子にとって、最初の壁は、この「共同防除」をなんとかして中止してもらうことであった。農薬散布を希望しない田んぼには目印の旗を立て、そこには農薬をかけないということが「お点前」ではあったが、風向きやさまざまな気象条件の中、田んぼが隣り合う狭い水田地域の中では、完全には「共同防除」から自分の田んぼだけを守ることはできない。他の農民にとっては、除草剤や農薬の液体が入ったタンクを背中に背負って、田んぼの中を何度も往復するという大変な作業をせずに、一括してヘリコプターに任せておけることは、「ありがたい」労働の軽減でもあったろう。それに対して反対することは、その大変な作業を、反対者である自分一人の身勝手な行動でふたたび復活させることを意味するし、そもそも、反対する理由も理解していない人びとからすれば、それ自体「頭のおかしい変人」の考えと思われても仕方のないことではあった。

しかし、自らのめざした農業を実践することを決めた金子は何としてでも空中散布をやめさせようとその時期を見計らっていた。１９８７年、金子にとってその時が訪れた。１９８７年は米の部分自由化の話が持ち上がった時期である。従来通り米作りをしている農家たちも、米の自由化問題が浮上し、このまま同じことを継続するべきか否かという選択を考えざるを得ない状況に立たされた。こうしたタイミングを「いまこの時」として摑んだ金子は、農協、町役場、農家組合長の三者に対して、空中散布の中止を請願するために話をもっていった。

その翌日、村中の役員が家に押しかけてきて「空散をやめたら病害虫がでるから続けてくれ」と訴えにやって来た。金子はその時点では不在で、両親から報告を受けて2日後に再度、空中散布中止願いを申し出た。その際に町役場からは、「米を作っている農家で話し合って決めるように」という判断が下された。長時間にわたる話し合いがもたれた。そして最終的には、米農家の先輩であったある農家の、「美登ちゃんが、あんだけ一生懸命やっていってんだから、一年休んでみんべぇ」という言葉で1回だけ、空中散布の中止に踏み切ることが決まった。その年、金子は「万が一、米に病害虫が大発生したらどう責任をとろうかと気が気ではない日々を過ごした」が、秋の収穫時期に至るまで、幸いにして大きな被害は出なかった。その結果を見て、村びとたちも理解をすることとなり、それ以降、下里地区の空中散布は中止されて今日にまで至っている。

水田がある村は、水でつながった共同体であり、村の中で有機農業を受け入れてもらうためにも、この空中散布を止めるということは当初からの願いでもあった。しかし、その中止を思い立ってから実現させるまでには、実に16年もの時間を要した。その間は、「ひたすら黙って実践を続け、無農薬でも米作りができる」という事実を村の人に見てもらい証明するしかないと、その態度を貫いた。「村は言葉では変わらない」、話し合い（討議）だけでムラが変わることはめったにない、それが金子の信条にも近い村の共同体に関する考え方である。実際に、寄合の場において集落内の農民たちを説得しようとしたが、話し合いでは合意が得られなかった。[28] 結果として村が「大揺れに揺れる事件」となったこの出来事は、孤立無援、孤軍奮闘であったとしても、決して妥協できないものであり、その結果として空中散布を中止することに結実した。卒業論文に書かれた「公害問題」に対する解としての「生態系農業」を実践するためには避けられない村の人たちとの最初の衝突となった。

## 5　自給区構想と会費制

### 消費者と生産者の直結

ここから見ていく卒業論文における「物価の問題」と「自由化の問題」は、その根は一つであると見ることができる。この問題は、輸入食糧との価格競争にさらされる日本の国内の農民たち、もっといえば、世界中の小規模農民たちの共通の悩みの種であり、農民たちの生存に関わる根本的な課題であるといえる。近年ますますグローバル化する市場の自由化、規模拡大による価格競争は小規模家族農業を営む農民たちの生存を脅かす切実な問題となっている。

若き日の金子は、卒業論文中でこの問題に対する悩みを次のような言葉で表現していた。

> 今の農村、また今後続けようとする農業がたまらなく不安になってくる。農業から離れていった者に、どんどん追い越されていってしまうのではないかというような、口には簡単にいいあらわせないようなことになってくるのであるが、消費経済の中で、他の者がどんどん発展していくのに、いつまで頑張っても、又拡大をせまられ、しかもそれが、なかなかむずかしいし、結局むだな努力しかしてないのかも知れないというような気持ちになってしまうのである。貿易立国で進む以外ないなら、当然、自由化を促進する方に向かうであろうし、外国品に比べ、べら棒に高い食糧を作り続ける農業でも先はないであろう［中略］要するに、日本農業の将来は、貿易資本の自由化の闘いに耐え抜き、物価の安定に寄与し、大地と食料公害を根絶することなくして、生存は許されない。滅びる以外にないと思われる。（前掲書：18-19）

金子は、この自由化と連動した物価の問題を農業が抱える根本的な問題の一つとして向かい合うことになる。この論点に対しては、農業者大学校を卒業後、東南アジアを視察し日本の商社が関わる大規模農場などを目の当たりにしたことで農業の置かれた現状や今後の方向性を悟っていく。早い段階で、自分の考えていることと、今後起こるであろうことを予測するための確証を自分の眼で確かめることができたことは金子の営農に大きな影響を与えていた。その視察から金子は今後ますます農産物の輸出入が加速する時代を予見する。そうなった時に、自らの営農の基盤をどこに置くのかを明確にしておく必要性を感じていた。その上で、自らの生まれた場所で農業を続けていくとすれば、経営規模を拡大して価格競争のレースに乗ることを志向せず、独自の道を切り開いていくことが必要だという考えに至る。その発想は、グローバル化への対抗としてあくまでも地元に根差し、徹底的にローカルな立ち位置に自らの軸足を置くという、逆の道へと金子を導いていくことになった。

それと同時に自分の農業を理解してくれる消費者との直接的な結びつきと、さらに地域の地場産業との連携による地域経済圏、ローカルな経済の中で足場を固める方向性を模索した。さらにそのような結びつきは同時に、農産物の育つ場所とその自然環境に対して消費者の意識を向けさせることにつながり、公害問題に対する解決にもつながる意識や行動変容が生まれるだろうとも考えた。生産と消費の現場が乖離していくこと、そしてそのつながりが不透明になっていくことにこの問題の原因があると見抜いていた。環境破壊の原因は、利益の恩恵にあずかるもの「受益者」と、被害をこうむるもの「受苦者」の分離にあるというのが彼の見立てであった。1979年に執筆された「農的世界の幕開け」という論考では、環境破壊の問題が次のように述べられている。

生産の単位、消費の単位、環境の単位とが一致した、生命復権の村が新たに生まれなければならない。環境合理的土地利用がはかられなければならない。日本の村においては、生産の単位と、環境の単位が一致していたことが、生産の暴走、環境破壊をチェックしていた。生産に伴う被害がわが身にふりかかってくるならば、被害は最小限で済む。環境破壊がこれまで激化したのは、工業によって利益を受ける者（企業）と被害を受ける者（地域住民）とが分離していたためであった。（金子 1979：8-9　傍点引用者）

こうしてグローバル化に対して、あくまでもローカルに根差した農的世界をつくることを決意したものの、金子にとってまた別の課題が立ちはだかった。自由化の問題とも関連しているが、土地、農産物の価格が市場社会の中で変動していく中、どのように農民が農産物をつくり、それを何らかの形で流通させ、現金化し、生活を立てていけるのかという生計維持の課題であった。

そこで金子が選択したのは、生産と消費がつながるという構想、「自給区構想」である。「どうしても、生産者と消費者の相互理解、相互活動の上での流通革命が行われなければならない」（金子 1971：44）と述べ、金子はそれを当時「生産者と消費者の直結」という言葉で表現していた。

はっきりしておきたいが、現在の状況では、農民を（ママ）相当程度の所得補償をしないかぎり、今の農民を含めた消費者は、安全で、健康な食べ物はたべられないことである。どうしても、宮内庁新御料牧場（昭和44年千葉県三里塚より、栃木県高根沢町へ、総工費22億円をかけ移転）と同じような清潔、良質、安全を旨とする、農畜産物の自給体制の方法が、生産者と消費者の直結のもとにとられなければならない。（前掲書：11　傍点引用者）

金子は、卒業論文の中で、それまで家業を手伝いながら考えていた農民としての心情と農の営みが自分にもたらす意義や想いを、次のような言葉で素朴に表現している。

> より安全でよりうまい牛乳を、喜んで消費者に飲んでもらうことが、私のささやかな望みであり、これが可能でないような農業はあまりにもみじめなのではないか。このようなことが実現されてはじめて、自分の喜びが真の喜びになると思っていたのである。（前掲書：19）

しかし3年間の学びを通して、このような「ささやかな望み」や「喜び」は、自分が思い描いていたようにはそうそう簡単には実現しそうもない状況があることを知る。金子自身の言葉でいえば、「農民は、よりうまいもの、安全なものを作って提供していればよいと思うのだが、この本質をつく農業を行っていたのでは、目的の生活がなりたたない社会の仕組みとなってしまっている」（前掲書：9）という社会の現実であった。さらにその結果として、「農民は、金儲けに走らざるを得なくなり、質を無視して量の追求に走り品質が低下し、その延長線上に生産現場から乖離した消費者たちは同じ品質の悪いものであればより安いものを求める」という悪循環に陥ってしまっていると考えたのだ。そこから、「このような中でも、生きのこれる農業、本当にそれだけ価値のある農業は、私は、資本論理の延長線上にはないと思うのであるが、それは、**人間の問題、命の問題となってくると思う**」（前掲書：26）という結論に到達していく。先にも「何とか資本の妨害にあわない、自分の生活も当然の**権利としてできる見通し**」という言葉にあったように、この時点ですでに市場出荷することは、「生態的農業」とは相いれないだろうと気づき始めていた。それゆえに、別の道を模索せざるを得なかったといえる。

## 理解ある消費者を探す

金子は、「生態系農業」の実践にあたり、市場出荷の農業は最初から念頭にはなく、後述する「自給区農場」という彼の独自の流通形態を構想していた。[29] その際に金子の念頭にあったのは、やはり生態系について共に理解してくれる人に自らの農業に関わってもらうこと、そのような消費者との直接的なつながりである。それゆえ、自らの農産物の流通に関して「市場は最初から眼中になかった」金子は、自分の環境に対する考えや農法に関する考え方を共有できる、理解を示してくれる人を探した。まずは、そのために自分の農場の前を流れる槻川の上流に住む人びとに的を絞った。その理由は、自らが田んぼに取水している川の上流に住んでいる人が消費者になれば、人びとの暮らしの視点から環境に対する影響が理解できるだろうと考えたからであった。もしも「合成洗剤を使った生活排水を河川に流せば、それが水田に入って自分の食べるお米が問題になること」を上流域の住民たちに自分のこととして理解してほしかったからであり、そう理解してもらえれば自分の農業のあり方についても賛同を得られると思っていたからであった（金子 1992：29）。

もう一つの消費者探しの基準には、オイルショックの経験があった。金子が就農して2年後の1973年にオイルショックが起こっているが、その時の経験から、「石油がなくなっても安心して豊かに自給できる農場を消費者と一緒につくろう」（前掲書：28）という考えに至り、万が一に備えて、自転車でも配達ができる近距離に住む人を消費者として思い描いた。こうした基準にあった消費者を探すために、小川町にあった若手農業者で「わだち会」という組織に所属し、二代目の会長として活動していた金子は、１９７３年、年１回開催される町の農業祭において映画上映を企画した。そこで放映したのは「野菜の流通のからくり」（農文協）と「農薬禍への提言」（東海テレビ）という内容の映像であった。このイベントに参加していた消費者と何度か話し合いをもち、またわだち会のメンバーの１人が野菜の引き売りに行ったりして次第につきあいを深めていった。さらに金子はその消費者たちと読書会を行うことを提案し、当時日本有機農業研究会監事であった医師、河内省一の『健康食と危険食』（潮文社）や有吉佐和子著『複合汚染』（新潮社）をテキストにして読書会をした。「毎月どんなに忙しくても、農場の野菜等を手みやげにして」、１９７５年の春ごろまでの約2年間にわたりこの読書会を継続させた。その読書会が2年を経過した頃、「小さな自給農場を一緒にやってみませんか」と金子はようやく切り出した。１９７５年4月から読書会に集った母親たちを中心に、「会費制自給区」という試みの第一歩がスタートしたのはこのような金子の準備段階を経てからのことだった。こうして卒業論文以来温めてきた自らの構想が実行に移されたのは、４年という時間をかけてのことであった。

## 6　会費制のスタートと失敗

## 会費の根拠

１９７５年4月、金子は卒業論文で消費者の直結と自給区構想を決意してから4年の年月をかけて準備をし、ようやく消費者10世帯を集め、会費制での自給区農場は始まった。会費制の自給区農場は、消費者から月々、各戸一律同額、２万７０００円を会費として金子に支払うという約束でスタートさせた。これは金子の側が設定した会費であり、７０００円は農業経費の燃料や種子代、２万円を「生活を保障する」代金という内訳であった。さらに、このような形態での自給区をできれば仲間の百姓たちにもいずれは広げたいという願いをもっていた金子は、当時父親の酪農経営の収入であった、月収20万円位という収入を目安にして設定していた。「純収入が20万くらいなら他の百姓仲間もはじめてくれるんじゃないか」という目論見があった。

この会費制が始まって配達されたものは、野菜、米、小麦、卵、牛乳で、その内容は1世帯（5人家族相当）当たり、具体的には次のようなものであった。

・米15～20kg（月1回）
・小麦粉３kg（月1回）
・牛乳1ℓ（毎回（週2回）、これは最大量、各家庭の好みに合わせる）
・押麦1・5kg（月1回）
・ジャガイモ10kg（月1回）

・卵（月当たり　産卵の多い月は80個、少ない月は10個と変動あり）
・旬の野菜（毎回（週2回））

金子は、10世帯の消費者を集めることを当初の目標にしたが、その10世帯という数には、それなりの根拠があった。この会員戸数は、自分の家の農地面積、特に主食の米の反収から自給できる規模をもとに計算されていた。埼玉県の米の平均収量は、全国平均と比較すると少なめであるが、金子家の水田では1反当たりの平均収量が6俵程度（1俵＝60kg）であったため、8反（80a）で48俵となる。それを会員世帯に1カ月の消費量を割り当てる計算で、平均20kgとなる。さらに年間で240kgとなることから、一家族当たり年間4俵であると計算されていた。このように耕作面積と平均収量から消費者10軒という数字を割り出していた。ちなみに、当時金子家の耕作農地、山林などの規模は以下の通りであった。水田80a（裏作に小麦40a）、畑60aに野菜と麦10a、牧草30a、果樹10a、その他10a、山林200a、家畜、乳牛15頭、鶏70羽。

会費制では、金子が週に2回火曜日と金曜日に消費者各戸に農産物のセットを配達した。配達は届け先の家庭の夕食の準備に間に合わせようと、自分は昼食を食べながら口に食べ物を入れたまま「噛み噛み荷造り」をし、10世帯の消費者に野菜を運んだ。会費制農場の運営は、毎月1回の消費者との運営会議で月づきの反省や野菜の作付けについて話し合い、除草剤を使わないために余計にかかる手間などを補うための農作業については、消費者全員に「義務」として課し、「強制」とした。そのため各消費者家族からは最低週1回は誰かが来て除草などを手伝うということになっていた。

## 会費制の問題点

金子なりに練りに練った計画と、緻密な計算、そしてさまざまな意図を盛り込んで始められた会費制自給農場の試みではあったが、次第に問題が浮上するようになった。それは消費者側の不満やクレームという形で顕在化していった。さまざまな問題が持ち上がり、会の運営や方法に関して夜遅くまで話し合いがもたれ、議論を重ねる日々がやってくるようになった。折しも１９７５年は干ばつの年であった。まだ就農間もない駆け出しの有機農家であった金子は、技術的な不安定さのなかで野菜作りに非常に苦労していたし、干ばつによる農産物の不出来は、内面的にもプレッシャーとなっていた（金子 1983：100）。

消費者たちとの会合の議論の中で挙げられた問題点は次の４つに要約される。①農産物の価格、②援農に関する不平等、不公平感、③土地の分配問題、④イデオロギー問題であった。当時について金子自身が回顧している会費制の問題点は、具体的には次のように整理されている。[30]

①農作物の価格

農作物の生育や出来不出来は、天候に大きく左右される。収穫が多く、消費者に多めに届けられる時は問題ないが、駆け出しの技術の未熟さもあり、少量しか届けられないことがあった。そのような時に個々の消費者は届いた野菜を計り直し、一般市場に出回っている八百屋の値段と比べて、会費に対して野菜が高いか安いかということを、会員たちが話し合っていたが、そのことは金子には知らされていなかった。そして金子に対しては「あなたはプロなんだから」と、届いた農作物を商品として扱い、市場価格との比較で商品価値を値踏みし、金子の側では、少なくてもより長期的な10年くらいのスパンで安全なものを互いの協力で自給するというスタンスでいたが、会員の側にはそのようなことは理解できなかった。

②援農に関する不平等、不公平感

農薬や除草剤を使わない自給農場の取り組みの中で、除草を重点に農作業を全戸に均等に少なくとも週1回は参加するということを義務づけ、半ば強制的なルールとしていた。そのようなルールの中で、毎日通う会員もいれば、小さな赤ちゃんを抱えていたり、体力に自信のない会員には負担感が多く、また毎日援農する会員からは、それだけ労働を提供しているのであるから、会費の金額を安くしてほしいとの意見も出された。会員の中にはさまざまな条件の人がいるため、一律のルールにすべての人が従うことができず、それ故に会員同士の中の不平等感が生まれ、それが不満となった。みんな同じ、平等であることを前提として始められた試みにおいて、さまざまな条件の人たちの集まりである人間集団の中で、体力の違いや置かれた状況の違いなど多様な違いにより、一部の人たちの中に不公平感が生まれ、それが不満となって噴出したのだった。

③土地の分配問題

次に持ち上がったのは、公平な土地分配という点だ。これは、3代目の農家として生きてきた金子と消費者グループの人びとの間の考え方の違いがあまりに大きく、金子と金子の家族にとっては思いもよらぬ問題であった。会費制農場が始まり2年目の後半に入った頃から、「農場の生活は保証しているのだから、土地は共有化、あるいは分配してもいいのではないか」という意見が消費者の側から出された。「百姓にとっての土地は先祖からの預かりもの」、「たべものを含めた生活の糧を生みだすもの」だということを当然に考えていた金子とそして家族にとっても驚くような考え方であった。金子はこのような発想が会員の側から生まれた理由として、収穫できた農産物を均等に分ける感覚の延長であったのではないかと振り返っている。金子としては「ゴマや大豆を分ける際、大半は農家の労働で食べられるようにまでなったのだから、まず農家に入用をとってもらって、残りを10分の1にと考えてほしかったのだが、何でも11分の1ずつ分ける、その延長線上に大きな分配なり共有の意見が出た」のではないか。均等分配の発想が、農産物もそして森林や土地といった金子家の農地にまで拡大解釈されていったのではないか。それでもなお、土地の共有化ないしは、11分の1ずつに分けてもいいのではないかという意見に対して、金子の家族全員にとっては理解不能であったという。土地問題については当初から考えてきて金子ではあったが、消費者と土地を分配する、土地を均等分配するという発想には納得も理解もできなかったと回顧する。

④イデオロギー問題

最終的には消費者との議論は、イデオロギーの問題に発展していった。世界は冷戦構造のただなかにあった時代であり、「右にかまえるのか、左にかまえるのか」と問われた。金子にとってこの自給区構想の発端は、すでに見てきたように政治的なイデオロギーとして出発したのではなかった。百姓としてどうやって生きていくかという悩みの末に出てきた解であった。金子は「右でも左でもありません」という態度を貫き通した。ついに2人の会員から「少なくとも左には敵はいないという誠意ある回答が得られなかった。あなたは氷みたいに冷たい人間だ」という言葉を投げかけられた。理論闘争を積み上げてきた会員の1人は「百姓としての実践の中からは、右も左も信用できない」という金子の考えは「詭弁」であり、「低次元」であると一蹴した。当時の金子にとっては「どうやったらジャガイモが一つでも余計にとれるのか」が農民としてのより具体的な目の前の課題であり、「あえていえば農民党」だというのが本心であった。農家で育ち、農民的観察眼による、牛の健康や公害問題から物事を発想して行きついた自給区構想であったがゆえに、イデオロギー問題に精通していたわけでも、理論闘争にたけていたわけでもなかった。金子にとってこの論争は、理解しがたい不毛な議論であった。当時駆け出しの農家にとっては、できるかぎり良い土をつくり、農産物を安定的に収穫できるようになることが最重要課題であったのだ。後に金子は、当時のこの出来事を『未来をみつめる農場』（[1986] 1994）という子ども向けの本の中で、自分なりに咀嚼し子どもたちに向かってわかりやすい言葉でこう語りかけている。

　1農民がこういう時代に有機農業をこころざすというのは、誰かに命令されたからではなく、心から日本という国土と国民のゆくすえをかんがえて、本当に正しいことをやろうという正義感と情熱からだけなのです。それはいい堆肥をつくり、いい土をつくり、いい作物を収穫し、まわりの人びとにもわけてあげたいというおもいだけです。それなのに、かまえをはっきりしろ、と選択をせまられるのです。右でも左でもいいから、お米が1俵でもたくさんとれるならなあ、と思いました。日本にはAかBかしかないのです。人生にはAでもBでも、Cでも、Eでも、Fでも、Zでもないことがいっぱいあるのです。右か左かという狭い選択こそ、われわれの明るい未来をさまたげているのではないでしょうか。あなたたちも大きくなるまでに、きっとおなじような体験をするかもしれません。その時は、人生の選択の幅はいっぱいあるということを思い出してください。

子ども向けのわかりやすい言葉で語られたこの金子の言葉は、この時の経験を回顧した気持ちを素直に表現したものであろう。「青春のすべてをかけて全力でとりくんだあたらしいこころみ」としての農民と消費者の直結による「会費制」自給区農場は金子が頭で想い描いた「理想」通りにはいかなかった。動植物たちとの関係とは異なった、今まで経験したことのない多様な人間たちとぶつかり合う初めての体験であった。この経験の痛手と挫折はのちの金子の人生にとって決定的な意味をもっていく。

連日続けられた議論も合意に至ることがなく、最終的に会費制自給区農場は解散となった。これらの難題が重なり、10世帯の消費者グループはそのうちの2人の強い意見でいったん白紙に戻った。「過保護に育った農家の長男」にとっては、「人生最大の苦難と試練の時」であった。それは、「ことばの世界に生きていない」と自らを位置づけている金子にとっては、「おそまきながら生と死をも考えることになった体験でもあり」、その後40年以上たった今でも、この時の経験は大きな出来事として金子の人生の中にその痕跡を残している。「生命の糧をお互いに協力しあって作りだしていこうとはじまった会費制自給農場のこころみ」は、2年1カ月、1977年4月で終止符を打つことになった。「青春のすべてをかけて全力でとりくんできたあたらしいこころみは、ふりだしにもどって」しまったが、金子の心は「やるだけのことはやったという、すがすがしいきもちでいっぱい」（金子 1986：42）であったという。もう農業は自給分だけにして、他の職を探そうということを考えたのはこの時であった。

会費制の失敗により、10世帯いた消費者はそのグループ全体が金子との自給区農場を白紙に戻した。2名ほど、残って継続したいと申し出た人もあったが、全員を一つの組織としてとらえていた他の消費者たちにより、それも許されない状況となり、全員が一気に辞めるという結末となった。

## 7　「お礼制」のはじまり――農夫の再スタート

会費制自給区農場が失敗に終わり、大きな打撃を受けていた金子はしばらく「反省期間」をとった。青春の全精力を注いで実現させた理想の消費者と生産者の自給区構想は、2年1カ月で「何もかもがゼロに」なってしまった。しかしやるだけのことをやったというすがすがしい想いもあり、もう一度ゼロからの出発に向けて「充電」し、策を練った。その策として、会費制の失敗の痛手から学んだ金子が取り入れた新しい方法は、次のような4点のことであった。

まず1点目は、消費者との関係のつくり直しである。会費制では10軒の消費者がグループとして一農家との関係性を結んでいた。その中には問題が発生した後も金子との提携関係を継続したい消費者が2軒ほどいたが、グループ内のつきあい上、それもかなわなかったという経験から、一気に全会員を失ってしまった。再出発では、そのような事態を避けるために、一軒の農家が直接一軒の消費者とつながるというあり方に切り換えることに決めた。例えば、仮にAさんが途中で辞めても、Bさん、Cさんは残るという形をとり、消費者を組織化することを避けた。あくまでも自分と消費者の個々のつながりをつくっていく、それが結果として10軒になるように関係性をつくっていくという方向に転換した。もしも消費者たちが自分たちで「自然につながりができたらそれはもちろんかまわない」が、自ら組織化はしなかった。

2点目は、援農の任意化である。会費制では義務化、強制化していた援農という名の農作業は立場や体力、個々の置かれた状況の異なる人びとの間で不公平、不平等感が生まれて問題視されたために、それを改め「個々人の自由意志に任せる」ということに決めた。来られる人が来られる時に、やりたい人がやりたい時に援農をするということに切り換えた。

そして3点目は、会費ではなく「お礼」という形に切り換えたことである。一律月々2万7000円と金子の側が設定して会費をもらう形をやめ、出来たものを消費者に贈与し、会費ではなく謝礼のようなものとして「消費者の側で自由に決めてください」という形にしたのだ。これは、会費制の際に天候に左右され、出来の悪い時に市場価格と比較され高いといわれたことが辛かった経験、そして農産物を市場における商品として扱いたくないという金子の想いが反映されたものであった。「ひとたび市場に出れば、命を支える食べ物が鉄砲や爆弾と同じ商品だなんておかしい、長い人類の歴史で見ても、商品で生活していない時の方が長い」（金子　1981：102）というのが金子の持論であった。

さらに金子の生きてきた世界である村では、昔から各家ごとにつくってはいけないとされる作物が決められていて、その禁忌作物によって隣近所や親戚同士で作物を贈与し合うという慣習が長く続いていた。この「贈与」と「お礼」という発想は、そうした村の暮らしの中に息づいていた「しきたり」にヒントを得たものであった。この禁忌作物についてはより詳しく後述する。

最後に4点目としては、消費者の居住地域を拡大したことである。今まではオイルショックの経験から、消費者は石油が入手困難になった時にも配達できる距離に住んでいる人、さらに自分の家の前の槻川の上流域に住んでいる人に限定していた消費者の在住圏を東京まで広げ、新たな消費者とつながるということであった。

以上4点を金子の側の再出発の構えとして始めたこの新たな自給区構想は「お礼制自給農場」と名づけられた。

## 家計を支え、農場の生活を維持した妻・友子の存在

金子家の生計のあり方を説明するうえで、不可欠なのは妻の存在であろうと思われるので、金子の妻について触れておきたい。１９７９年にお礼制農場を再スタートさせ、その後まもなくして結婚し、妻友子との生活が始まる。妻の友子は、農家に嫁いだが農家の出身者ではなく、転勤族のサラリーマンの娘であり、自身も当時でいう「ウーマンリブのキャリアウーマン」であった。金子夫妻の結婚式は、１９７９年３月に、下里一区の農村センターで行われている。新郎側の主賓は有吉佐和子、新婦側の主賓は市川房枝だった。市川房枝のつきあいは、友子が独身時代に選挙運動を手伝ったところに端を発している。ある友人が元総理の菅直人を紹介してくれ、「恐怖の化学物質を追放する会」を立ち上げ、勉強会をしていた。当時菅が出入りしていた、婦選会館の情報をもってきたところから、市川房枝の選挙の話に繋がっていく。１９７４年７月のことである。

この選挙の応援にきた有吉佐和子は、朝日新聞に１９７４年10月14日から『複合汚染』を連載しはじめる。その冒頭は周知の通り、友子が関わったこの市川房枝の選挙のエピソードからスタートしている。その小説を読み進めるうちに友子は、「有機農業」という言葉に出会い、日本有機農業研究会に入会することになり、その青年部会で金子美登と出会った。前述したように友

子は静岡県出身でサラリーマンの末娘として生まれ、少女時代は父の仕事の関係で日本全国北海道から九州までを転勤する生活であった。大学で英文学を学び、卒業後はアナウンサーとして働いていた。まだ海外に日本人がそれほど渡航していなかった60年~70年代にすでにインドやアメリカに旅行に行き、さらに1978年には1年3カ月ほどフランスに留学して滞在していた経験もある。ウーマンリブ運動の洗礼を受けた働く女性であり、新しい女性の生き方を体現したような女性であった。

結婚した時すでに、金子は会費制農場から「お礼制」に切り換えていた。農作業の手伝いと学びの両方を兼ねた研修生制度を結婚すると同時に始め労働力は確保していたが、しかし現金収入は安定していなかった。それもあり、友子は現金収入を得るためにアナウンサーの仕事を続けた。嫁姑問題の大変さも要因ではあったが「お礼制の現金収入じゃあ、ローン返済しながら生活していけない。そこで私の出番だった」と意気揚々と語る時の彼女は、アナウンサーという自分の職を活かした家計への貢献に対しての自負を感じさせる。現実的に農作業に使うトラクターの購入資金は、友子の稼ぎによる現金収入であった。

夫婦2人の間では、有機農業を継続することの意味の重要性が共有されていた。2人は結婚と同時に、三つのことをやろうと話し合った。一つは、有機農業の学校をつくること、二つ目は、民間の国際交流をすること、三つ目は地場産業と手を組んで町を活性化すること。この三つともを着実に2人ですべて実現したことになる。この結婚は、最初から、この三つの夢を掲げてスタートしたのである。

友子は金子の有機農業の価値を誰よりも高く評価しており、現金収入という意味においては実入りの少ないものであることもよく理解していた。友子は時給換算すれば農業とは比較にならないほど稼げるアナウンサーとしての仕事を続けながら、金子の初期の経済的に不安定な時期を支えた。２人はそこにおいて、協力し、互いのもちうる能力を活かして、家計を回し、農場の生活を守り続けた。農作業は、金子、両親、そして毎年入れ替わる数名の研修生たちで切り盛りした。そして、次第に安定した農業収入が得られるようになる安定期に入るまで、アナウンサーの仕事を続けた。友子が完全に仕事をやめるのは、１９９３年になってからである。

# 第２章　消費者はなぜお礼制を求めたか——尾崎史苗の物語

この章では「お礼制」の最も初期の頃に消費者の１人となった尾崎史苗氏[31]（以下、尾崎）のライフヒストリーを見ていきたい。１９７７年に「お礼制」自給農場を再スタートさせた金子との出会いが始まる前に、尾崎の人生にもまた別の物語が進行していた。

## きっかけとしての乳飲み子の病気

尾崎の父親は四国宇和島のさきにある御荘の出身で、近衛兵になり東京に出てきたという人物であった。医者になりたかった父親は、結局はお金を稼ぎながら建築士になった。父親はそのまま東京の人と結婚し、尾崎は末の６人姉弟の５番目として生まれ、東京で育った。戦時中に父親は軍関係の仕事をしていたが、戦後は東京では暮らせない大変な時期を迎え、終戦処理を終えると家族を連れて故郷の四国に戻った。そこで尾崎は中学までを過ごした。田舎では白米を食べたことはなかったし、芋ごはんや麦ごはんが普通だった貧しい時代を経験する。

尾崎が食や農に関心をもつきっかけを作ったのは、子育てだった。36歳の時、３人の子どもを産み育てていた専業主婦だった。１９７３年に出産した息子が６カ月になった時に大出血を起こした。慌てて連れていったお医者さんにはジフテリアと勘違いされて、保健所に連絡がいき、即座に家が消毒され、息子はジフテリアの患者病棟に入院させられた。あとでわかったことだが、ジフテリアというのは誤診であったにもかかわらず、入院がきっかけで息子は実際にジフテリアに感染してしまった。しかし当初の出血の原因はまだわからずじまいだった。

退院後、自分なりにいろいろ原因を探った結果、「ピーピーケトルという音の鳴る薬缶（やかん）」が原因であったことを突き止めた。この薬缶は、千葉の柏駅前にデパートがオープンし、そこで買い物をした際に「おまけ」の景品としてもらったものであった。後に判明した出血の原因は、この薬缶であった。足りない母乳を補うための粉ミルクを作る際に使っていたこの薬缶のスプリングが錆びてミルクに混ざり、出血を引き起こしていたのだった。尾崎はすぐに東京都消費者センターに問い合わせ、疑わしかったピーピーケトルを持ち込んで調べてもらったことで、原因はこの薬缶にあったと最終的に特定された。この経験から「母親が無知だと子どもをうまく育てられない」と強く思うようになり、子どもの育児を通して食事に関する安全性の問題、生活の問題に意識が向いていくようになる。

消費者センターを通じて日本消費者連盟を知り、その後は、安全な食べ物を得るための共同購入の会「練馬貫井生活を守る会」を自ら立ち上げた。北海道よつば牛乳の共同購入や鹿児島の黒豚の共同購入の会のメンバーたちで集まって分けるなど、「まったくの無料奉仕」で仲間の主婦たちと運営した。「品物はみんなで分けて、みんな奥さんたちなので、全部作業を割り当てて、利益の上がらないようにっていう組織」を作った。他にも、子育てを通じてさまざまな活動に関わるようになる。

学校給食問題にも関わった。当時住んでいた練馬区はいわゆる一括のセンター給食だった。小学校1年生の時に長女がお腹を壊していた理由を調べてみると、給食センターでは1カ月も揚げ油を交換せず、揚げ物を「ぶくぶく泡のなかで揚げていた」という事実を突き止めた。給食に関しては、長女が小学校2年生の時にできた新しい学校へ娘が転校した際、練馬区側は「食器にポリプロピレンを使うと誇らしげにいっていた」が、食器に使われている素材についても勉強していたために、それには賛同できなかった。新設校であり、今後のことも考えて、学校側にも理解してほしいという想いから、ポリプロピレン食器を学校給食に使うということに対しては反対運動も起こした。

最初のきっかけであった「ピーピーケトルの経験」から、「おつむが空っぽな母親」だと子どもを育てることもできないと強く自覚して、その反省からいろいろと勉強を重ねた。その結果として食べ物の共同購入、学校給食問題など精力的に活動を広げていった。その後、知人を通じて紹介された「たまごの会」に入る。この「たまごの会」での経験が、後の尾崎と金子との出会いを準備することになるのだが、ここでは、「たまごの会」について少し説明しておきたい。

## たまごの会——消費者自給農場の試み

「たまごの会」は、東京都、神奈川の消費者３００世帯が共同出資をして、「自らつくり、運び、食べる」というスローガンのもとに、消費者が主体となって運営する「消費者自給農場」の試みであった。都市住民が自ら農場をつくるという、プロである農家と提携するという他の有機農業運動の試みとは一線を画した試みであった。その前史では「ホンモノ」の卵を求める消費者と生産者の養鶏の取り組み[32]が発端となり、１９７４年たまごの会は、茨城県八郷町に「たまごの会八郷農場」を創設した。農場には専従スタッフの３人が寝泊まりしながら作業をし、会員全員[33]が運営に参加する仕組みであった。都市住民である会員たちは、会の名前にもなっている、卵を平飼養鶏で行うこと、少量多品目の野菜栽培の農作業、そしてトラックでの出荷配送にも携わり、さらに会員世帯から出る生ごみを回収してリサイクルし、その残飯で養豚を営むなど、有畜複合型農業と、消費者の食生活の自給をめざす取り組みであった。この会のユニークさは、「都市住民の食べものの生産・消費のサイクル」を「自分たちでやってみる」というところにあった。会の問題意識は、次のように説明されている。

今日の農畜産物がまずくて安全性に疑問のある原因は、近代農業の構造そのもののなかにあるのではないか、と私たちは思った。そこで有機農畜産物をもとめて「たまごの会」は自給農場の建設を始めた。「たまご」とは、たんなる「鶏卵」のことではない。ごくつぶしである消費者が、その受け身の殻を破って、自らの生命そのものを孵化させせはばたこうとする「たまご＝生きもの」のことなのだ。私たち「たまご」は、多様なイメージを重ねながら、《つくり・はこび・たべる》営みを続けてきた。[34]

たまごの会は、都市住民たちによる、生産・流通・消費のすべてを担う。組織は「世話人会」、「実務委員会」、「建設会計」、「経常会計」などに分かれており、配送も会員自ら手掛ける。「会員による自主配送はたまごの会にとっては不可欠」であり、一般的には「疎外労働」である配送を世話人と農場、また食べる人たちが交代制で助手席に乗る、そのようにして「世話人との相互理解と信頼を強め農場と東京との心理的距離をちぢめること」になるという目的が織り込まれていた。月々の農場運営は、１世帯当たり５万円の維持会費、別途出資金を募り「鶏舎・作業場・納屋・住宅」などを建設した。基本的に、「話し合い」で物事を決定していくスタイルを取り、「毎月もたれる世話人会が唯一の意思決定機関」であった。世話人会では「何が正しいか」よりも「何がやりたいか」が重視され、「原則として積極的な反対のない満場一致で決定」され、「決定と実行は不可分」とされた。さらにこの「手間のかかる」方法を取ることは「権利・義務の弊害や間接（多数決）民主主義への堕落を防ぐ」ことを狙いとしているとあり、権利と義務の順守や直接民主主義の重要性を自覚し実践するといったことが試みられていたことがわかる。

専従スタッフとして農場設立当初から関わり、その後も消費者自給の道を考え、実践し続けた明峯哲夫は『朝日ジャーナル』（１９７３年９月７日号）で「たまごの会」について次のように述べている。

良質な生産物を生み出すためには、コストの理論からの脱却と、生産物が消費者の口に入るまでの一連の過程を、トータルに把握しうる生産体制の確立こそ必要であるはずであり、消費者の側は自分たちが食べるものが日々悪化している現在、今までのようにただ〝安い〟ものを得ようとする姿勢からは、何も得られない。しかも良質なものが、現在どこかにあり、それをさがし出せば問題は解決されると思い込むのも幻想だ。まっとうなものは現在もはや存在せず、それらを食べようと願うならば、これから新たにつくり出さねばならない。〔中略〕現在の事態は〈生産〉

と〈消費〉とが分断されていることから生じたから。（明峯 2016：80）

こうした考え方と運営方法は「自立した消費者」＝自立した人間への脱皮を希求していた運動として位置づけられ、消費者という存在が、「人間としての自立を失っている」という見地に立っていた。自らの足で立つ、自立した人間という考えのもと「作る、運ぶ、食べる」という生産から流通、そして消費までを「自主的に管理する」人間としての「人間性の確立」がめざされていた（前掲書：86-87）。

明峯自身は、「農民に依拠せずに我々の力で我々の食べものをつくってみようじゃないか」という「ある意味ではかなり過激な思想」に突き動かされた取り組みと後に回顧しているが、「自分たちが人間らしく生きるために、自分の食べものを自分で作るのは当たり前、というごく素朴な思想にとりつかれて都市住民が殺到」した、この「たまごの会」は、そうせざるを得ない時代的背景の中で生まれた。１９７０年代という、公害、オイルショック、食品添加物、また人造肉などの技術などが市民を不安にする時代に、「何ら生産手段を持たずあてがいぶちの生活を強いられる己の脆弱な存在をいやがおうにも感じざるをえなかった」（前掲書：158）というように、この時代の必然性であったともいえる。そして、「本来のいい食べ物が欲しいという痛切な思い」とともに、「街の中に住んでいる自分たちの生活まるごとを問い直す」という意味合いを含んでいた。「消費者自給農場運動というのは、単に食べ物をつくるということだけではなく、街の生活では孤立しがちな市民が、農場とそれを取り巻く人間のネットワークの中で相互に助け合っていく一種のコミューンを作っていこうとする運動でもあった」(前掲書：159) と述べている。

都市住民が問題意識を共有し、消費者自らが主体となり自らの食べるものを生産から配送、そして消費まですべての行程に関わり、責任をもって運営するというユニークな試みに挑戦した「たまごの会」はその後、内部で意見の相違が生じ、「分裂騒動」が起きた。最終的には1981年3月に「細胞分裂して二つの組織『食と農を結ぶこれからの会』と『たまごの会』に分かれて、それぞれの道を歩きはじめる」ことになった[35]。「たまごの会」は消費者を主軸にした消費者の脱皮、消費者の人間性を取り戻そうとする運動をその根底にもっていた。

消費者の変革という消費者側に主軸を置いていたこの会にとって、農民はどのような存在であったのか。明峯は『月刊地域闘争』(1974年5月号) の論考に次のような文章を寄せていた。

現在の農民はすでに商品経済にのまれてしまい、それを打破するだけのエネルギーを彼ら自身にはもはやないと先に述べた。このことは私たちのK農場のごとき農民においても同様であった。しかし彼らがもし私たちの間に真の連帯をつくりあげるならば (其の連帯とは両者による一定の緊張関係、対等の相互批判の関係の構築だろう)、農民たちの力は強く活かされるであろう。私たちは彼らと結合することにより、自らの〝消費者性〟を止揚し、逆に農民は私たちと結合することにより自らの生産者性を止揚して、お互いに素人とも玄人とも呼ぶことのできない新たな人間として蘇生していく。こうした主体こそが、現在の情況を変革していく最も強大な主体となりうるはずだ。(前掲書：69)

当時の時代的背景を色濃く反映したこの文章には、農民と消費者がそれぞれが止揚していくということを、そしてそれぞれが新たな人間として蘇生していくという視点が抽象的な言葉で語られている。現実的には、農民の中には金子のような意識をもった農民たちも存在していたし、またそうした農民は農民として生きる存在意義を問うていた。そして消費者とどう結合するのかを模索していた。生産と消費が分離したこの時代背景の中で、消費者自給農場の試みと生産者自給農場の試みが同時に起こっていったのは、興味深いことであった。

## 専業主婦からシングルマザーへ

ふたたび尾崎の話に戻ろう。尾崎は、この「たまごの会」にまずは1人で関わり、その後、共同購入の仲間たちが加わった。「たまごの会」は、都会とその周りに住む人びとを仲間とするネットワークの力が強い。会の中では当然のこととして、尾崎は月に1回は茨城県の八郷まで行き、援農や配送車に乗って配送も手伝い、主婦の仕事、子育てと同時に「たまごの会」の会員として忙しい生活を送った。しかし「たまごの会」の分裂事件が起こったちょうどその頃、自分自身の個人の生活にも一つの大きな変化が訪れる。「たまごの会も分裂し、ちょうどその頃に自分自身の生活が破たん」した。「後家になりました」という言葉で表現したが、実際は「子ども3人を連れて家を出てしまった」ということだった。正式に離婚に至るまでは少し時間があったがすでに別居が始まった。末の子どもがまだ4歳で、家賃生活を送っていたが一切の養育費も前夫からは受け取らなかった。

「たまごの会」に関わる女性たちは「圧倒的に主婦」が多く、自らもそれまでは「三食昼寝付の生活だったから」関わることができた。「たまごの会」の分裂騒動も大変な事態であったが、それ以上に自分の離婚という事態はさらに深刻な問題だった。「自分の生活をどうやって続けていくか」という切実な事態で、経済的に「自立しなくてはいけない」という目の前の具体的な問題を真剣に考えざるを得ない状況に追い込まれた。「たまごの会」では、自らも虫取りや草むしりなどの農作業をし、トラックに乗って配送する。「自分で参加しなければ成り立たない組織」であり、「自分でやる」大変さを身にしみて経験していた。

夜盗虫が出たっていったら夜中に出ますから、召集令状が消費者に来るわけです。いける人はいくわけです。子どもたち放ったらかして、学校行っていない子だけつれて。八郷の道路から道路をもう無数の夜盗虫がわたっていくのを捕まえる。虫の動く音がするんですよ、お蚕さんならかわいいですが、今考えただけでもぞっとします。

尾崎は「たまごの会」は「主婦だからできた」し、「夫の働きで生活できた」という、今からふりかえってみれば「恵まれていた」時期だったと回顧する。「ところがいざ自分で働いて自立してとなるとたまごの会は到底続けられ」ないものとなってしまった。「たまごの会」は運営に関しても「一日かけていろいろ議論して、世話人会、今後何をする、ああする、こうする、でもって喧々諤々、話し合って、方向性決めるっていう会だった」し、そのようなことに関わる余裕はもうなかった。「たまごの会」自体が分裂していったこの時期、尾崎自身はいずれにせよ別の道を探さなければならなくなった。

離婚後、10歳、６歳、４歳の子ども３人を抱えたシングルマザーとなった尾崎の暮らしは「しっちゃかめっちゃかの生活」だったが、本人はただひたすら無我夢中だった。当時は離婚もまだそれほど多くない時代で、養育費も受け取らずに離婚したなんて「無鉄砲」と離婚を認めてもらえなかった実家には帰れず、「ちゃんと子どもを１人で育てるしかない」と腹をくくった。一番こだわったのは、「子どもに安全なものを食べさせたかった」ということであるが、それ以上に食に関して「人任せにしない」という点にあった。例えば、「学校給食の中で給食があてにならない」と判断し、プラスチック食器に反対したことから、３人の子どもの給食を拒否してお弁当持参に切り換えた。学校側からは、「教育の一環だから、勝手なことは許さない」といわれたが、「子どもの健康は親が管理しますから、お任せできません」と言って、弁当持参を貫いた。自分の子どもの健康の責任をもつのは母親である自分であるという意識は、譲ることができなかった。そんな母親の姿勢から、子どもたちはそれが理由で学校でいじめられもした。子ども同士のいじめにもあったし、先生からもいじめられた。当時を振り返りながら、「子どもたちが可哀そう」だったというが、子どもたちもいじめられながら、結局は母親の弁当を持って行って食べていたという。

考えてみれば、シングルマザーで学校給食に任せた方がどれほど楽なのかと思うが、仕事を掛けもちしながら、あえて弁当を作って持たせた。朝起きて、お弁当作り、朝ごはんと夕ご飯の支度までして事務員、店員の仕事に行く。夕方いったん帰宅し、ご飯とおかずを仕上げて、子どもたちに食べさせて、夜には皿洗いの仕事に出かけるという三つの仕事を掛けもちしながらの生活を続けた。仕事を掛けもつ生活が次第に大変になりはじめ、「ちゃんとした仕事をもたないといけない」と思い、また「女だからとか、片親だからとみられるのは困る」ということもあり、「一つの職業として成り立つ仕事をしよう」と思い立った。住まいも練馬から杉並に転居し、今度はインテリアコーディネーターの学校に通いはじめる。そこから、少しずつ建築現場の仕事をするようになった。

当時はコンビニもスーパーもなく、どうしても仕事で遅くなる時は、料金を先払いしておいて、自分の名刺の裏にラーメン屋さんの回数券を作らせてもらって、子どもたちだけでも食べさせてもらえるようにした。とにかく文字通り子どもたちに「食べさせる」ために必死の毎日だった。子どものために安全なものを食べさせるということは、一方で自分が働き続けるためにも手を抜くことのできないポイントであった。子どもには健康でいてもらわなければいけない、病気になってもらっては自分だってそうそう仕事は休めないので困るということでもある。「子どものために安全なものを食べさせたい」という「食べる」ことへのこだわりは、子どもの健康に対する責任でもあると同時に、子どもが健康を害するようなことがあれば、結局はそれが巡り巡って自分の生活にふりかかるという切っても切り離せない関係にあることを意味すると考えていたし、自分と子どもたちの暮らしそのものの根底を支える必死な思いから来ていた。

ひとり親として3人の子どもたちをなんとかして健康に育てたい、そのための食べ物を探していたちょうどその時期、金子が「会費制」でやっていた取り組みが一度白紙に戻ったという話を尾崎は知人から聞いた。そして「金子さんにお話ししてみよう」と思い立ち小川町の霜里農場を訪ねた。それが、1977年のことである。尾崎は、すでに『複合汚染その後』に金子が書いていた「10軒の消費者を一軒の農家で養うことができれば、日本では有機農業でやっていける」という彼の持論について読み知っていた。それを参考に、「10軒集めることは難しいかもしれないけれど何とか知り合いに声をかけて集めるので、私たちとやっていただけませんか」と頼みに行ったのだった。

## 母親からのお願い

尾崎は、初めて霜里農場を訪ねた日のことを鮮明に覚えている。「会費制自給区農場」がダメになったという噂を聞きつけて、思い切って霜里農場を訪ねたのである。尾崎の話ではその日、お願いのために農場を訪ねた際に見た光景が、「お礼金」の発想を思いつくきっかけとなったという。「金子さんはまた別のこと考えていたみたいだけれど」と切り出して尾崎は次のように語った。

金子さんの家を見学に行った時に、金子さんのお母さんが古い電話帳に白菜いくら、なにいくら、こまかく全部一軒ごとに書いているんです。電話帳に。古い電話帳。大きいペンで、書いているわけです。それを見てね、私はね、いやあ、これは大変だなあと。結局以前おつきあいしていた人が細かい人だからそこまでやらなくてはいけなかったのか、お母さんの性格だったのか、ともかくそこまでやってね、お野菜を送り出しているわけでしょう？［中略］こんな分厚いのに、みんな書いているんですよね。あの姿でもってね、これはね、私たちじゃあ、金子さんの野菜に値段をつけるなんてできないと思ったの。それでね、「お礼金」っていうことにしてもらえませんかって。

当時農家にとって、紙は貴重品であり、無料配布されていた分厚い電話帳は農家にとってのメモ用紙となっていた。そしてその余白に細かく幾種類もある野菜の値段を書き込んでいた作業は、「会費制」の消費者とつきあってきた中で、詳細で厳密な記録や計算を要請されて、それに対応するためであった。その姿は、「たまごの会」で農作業の大変さを経験した尾崎にとって、生産者がただでさえ大変な農作業の中で、このような仕事をしなければならないことに、深く心を揺さぶられたのだった。そして、できればもっと農作業に打ち込む時間、専念する時間をもってもらえればと思ったという。農産物の計算や細かい作業の煩雑さから生産者の仕事を少しでも軽減してあげたい、そのような強い想いが、尾崎の「お礼」の発想につながったのだ。

ここでいう「お礼」とは、尾崎自身が、以前の「会費制」の時が1軒につきとひと月あたりの会費が2万7000円という金額だったことを参考にして、決めたものだった。金額を自分のほうで決め東京までの配達にはガソリン代もかかるので、ひと月1回の配達で各戸3万円ということで「お礼金」とすることにしたという。消費者を一気に失って、まだ完全に立ち直る前で、鬱々とした思いで過ごしていた金子のもとに突然訪れた尾崎が見たのは、息子に代わって一生懸命野菜の出荷の記録を古い電話帳の余白に書き込んでいた金子の母親の姿であった。尾崎は当時を振り返って、「大変だった時期だけに受け入れてもらえたのかもしれませんが、本当は金子さんは近くの消費者とやりたいみたいだ」と話した。

尾崎は早速、東京に住む知人に声をかけて、何とか最初は５人、その後２人を加えて７人を集め、金子の消費者になってもらうことにした。とにかく「金子さんの生活を支えるっていうことが必要」だと思っていたし、「10軒集めて１人１軒３万円あれば、当面何とか食べるためには何とかなると思った」が、結局は10軒までは集まらなかった。「だから金子さんにごめんって」という想いをもちつつも、両者の間で「おつきあい」が始まった。農産物の値段の交渉はどのようになされたかについては、「金子さんの方からは、値段のことについて話は一切なかった」という。むしろ尾崎は金子の母親の姿を見て、自分の側から金額を決めて、お礼金を申し出たという。[36]

「たまごの会」の経験を経て金子との「おつきあい」を始めた尾崎にとって、どちらかというと「楽をさせてもらった」という感覚が強い。「たまごの会」では、先にも述べたように自らも虫取りや草むしりなどの農作業をし、トラックに乗って配送する。「自分で参加しなければ成り立たない組織」であり、「自分でやる」大変さを身にしみて経験していた。しかし、尾崎が必死になって声をかけてかき集めた知人たちは、「たまごの会」や共同購入グループの「練馬貫井生活を守る会」とも関係のない人たちであり、「残念ながら一般の主婦の人たち」で「安全なものでさえあったら、自然食へ行く代わりに買ってもいいわよ」という程度で単に野菜を食べることが目的で加わったために、長くは続かなかった。

初期の頃、金子から届く野菜は分量としては基本的に子どもたちの分しかない。自分が食べる分は別の野菜を買っていた時期もある。その頃はまだ農場の有機農業の技術が確立しておらず、地力もなかったこともあり、葉物は「レース」のように虫食いによる穴だらけで、野菜も腐りやすかった。それでも「たまごの会」の経験があったので、何でもありがたくいただく気持ちがあった。ふりかえってみると、最初は届く農産物の量とお礼金がみ合わない時期もあったが、逆に「頑張っている」のだと思っていた。

レースが来ても何が来ても。頑張っているなあって、こんなかわいいのを可哀そうにもってきちゃったの？っていう、小さくても一生懸命品揃えしようって思って持ってくるじゃないですか。もうちょっと畑に置いておけばいいのにねっていうものを持ってきてくれるわけですよ。ということはね、つくる立場にしたら、すごくつらかったと思う。品揃えするのが。いつもそれが目に浮かぶんですよ。お母さんのあの古い電話帳のメモとね。

泥つきの根菜や、不揃いの野菜などの下処理が余計に時間を取るのが畑からセット野菜として届けられる野菜であり、それはただでさえ多忙な生活をさらに忙しくさせただろうが、それを「あたりまえだ」と思ってやってきた。そして根菜の根っこもすべてありがたく食べた。当時は米の保存のための保冷庫もまだなかった時代で、コクゾウムシがわいた米は、日干しして食べた。子どもたちもそんなお米を「無農薬のお米だね」といいながら一緒に食べていた。

始めたころは、金子に対して「生活を支える必要がある」と真剣に仲間を集めた尾崎だったが、今となっては「私は彼を支えたと思ってはいなくて、お世話になりっぱなし」だったと話す。離婚直後、子どもが小学生の時、生活の見通しを懸念して真剣に「小川町に引っ越そうか」と思った時期があった。それまでも何回か子どもを連れて援農に小川町には行っていた。東京の荻窪の生活は、家賃が高く、通勤も大変で、自分だけ１人で生活するわけにも、子どもたちを放っておくわけにもいかず、小川町なら家賃も安く、生活費も何とかできるのではないかと家を探しに行ったこともある。「金子さんちのすぐ近くに１万５千円の家賃の家」を見つけ、これならば自分１人の稼ぎでもなんとか暮らしていけると思い、真剣に考えたことがあったが、その時は実行には移さなかった。

当初の考えでは歳を取ったら、ある程度老後の資金を蓄えたら小川町に行こうと思っていた。「一度は断念したけれど、またいければいいなと思いながら、今に至っている」という。必死に食べさせて子どもたちも大学まで送った。中には、４年間の大学の資金が出せずに、短期大学にしか行かせられなかった子どももいる。それでも、「時代がバブルの時代でそういうことができた」のだろうと思っている。「今の時代だったら無理」だったかもしれない。70代の後半に差し掛った今、少し皮肉を込めて、「夫に恵まれて早く自立させてもらった」と自分の人生を振り返りながら、自分を「苦労が身につかない、まったく反省のない能天気」な人間だというふうに表現した。

毎日毎日、先がない。その日その日をきちっと生きていくことの積み重ねでしかなかったの。何年先にはこうなるね、こうなったらこうなるね、っていう計画の立てられない人生をあるいてきていますからね。

シングルマザーとして無我夢中に生きてきた「計画の立てられない人生」という、その日暮らしの歩みの中で続けられてきた金子との「おつきあい」は、すでに尾崎の生活の中に埋め込まれた日常の暮らしの一部となり、離れがたく自然なものとして存在している。時に霜里農場から玄米と白米が間違えて届けられたり、何かの手違いで古米が届いたりすることもあった。そのような時も何を言わずに、黙ってすべて受け入れている。逆に尾崎の側が準備した「お礼金」を渡しそびれてしまったこともある。そんな時でも「今度の時でいいわよ」と金子の妻友子に言われ、次の時にまとめて渡すことなどもある。そんなゆるやかな関係がずっと続けられてきた。野菜を見れば、今どのような畑の状態なのか、農場の忙しさもすべてわかるくらいになった。そうした金子との関係性を「もうご愛嬌みたいなもの」と笑いながら表現した。

お野菜を通じて、とても貴重で大切な人間関係を結ばせてもらったと思ってるんです。私は食糧疎開で四国の田舎に行って育って兄弟もいるけれど、今はみなそれぞれが違う場所に住んでいて、それぞれの生活をもっています。そしたらなかなか会えないでしょう。それが、金子さんには月に１度は会えるわけです。ずっと金子さんたちとつながっていられる。幸せなことですよ。これからも自分が働ける間はずっとお野菜をお願いしたいし、孫のところにもせっせと運んでいってあげたいと思います。ちょっとくらいしなびようと、なにしようと金子さんのところの野菜は甘みがあっておいしいし、生きている野菜だから。ずっと食べ続けたいし、この関係を大事にしていきたい。[37]

さらに、こうした関係性を継続していくために必要なこととして、「お互いに学び合いの関係がなかったらダメでしょうね」と話した。「学び合いの関係」は時を得て「ご愛嬌みたいなもの」ともなり、東京での忙しい生活の中の「癒し」のような存在にもなっているという。その霜里農場との「おつきあい」は、「奥の奥までは見てはダメ」という尾崎なりの距離感が図られており、その距離感を維持しながら今に至るまで継続している。尾崎の口からは「提携」という言葉は一度も出てくることはなかったが、金子さんとの「おつきあい」という言葉として語られたのが、金子との関係性を表す表現であった。

# 第３章　開かれた「地域主義」——霜里農場を取り巻く人びと

## １　地域とは何か

### 玉野井芳郎の地域主義

「地域」[38]とはどのような範囲、実態を意味する概念なのだろうか。「地域」という概念は、不変的かつ固定的なものではない。「地域」という言葉は、時代やそれに対峙させる言葉との関係性によって、その意味内容が変化する。その意味で「地域」という言葉をもってイメージされる範囲や実体は多分に文脈依存的であり、マジックワードのような曖昧で時には便利な言葉としても多用されがちである。近年この言葉が着目されることの一つの背景には、グローバル化の加速や近代国家を単位とする社会システムの揺らぎという問題群がある。「コミュニティ」、「共同体」という言葉の見直しや問い直しも、こうした動きの一部であろう。一方で、ソーシャルメディアやインターネットの世界的な普及により、こうした物理的距離や地理的条件にかならずしも限定されていない現実もすでに現代社会は経験している。実体とバーチャルの両方のコミュニティや空間を、現実の中で重層的に人びとは受け入れながら日常生活を送っている。

「地域」というとらえどころのないような言葉は、しかしながら現実の暮らしの中では重要な実体をもっている。地理的概念、歴史的概念といった空間的、時間的要素を多層的に含みこんでその実体をつくりだしている「地域」は、人びとが生きる場としては現実の生の営みを規定している。バーチャルな世界が優勢になっているように感じる現代社会においても、人間の等身大の世界、人の暮らしのレベルにおいて、「地域」はその実体を失ってはいない。人間や他の生きものたち、命ある存在が物理的な位相から離脱できない限りは、こうした「地域」という枠組みの実体が無意味化してしまうことはないかもしれない。また、バーチャルな世界やグローバルなスケールに曝されていくことが増すごとに、逆に物理的な存在として実感を確かめたくなるような、手に届く感覚を欲することもあるのかもしれない。

人間の等身大の規模から経済を考えようとした晩年の玉野井の「地域主義」は、経済学者、カール・ポランニーの「実体的な経済」という枠組みとも重なりあいながら展開されたといってよいだろう。玉野井は〈地域〉を知的営為の中でとらえようと模索した。「地域主義」を思想として位置づけ、より地域に根差した経済のあり方に注目し、１９７０年代、地方分権や、地域主義について研究、著作を残した。玉野井が地域をとらえてそれを学問として扱おうとした意図は、「等身大の社会」、「地域の生活空間をあらわすヒューマンスケールの発見」の大切さに対する認識と、「社会大、国家大ではなくて等身大の生活空間の中に現れるもの、その実在性を学問として確かめなければならない」という問題意識からであった。玉野井の「地域」の定義は次のようなものとして提示されている。

仮に〈地域〉を次のように定義してみよう。「人間だけでなく、人間以外の動物・植物・微生物をも含めた生命の維持と再生産を可能にする、自立した生活空間の単位である」と。この程度の抽象の水準でさえ、ただちに「〈地域〉は他の世界から切り離された孤立系と自存する単位ではない」と付記しなければならなくなる。逆説的ではあるが、〈地域〉は自立しようとすればするほど、それぞれの〈地域〉が部分であると同時に全体であり、中心でありうるような結合様式をめざさざるをえないのである。〈地域〉が諸学のひからびた抽象からよみがえるためには、絶えずこのような逆説にたえるだけの緊張を保持しなければならないであろう。（『地域主義　新しい思潮への理論と実践の試み』はしがき iv）

ここで特筆すべきなのは、人間だけではなく、微生物までも含んだ生命体の生命維持と再生産可能性に言及している点、さらに自立と連携の両方の結合体としての生活空間であるととらえていた点である。地域とは部分でありながら、同時に全体でもあるというような一見、相反する実体を併せもつ概念であり、なおかつそれは「抽象」的な存在ではなく、「実体」であるということなのだ。さらに、玉野井は、地域とは中央との対立概念としての「地方」とも明確に区別し、中央との比較から持ち出される優劣の評価も退けようとしている。

玉野井は、単なる地域という概念規定にとどまらず、それを思想として提示し「地域主義」と名づけていた。「自閉」ではなく、「開かれた地域主義」の可能性が追求されるべきであり、さらに「地域主義が構築する経済は、いきなり中央へとつながる効率本位の従来の市場経済ではない」（前掲書：9）と述べている。玉野井によれば、「地域主義」とは、「第一に人間と自然の共生のあり方を重視し、エコロジーの原理を基礎とする思想である。それは、これまでエントロピーに無頓着であったエネルギー一元論のイデオロギーに育まれたエネルギー多消費型の社会に替えて、生きた自然の尊重を目ざし、エントロピー処理に必要な各地域の水土を保全し活用するライフ・スタイルの思想」であり、さらには「地域に生きる生活者たちの居住生活空間のスケールないしサイズを重要視する思想」であると述べられている。またこうした思想に基づいて、「人間同士の社会関係にふさわしい規模のコミュニティ、すなわち等身大の人間の生活規模の世界のあり方が探求」されるべきであるというように、現実社会の進むべき方向性が示されていた[39]。

晩年の沖縄での研究生活の経験をもとに、現場に根差した視座を得た玉野井は、こうして「地域主義」に取り組んだのであるが、玉野井の研究ではやはりまだなお抽象的な言語で語られていることが多く、実体的な人間の暮らしぶりが描けたとはいいがたいだろう。本章は、こうした地域の実体をより具体的な語りをもとに、人間の生活、経済、社会関係と人の暮らしと自然環境との共存の姿を描き出してみたい。

## 小川町に関する最近の研究動向

その前に、近年有機農業の里で注目されるようになった小川町に関する研究動向について簡単だが押さえておこう。

有機農業という点に焦点を当てた小川町に関する最近の研究、小口（2016）の博士論文「有機農業の地域的展開に関する実証的研究――埼玉県比企郡小川町を事例として」は、有機農業が点としての存在から、「地域」へと面的広がりをもっていった経緯とその要因を実証的に研究したものである。それによれば、1点目、この地域において有機農業が段階的に展開したこと。2点目は、有機農業の多様な担い手、つまり新規就農者や慣行農業からの有機転換農家といったさまざまな有機農業の担い手が形成され、その取り組みも多様な方面に展開したこと。3点目は、有機農産物の流通の形成が地域循環に根づき、ローカル・フードシステム（ＬＦＳ）の中で展開していること。さらに4点目としては、こうしたローカル・フードシステムに関わるステークホールダーとして、近年では地元ＮＰＯや農水省や環境省、また都市住民などさまざまな人びとの関わりに対して開かれた地域としての具体的な社会関係の重要性を指摘している。こうした関わりが、地域の生み出す価値の共有、農の存在意義や地域の自然や資源を守り活用する環境保全という社会的課題に対しても応えうるモデルとなっていることを示唆している。[40]

小川町や近隣町村という地域住民として定着したが外部からの移住者に関して、「有機農業」という側面から近年着目されて調査がなされているのは、地域がもつ多層性と開かれた地域のあり方を描き出す試みでもある。1979年以降、霜里農場は有機農業を学びたいという意志のある「よそ者」を研修制度として受け入れてきた。その中から小川町に定住して地域住民となった人、さらに就農して農家として自立して地域の有機農業ネットワークの広がりを生み出し、現在の小川町が形成されてきたことに着目して、この研修制度に関する研究も近年行われている。[41]

さらに地場産業との関連性では、本章でも取り上げる、ときがわ町の豆腐屋「わたなべ豆腐」を事例とした研究には、下口ニナ・稲泉博己（2016）の「埼玉県小川町における有機農業を核とした地域デザイン――地場豆腐屋の貢献に注目して」があり、豆腐屋の商いと地域社会の形成との関連が分析されている。

## 小川町の有機農業の位置づけと展開

2015年の農林業センサスに基づいた小口の調査によれば、小川町の販売農家数298軒中、有機農家数（新規参入者及び転換参入者）は51軒であり、全体の約17％を占めている。日本全国では、0・5％であるので、全国の34倍と高い数字である。また耕作面積は、小川町総耕作地面積660haのうち、47・6haが有機農業による耕作面積であり、7・2％の割合となる。全国の有機農業による耕作面積は、全体の0・4％程度と算出されており、面積においては、小川町は、全国の18倍の割合で有機農業の耕作地がある。また、経営規模は小規模であり、1ha未満が大半であり、2ha以上は5軒、そのうち、3軒は新規参入者である（小口 2016：12：42-43）。さらに、実際の小川町の新規参入者で、いわゆる家庭菜園規模で農家登録をしていない新規住民、新規就農者もかなりの数が見込まれ、

**表３－１　小川町の有機農業の地域的展開**

| 時期区分 | 主な動き | 主な主体 | 特　徴 |
|---|---|---|---|
| 胎動期：1971年 | 金子氏有機農業開始 | 霜里農場 | 霜里農場による孤軍奮闘 |
| 成立期：1984年～ | 研修生が初めて町内での新規就農 | 霜里農場／新規就農者／地場加工業者 | 新規就業者の定着／地場加工業者への出荷 |
| 展開期：1995年～ | 小川町有機農業生産グループ発足 | 霜里農場／新規就農者／地場参入者／NPO | 有機農業者の組織化／NPOとの連携／地場加工業者との連携進展／下里一区で転換参入開始 |
| 充実期：2006年～ | 下里一区の在来農家の水稲有機栽培開始 | 霜里農場／新規就農者／地場加工業者／転換参入者／NPO／レストラン／スーパー／行政 | 新規就農者の増加／下里一区の転換参入／町内における販路拡大／行政との連携 |

出典：小口 2016：35を参考に、筆者が簡略化。

実態としては町役場のデータやまた研究でも把握できていない人びとも多く存在し、農的暮らし、農の営みを生活に取り入れながらも、かならずしも生業として営んでいない人びとがいる点は押さえておくべきだろう。

次に、有機農業の展開に関してだが、前述の研究に共通して分析されているのは、小川町における有機農業の地域的な「展開過程」の区分である。小口においては胎動期、成立期、展開期、充実期と４区分になっており、それぞれの特徴の根拠としては表３－１のような点から区分がなされている。

これに対して、下口・稲泉・大室（2015）の区分は、３期に区分され、１期の開始時期は小口の胎動期、２期は成立期と一致しているが、３期を２００１年からとし、その根拠を在来農家の有機転換と町役場行政、国の関与などの活発化としている。展開過程の分析についての多少の違いはあるが、近年の研究によって明らかにされてきたのは、小川町という過去40余年の中での変容過程、そして「地域」のもつ重層性や多様性である。地域には多種多様な人びとが住まい、生を営み関係性をつくりだしているそのことの一端が、これらの研究からも理解される。霜里農場を起点としてみていくと、社会関係は、かならずしも物理的に距離の近いところから遠方へと広がりが形成されたわけではなかった。すでに見てきたように、金子が理想とした近距離に消費者を探すことができなかったことから、尾崎ら東京の消費者たちと先につながっていった。また、金子が妻と出会った日本有機農業研究会は全国組織であり、多くの有機農家がそうであったように、日本における有機農業の理解者は１９７０年代においては地元にはおらず、孤立化しがちだった有機農家を支え情報交換し、営農を可能にしたのは、こうした全国的なネットワークでもあった。もっといえば、国外とのつながりも、すでに１９７０年代から、世界的な有機農業運動、ＩＦＯＡＭなどが形成されて、日本の有機農家たちも活発にこうしたネットワークに関わっていたために、金子のところにはすでにヨーロッパ、アジアなど海外各国からの研修生が出入りするようになっていた。また国内からの研修生たちも、他県出身者が多かったし、このように見てみると物理的、地理的な距離でいえば、遠隔地から先につながり、次第に町、ムラと近づいていったことが特徴としてあげられる。

　繰り返しになるが、金子の卒業論文の「三つの課題」の中には、「公害の問題」のほかに、「物価の問題」と「自由化の問題」が挙げられていた。この課題に対して解として、徹底的にローカルに身を置いて自らの農業を打ち立てることは当初から視野に入っており、「お礼制」として営農を再開させ、そしてその後「一袋野菜」という定額制の個別の家族単位の消費者との関係を地道に築きながら10年ほどが経過した頃、次第に地力がつき、生計も安定していった。1980年代後半に入り、金子は小川町内や近隣町村の地場産業を商う人びととのつながりをつくるために動き出した。そのため、金子の農家としての経営方針は、個々の消費者の数を増やすということではなく、30軒程度の消費者とのつながりを基礎に据えて生業の基盤をつくった後は、地元の酒蔵、豆腐屋といった地場の小さな商いをしている人びとたちと、連携するという方向であった。ここから取り上げるインフォーマントの暮らしや商いの拠点となっているのは、小川町の中の「町場」、ときがわ町という「隣町」、そして下里地区という中山間地の血縁の強い伝統的共同体である「ムラ」、さらに埼玉県「大宮市」である。

本章のインフォーマントは、すでに小口や下口らの既存研究においても、キーパーソンとして取り上げられているが、より詳細なインタビューの語りから人びとの関係性がどのように構築されていったのか、個人的なエピソードの中から探っていく。本章では、こうした既存研究を踏まえつつ、よりマクロ的に人びとの人生に焦点化し、さらに視点をクローズアップして、それぞれのインフォーマントの人生の中に分け入ってみることで、どのようなことが契機となり人びとが社会関係をつなぎ直し、ふたたび経済関係を社会関係の中に埋め戻していくのか、またそれぞれインフォーマントの生の固有の物語と、またその一人ひとりの個人をとりまく社会関係を描きながら、人間の暮らしが営まれる重層的関係性を浮き彫りにしてみたい。

## 2　遊びと仕事と生きがい——酒蔵の旦那、中山雅義

### 晴雲酒造の始まり

金子夫妻は、自分たちの結婚と同時に、「有機農業学校を作る」、「民間の国際交流をすること」、「地場産業と手を組んで町を活性化すること」という三つの目標を掲げていた。金子は、１９８７年、下里地区に新規就農した元研修生の河村岳志と２人で「地場産業研究会」と命名した会をつくった。しかし、それが具体的なアクションに結びつく前に、実際の地場産業とのかかわりのきっかけをつくりだしたのは、地元の酒蔵、晴雲酒造からのアプローチだった。１９８７年は、折しも下里地区において田んぼの空中散布中止がようやく聞き入れられたという時期にあたる。その年、思いがけず町内の造り酒屋の社長、中山雅義[42]の方から金子に、町役場を通じて有機米を分けてくれないかという話が舞い込んだ。当時中山は、霜里農場の動きとはまったく別のところで、新しい道を模索していた時期で、町内に残った数少ない酒蔵としてどのように生き残っていくかの策を練っていた。

酒造業は江戸時代の厳しい米価統制の中で育まれ、明治時代の過当競争と戦中戦後の統制経済を乗り越えて発展してきた。酒蔵がその地に生業として成立するための条件は、なによりも良質な水と原料の酒米の確保である。小川町にはその条件がそろっていたゆえに、かつては酒蔵が数多く存在した

といわれる。小川町の良質な地下水は硬度が高く、石灰質を含み、鉄分が少ない。それが酒造向きの水であった。原料となる酒米に関しては、盆地で田んぼの面積が多くはなく、米の産地ではないにもかかわらず、生産の多い松山や熊谷の平野部から穀物の少ない秩父方面へ米を運ぶ中継ぎの穀物商が行きかい、米の集積地であったことで確保できたのである。また物資と共に、人びとが集まり市での交換や交流が盛んである「町場」の存在は酒の消費地として機能し、酒の「生産」のみならず、「消費地」としての町場の存在も酒蔵の商いにとっては好都合であった。そのような環境が整っていたことで「関東の灘」といわれるほどの小川町は、酒蔵の多い場所となっていたのである。

酒の需要は村内、町内だけではなく町外にもあり、それゆえ質の高い酒が求められて、越後から杜氏が招かれた。現存する三つの酒蔵の武蔵鶴酒造、帝松（松岡）醸造、晴雲酒造はともに祖先が越後郡の出身であり、酒造に関わる家柄であることから、越後杜氏の手によって小川町の酒造は守られてきたといえる。町場として栄えた小川町は、毎月1、6日に立つ「市」でも酒は大いに消費された。酒場の数も多く、最も古い居酒屋は1715年（正徳5年）に下古寺村で開業しており、資料に残る1838年（天保9年）の記載では、増尾1軒、角山3軒、腰越5軒、上古寺1軒、下古寺1軒と居酒屋でも地元の酒が消費されていたことが記録に残っている。

晴雲酒造の初代中山徳太郎は、栃木県の造り酒屋である中山家の次男で、現在の場所にあった村山酒造の娘サクと結婚した。結婚して2人は栃木に住んでいたが、1902年（明治35年）にその村山酒造で、酒造りの過程で火落ち菌が繁殖し、腐造し、これが伝染した。当時はひとたび菌が発生すると、一気にひと冬分の材料すべてがダメになるため、大変な事態となり、そのような腐造により倒産に追い込まれ、代替わりをせまられるような酒蔵が多かった。村山家は、まさにその腐造によって廃業に追い込まれてしまった。村山家の先祖は新潟県頸城郡(くびきぐん)鉢崎村の出身であり、町内にある酒蔵、武蔵鶴の中山家とはいとこ関係に当たる。中山の祖母はこの村山家の娘サクで、中山家の二男であった中山の祖父中山徳太郎に嫁いで町外へ出ていたが、この腐造事件をきっかけに小川町にもどり、２人はこの蔵を利用して新たに酒蔵を始めた。これが今の晴雲酒造の始まりである。「晴雲酒造」になったのは戦後になってからで、当時は中山徳太郎商店、屋号が玉井屋であった。昭和25年商法改正から、株式会社にした方が税制上のメリットがあると判断し、その時に晴雲酒造株式会社という現在の経営体になっている。

晴雲酒造は、江戸時代から昭和30～40年までは、さほど変わらない体制で酒造りが行われてきた。蔵人は、雪国新潟からの農家の男たちで、夏は百姓、冬の仕事として酒造りに携わる。米が税金であり、酒造りが盛んだった時代には、酒蔵はどこも地元の名士であり、「高速道路ができる前は、造り酒屋は地方の経済、政治もみんな背負っていた」。それまでは、その他に大きな産業があるという時代でもなかった。基本的に米どころでは、米を買って作るのではなく、自分の田んぼで獲れた米を使う。酒造が盛んな近江の方の灘、伏見では、丹波杜氏が主力で、関東地方は一番近い雪国の新潟から杜氏や蔵人がやってきた。晴雲酒造にも毎冬には杜氏と蔵人が10人ほどの集団で来ていた。当時は親方になるのは「大変な夢だった」といい、それは杜氏と普通の蔵人では稼ぎに10倍くらいの差があった時代でもあったからだ。

また農村の暮らしが貧しかった時代には、蔵人たちは仕込みの時期になると痩せた身体で来て、酒蔵でひとシーズンの仕事をしたら「ひと冬で太って帰る」のが普通で、貧しい農家の口減らしでもあったし、「うまい飯が食える」ということで冬の仕事がない雪国の百姓たちの貴重な稼ぎであった。当時を振り返ると中山はその暮らしぶりをこう表現した。

私、子どもの時に知っているんですよ。向こうも貧しいわけ。こっちは酒は高いから、割と新潟の百姓よりはいい生活しているわけ。向こうじゃ満足に食えないからこっちに帰ってくるとご飯だけは食べられるから食べて。私の子どもの頃、お正月に何人か残るわけ。お雑煮１人10何個、餅を食べる。もちろん、おかずはきんぴらとか里芋の煮っ転がしとかしかないけれど。専門の女中さんが一緒についてきて。もちろん家付き女中もいる。冬になると女中が２人になって。我々の生活は昔の方がよっぽどいい。

毎食の食事を20人くらいで一緒にとるというのが、酒蔵の酒造りのシーズンのおきまりの生活スタイルであった。

## 酒蔵を継ぐという選択

昭和40年代後半から50年代にかけて、つまり１９７０年代に差しかかるころになるとそのような生活に変化が見られ始める時期が訪れた。中山が晴雲酒造を継ぐことになったのはちょうどその頃である。今から振り返ると、１９７３年という年は、日本酒業界全体のピーク時であったと中山は位置づけている。その時に酒蔵を継いだことは、「境目だから結構よかった」という。お酒を飲むこと、「酔っぱらうことがレジャーであり、目的であり、手段ではなかった」時代に中山は酒蔵を継いだが、その後１９７５年をピークに変化する。[43] １９７３年は第一次オイルショックの年であり、人びとがトイレットペーパーなどを買い占めに走った年でもある。中山の見立てでは「モノをガバって作る、集めることのピーク」がこのあたりの時期であり、それ以降は「品質」が問われるようになっていった。つまり量から質へとモノづくりが転換したというのだ。「ちょうどそういう意味で戦後のおしまい」であり、モノづくりの「内容をいうようになった」時期に酒蔵を「継がされた」。

「継がされた」というのは中山が晴雲酒造の次男であったことを意味しており、そもそも「継ぐ」という意識がなかったということだった。中山の兄である長男は、「すでにこの商売は、将来必ずさびれてだめになっちゃう」と思い始めていたので、「それよりも観光、ディベロッパーの方がどんどん発達する」と見込み、長野に移住し酒蔵は継がないといった。長男が継がないと意思表明をしたとたん、東京でサラリーマンをしていた中山が呼び戻された。27歳の時であった。次男として生まれて、酒蔵を継ぐということは子ども時代から頭になかった。酒蔵というものは「好き嫌いにかかわらず、次男坊は跡をとれない」世界であったために、兄が継ぐものだと思っていた。しかし「兄は都合があって、違う職業やりたいって、出ていったから」実家から呼び戻された。その当時、中山は東京で建築会社にいた。高校時代に石原裕次郎主演の「黒部の太陽」という映画に感激して建設業を志した。大学は土木科に進み、その後は建築会社に就職した。当然、酒蔵を継ぐことは、次男の自分の職業選択肢の中にはないと思っていた。

酒蔵を継ぐのか否か、その選択に関しては、中山はあっさりとこう説明した。「だからそこんところはいやおうがない。やりたいと思うとか、継ごうとか」、自分の意志による、選択の余地はない。もしも、継ぎたいと思ったとしても、長男に継ぐ意志があれば自分には家を継ぐ資格はないし、長男が継がないとなれば、逆に何をやっていてもそこは「いやおうなく」呼び戻されるというのが酒蔵の後継者の成り行きだった。だから、酒蔵を継いだら、こんなふうにやっていきたいなどという方針や酒造りのノウハウなども考えたことはなかった。

私は正直だからいうけれど、おそらく造り酒屋の跡取りでそんなこと考えている奴はいないでしょうね。要するに、やっているから、その家が造り酒屋だからお前は跡取りだぞっていって一緒になってやってそのうち覚えてくる。

もしも中山がやらないといえば、次は弟が継ぐということもあり得るが、呼び戻された時、中山は継ぐことを選択した。その時のことを次のように振り返った。

ある意味いやおうがないっていうか。別に生まれた場所だから嫌じゃないしね。大体ある程度わかっているからさ。金もあるだろうとかね（笑）。そりゃあ、サラリーマンよりは家があった方がいいでしょう。経済面でいえばね。（建設業は）4、5年やっていたから、この世界は俺の頭じゃだめだなって、要は、誰だってトップを狙うがね。簡単にいえば社長とか重役とか。小川じゃあ、2番3番だかもしれないけれど、東京じゃあ、１００番か２００番かもしんないからね。大体会社に入れば同窓がいて、わかるから。奴らの方が早く出世しそうだなって。自分はきっと60歳で定年だなと。

## 高付加価値路線に切り替えた理由

量から質へとモノつくりが転換し始め、酒造業界でいえば、「幻の酒」というのが造られたのも中山が家業を継ぐことを決心したちょうど１９７３年前後であった。かつて、国からの命により三増酒というのが多く出回った時期がある。同じ量の米で「3倍のアルコールができるようなものをつくれ」、「同じ米でアルコールは別に出すから、ぶどう糖くれて甘辛をつけてそれで売りなさい」という国の命令で酒を作っていた時期もある。米不足のために「アルコールとぶどう糖でもって薄めなければ足らない。昭和48年頃がちょうど頂上の境」で、その後は米だけで酒造りができるような時代になってきた。晴雲酒造は、１９７２年までは決められた銘柄をつくってきたし、「余計なものつくる」必要もなかった。晴雲酒造では「晴雲特級、１級、２級があって、それで済んだ」のだ。しかし次第に、売れなくなってきた。

日本社会における産業変化に並行して仕事のあり方、労働の機械化による肉体労働の減少という変化が、人びとの酒の飲み方や量にも変化をもたらしていったのだという。また食生活の変化も、飲むアルコールの種類を変えていく。栄養価の高い食を取るようになった日本人の体にとって、日本酒が重いと感じるようになっていったと中山は考えていた。

こうして日本酒の需要が少しずつ下降気味になると同時期に酒造りの行程での機械化が加速して、技術的には日本酒の大量生産が可能な時代に突入していく[44]。この当時、酒造業界の経営戦略は「大量生産の安い酒造り」であった。いわゆる紙パックに入った酒の登場だった。玄米をすり、赤糠を取り出し機械のなかに入れて、雑味を取り、糖分だけをとる技術が機械化され「米糠糖化装置」が出回るようになり、通常は米の芯の部分だけを使う酒造りを、皮を使ってやることによって増量させ、そして紙パックに詰めて安く販売することが可能になった。この路線で経営の舵を切った酒蔵も多く、そうしたところは大量の安い酒を造り、大々的に広告宣伝やコマーシャルなど宣伝費に経費をかけた。

しかし晴雲酒造はその路線にはのらなかった。その機械の導入には３０００万円くらいかかった。「この金がなかったわけではなかった」が、彼はその方向には動かなかった。その理由を次のように説明した。

当時私くらいの蔵で、それだけのことで３０００万かけても、それで安い酒造るわけだから、売上が立ったから、ある程度大きくなって、それやってつぶれちゃったという事例としていっぱいあります。買うのは買えたけれど、普通ので生きていけるなっていう。だから逆にいうと無農薬の方にいった。安い方じゃなくて、高い方に動いたわけですね。糠をつくって酒造ったって高く売れっこないでしょ？　無農薬のお米で作ったらそれだけで高く売れそうな気がするでしょ？

きっかけは、１９８６年にある新聞記事に目をとめたことだった。

その時に、八郎潟の干拓の話が新聞に載っていた。八郎潟の米が余っていると。それで、無農薬で作ってあるっていうので、八郎潟で、入植すると何町歩か渡されるらしいですね。それでもやっぱり、昭和48年ごろになると米が余っちゃうんだよね。それを、ある蔵が買って、無農薬の酒を造ったと書いてあった。俺、すぐその連絡先に電話して、「そういうの売ってないんか」といったら「売ってないよ」っていうから、弱ったな。

筆者：八郎潟の無農薬の米で酒造ったっていうのを読んで、自分もそれが良いと思ったのですか？

中山：いいっていうんじゃないね、もう正直いうと生きていかなくっちゃいけないから。だからそれはそれでいいわけだよ。これはこれで、全部それでやらなくちゃいけないってことはないわけだから。バリエーションの中の。

規模拡大による大量生産での安値競争に参入する道ではなく、高付加価値路線に舵を切ったということになるが、その正直な本音は単純に「生きていかなくっちゃいけないから」ということであった。すぐに新聞記事を頼りに大潟村に電話をかけて問い合わせたが、「無農薬米はもうない」といわれた。それで中山は、小川町役場に出向き問い合わせをする。すると役場の人が「金子さんがいるから」と言った。そうして、役場の人は金子が同じ町内で無農薬米をつくっていることを中山に伝え、その後

2人のつながりが生まれていく。

金子と中山は、それまでは直接の知り合いではなかったが、同じ町内で同世代でもある金子のことはやはり知っていた。そこで、早速金子に直接連絡をして、「有機米を購入したい」と申し出たのだった。

## 値段交渉と旦那の遊び心

値段の交渉はどのように行われたのだろうか。当時の酒米の最上級で知られる山田錦の価格は1等米、1俵3万6000円であった。その同じ値段で中山は金子のお米を買い取ることになった。これは金子のいい値であった。双方の聞きとりからも「値段交渉は一切しなかった」ということであった。当時日本で一番高い価格の米を買ったことになるが、中山がその時に金子から受けた説明は次のようなもので、そのことがこの値段で買い取ろうと思った根拠にもなった。

普通のお米は1俵大体、1万8000円、(有機米は)その2倍、3万6000円であれば、〝無農薬の人〟が再生産できるんですって。

金子からの説明は無農薬の米作りで「再生産可能」という価格が提示された。その説明をそのまま受け入れ、いわれたままの値段で買ったのだ。それには中山の側には彼なりの理由もあった。なぜ中山がそのような「高い」お米を値段交渉もせず買ったのか。その理由を彼は次のように説明した。

筆者：その昭和62年当時だと、無農薬とかいっても普通の人がそれに価値を見出すような時代でもなかったと思いますが、そこに踏み切られた理由は？

中山：それだけうちの蔵には余裕があったんですよ。格好いい言葉でいえば「研究」、もっといえば「旦那」あるいは「遊び心」っていうものに１００万２００万、年間ね、使う余裕があったわけです。

筆者：じゃあ、一部無農薬でやってみるっていうのはどうかっていう感じですか。

中山：もちろん生活は豊かになりたいし、出来れば余計に売りたいっていうのは、これは誰でもあるわけだから、そういう流れの中で、当時からすれば昭和48年から減り始めているから、減った部分だけでもそういう蔵で価値がつけられればなって。［中略］ま、金銭的余裕がないとできない。無農薬でお米を買うと、60～70万円くらい余計にお金がかかるのかな。それが使えるお金がなくちゃできないもんね。

老舗の酒蔵の財力が物をいったというわけであったが、それでも、何に使うのかは、経営者の哲学や方針にかかっている。中山は、「私は値切ったことがない」ときっぱりいいきった。その理由は次のようなものであった。

俺は値段交渉はしなかったつもり[45]。というのは、自分は今までやってきたことの何か「文化的」っていうと大げさだけれど、「遊び心」、「旦那」、そういうものに賭けてみよう、使ってみようと（いう気持ちがあった）。高いっていったって、1年間に100万か200万だから、車買うの我慢すればいいだけだから。まだ余裕があったんですよ。その頃造り酒屋は。うちの場合はね。［中略］これって、基本的には道楽だから。「旦那」。いい女に入れあげたと思えば、100万、200万、1年ね、安いもんだ、喜んでくれるんだから、みんながね。

中山が金子のいい値で、日本一の高い価格で酒米を買った理由は、中山の口からは「旦那」という言葉で説明された。

ここで、「旦那」とはどのような存在なのかを簡単に見てみたい。「旦那」、「遊び心」、「道楽」という言葉に表される「旦那」とは何を意味するのであろうか。日本において町の名士である酒蔵は「文化」にお金を投じる「旦那」の世界があったといわれる。旦那研究をした岩渕（1996）によれば、旦那の条件として欠かせないものに次の2点を挙げている。一つは「自分の自由になるお金が沢山ある金持ちであること」、そしてもう一つが「文化や芸術に対する深い理解をもっていること」（岩渕1996：224）である。そして従来の旦那像としては、少なくともこの2点を満たしていないと旦那とは認めらなかったという。中山のインタビューに見られるような発言、気前の良さ、金離れの良さと

「文化的」という言葉はこの条件に合致する。もう一つ、自身も造り酒屋の旦那であった祖父をもつ吉本（1996）がその旦那精神の特徴として「同居する『遊び』と寄付金活動」をあげ、次のように述べている。

造り酒屋の旦那像を探ってみると、その旦那ぶりには、大きく二つの側面があるようだ。〔中略〕一つはいわゆる旦那遊びとでもいえるようなものである。〔中略〕いま一つは、旦那の社会的な活動で、地域社会に対する貢献や寄付である。それは地域社会の中心的な存在として、造り酒屋に期待されてきた役割なのだろう。（吉本 1996：91）

吉本は、「この二つの要素は一見相反するように見えるが、実は旦那の意識の中では、同一レベルのモチベーションから生まれているように思える」ともいう。自分が良いと思うものを、社会にとっても必要だと感じて行う、寄付金や支援活動であり、「ここまでが個人的な趣味で、ここからが社会的な活動という境界線が存在していない」と述べる。確かに、中山さんの中でも、経営戦略であり「生き残りをかけた生存戦略」であったという話と、その後に価格の話になれば、値切らずに高く米を買う、それは「遊び」であるとも話した。一つの決断や行為の中にいくつかの要素が混在しているのだ。さらに吉本は次のように旦那の精神を説明する。

事業の収益が出たらそれを社会還元しようというような、ある種の義務感から社会活動を行うのではない、もっと自然な、旦那個人の感覚と良識が、その行動原理になっている。趣味も社会活動も、そうした個人の素朴な感覚に基づいており、やれ社会貢献だ、メセナだといって肩肘を張るわけではない。そういうところが旦那の旦那たる所以であろう。（吉本 1996：91-92）

中山がある時期に思い立ち、有機米の酒、銘柄「自然酒」を作った理由が、「旦那」の「遊び心」であったということを、無農薬米を提供し続けてきた金子は知らずにいた。中山自身が金子に対して、その理由など説明したこともなければ、「社会貢献だ」と話したこともない。ましてや「有機農業の支援だ」とか、「まちおこし」のためだとか、そのようにあえて対外的に言語化してきたことはなかった。しかし中山のなかには、「旦那ごころ」があり、それが「有機米の酒造り」を続けてきた理由であった。町における旦那の存在を文化という視点から中山は位置づけていた。

俺やっぱり、町、地域は〝旦那〟がいなくちゃしょうがないと思うんですよ。旦那っていうのはね、一生懸命働いて、商売で稼いだものを使って、多少は遊び風には見えてもね、世の中の人のためにばらまくっていう。［中略］やっぱりね、旦那がいるっていうことが日本の文化じゃないかなっていうような。［中略］稼いでもみんな本社にもっていかれてしまうような、そういう時代では旦那はなかなかできないよね。粗利のない世界に文化はないよね。

旦那とは、粗利を何に使うか、さらにいえばたとえ、遊び風には見えたとしても、文化的なことに使う、それを世の人のために使うことができるかということが重要なのだ。

筆者：でも例えばある程度の余裕とか、さっきいった遊び心とかそういうのはお金に余裕がないとできない。そうするとこれからの経営では本当に難しくなるのでは？

中山：大事なんじゃないですか、そういうことが。一つには、地球規模で地球全体に視点をもって。もう一つの生き方は、しっかりここを守るっていう。下手に攻めるからやられちゃう。守りは攻める力の10分の1くらいでいい。3倍から10倍の力がないと滅ぼせないと。だけど、一番我々、小さいところが生き延びるのは、地の利。［中略］やっぱりね、こういう造り酒屋ってみていると、青梅の川合玉堂、造り酒屋なんていった、小布施に北斎、全部パトロン、玉堂の娘が澤乃井の奥さんになっているわけ。それとか、小布施堂っていう造り酒屋がある、北斎をパトロンがかこっている。それぞれ人間には規模と特徴と能力とかいろいろ違うんだから、金子さんと仲良くするくらいが俺の能力の限界かな。（笑）それで少しでもこうやって（インタビューに）来てくれたってことは、普通の人と違うから来てくれるわけでしょ。だからそれだけで十分じゃないのかなって。それだけでもうれしい。

徳川期における商人たちの相互扶助経済を研究したナジタ（Najita 2009=2015：31-34）においても「商いをして文化を仕入れる」という商人の気質は決して例外的なものではなく「その方法には決ま

りきったものがない」といわれている。[46] 中山が、金子たちの有機米を買うという行為を「文化的な行為」として位置づけていたのであるが、こうしたことは商人たちに広く共通していた。そしてその行為に対して「喜んで」もらったこともやはり中山にとっては金銭価値とは代えがたい意味をもっていたという。中山はこの言葉を残して、このわずか2週間後にこの酒蔵の〝旦那〟としての人生に幕を閉じた。最後の肉体の力を振り絞って応じてくれたインタビューの中で、自分の人生の締めくくりとして次のように語った。

でも、だんだん、だんだん、こうやって生きてくるとね、人間の生き方って銭をいくら残したとか、そういうもんでもないっていう。いくらかでもいろんな人の、少しでも役に立てたとか、そういうことがあることが生き様っていうかな、その人の人格にもよる、スケールの大きさにもよるけれど。人口3万人かそこらの町の中で、生きがいっていうのは、それでもずいぶん、良い生きがい、生きがいとしちゃあ、大きい方じゃないかな。

中山は、金子夫妻の結婚30周年祝いの祝辞として次のような一文を寄せていた。

造る、売るという職業におりますと、金銭が第一になり、金子さんご夫妻に接することにより心が洗われる気がします。[47]

この言葉は裏を返せば、商いの厳しさや同業者との競争の苦労を日々経験しながら生きていたことを意味している。インタビューの中でも、今現在の他の酒蔵との関係に関しては、「商売柄儀礼っぽいおつきあい」は継続しつつも、同業者組合は「形だけ」になり、そうした現実を「世知辛い」と表現していた。同郷出身者の同業他社とは、「競争ならいいけれど、ずるっこい」という言葉でその関係性の難しさを表現し、それ以上深くは語ろうとはしなかった。

だからこそ死期が迫りくる中山が、自らの人生を総括して回顧的に語ったこれらの言葉は、人間にとって意味あるものが何なのかをより鮮明な形で見せてくる。中山の言葉では、「銭をいくら残した」ということではなく、「いくらかでもいろんな人の、少しでも役に立てた」という想いの方に、自らの生きた「甲斐」を見出していた。それゆえに振り返れば「良い生きがい、生きがいとしちゃあ大きいほうじゃないか」と自らの生き様を肯定することができたようだった。この言葉を残して、小川町の晴雲酒造の〝旦那〟は68歳の人生を全うした。

## 「おがわの自然酒」が紡ぐ関係性

金子と中山のつながりから開始された「おがわの自然酒」づくりは、仕込み樽に対して米の量が不足していたために、１９８８年当初から現在に至るまで、金子がすでに関係をもっていた山形県高畠町の有機農業グループの無農薬米を加えて作られている。高畠町は、日本の有機農業運動の中でも重要な位置づけをもち、リーダーの星完治が、金子の求めに応じて、無農薬米を加勢している。その意味で「おがわの自然酒」は厳密にいえば最初から「小川町と高畠の自然酒」でもある。こうした仕込み樽の大きさを満たすためという条件によって、図らずも先につながりのあった全国ネットワークとしての有機農業運動の関係から、小川町と高畠町の米が晴雲酒造の樽の中で混ざり醸造されているということになる。「地域」の枠は、物理的な距離を超えて、こうした関係性の中で広がり、それが結果として「おがわの自然酒」となっている事実は興味深い。また、ボトルに貼られたラベルは近くに移住してきていた金子の知人でアメリカ人の版画家のリチャード・フレイビンが手掛けた手漉き和紙を使用している。さらに、この自然酒は2006年からは下里地区の田んぼを利用して、「無農薬で米づくりから酒造りを楽しむ会」という名前で、田植えや稲刈り、またマイラベルを手漉き和紙で作るといった年間を通した都市住民との農村交流事業、農作業体験などを加味したイベントに発展してきた。父親から襷を受け取った晴雲酒造の現社長である息子の中山健太郎が、次の世代の旦那として、地域との新たな関係をつくりながら商いをどう継承、発展させていくのかは、はじまったばかりの次なる物語である。

## 3　関係性の見える仕組みづくり――豆腐屋の後継ぎ、渡邉一美

人口5000人ほどの旧玉川村（現在は合併して、ときがわ町）にある豆腐屋、「とうふ工房わたなべ」は、観光バスが数台停車できるほどの大きさの駐車場を含め4カ所の駐車場を完備し、休日になると警備員が駐車場に立ち交通整理をするほどにぎわっている豆腐屋だ。現在は町の観光スポットのよう

な存在で、豆腐を買いに来たお客さんが夏は豆乳アイスクリームや石焼釜のピザ、冬は焼き芋、甘酒などを食し、一休みしながらくつろぐ光景が見られる。ときがわ町は、かつては林業、建具が町の主要産業であったが次第に斜陽産業となり、20年前から観光で村おこしをしようと力を入れ始めた。村の奥の方から整備をし、キャンプ場、手打ちそば体験施設や温泉スタンドというお湯を汲めるスタンドや温泉施設もつくり、現在は年間80万人くらいの観光客が訪れる場所となった。観光客の憩いの場と豆腐をお土産に買うために多くの人が訪れるのが、町の表玄関に位置するこの「とうふ工房わたなべ」である。

まだ「何もなかった」頃、豆腐で商いをしていた渡邉一美[48]が「村おこし会議」に参加した際、地理的に村の表玄関にあたる場所に店を構えていた彼に、「表玄関をきれいにし、渡邉は豆腐で村おこしをせよ」というお達しが出た。当時は、豆腐屋という商売でそのようなことができるなどということは想像ができなかった。なぜならば「当時1丁80円、スーパーに行けば、78円、週に1回は2丁100円、どんどん安く売られるような豆腐」が出回っている時期で、「そんなのでは東京からは人は来てくれないよ」というのが正直な気持ちだったからだ。

## スーパーマーケットの盛衰と豆腐屋

渡邉の父親は終戦後間もなく1946年にコンニャク屋を始めたが、その後1951年年に豆腐屋を始めている[49]。父親の言葉では「豆腐屋は屋根の上から一回り見渡したところで商いをすれば大体、家族4、5人は養っていけるのだから、近所良く商いをしろ」というのが商いの指針だった。その意味で、豆腐屋は「鶏（庭とり）商売」であるということであった。両親は地域の中で日常の食としての豆腐を近隣の人びとに提供することで生活を成り立たせて、子どもたちを大きくした。昭和20年代、30年代は、この地域ではまだ店が少なく、物を買うのは行商、引き売り、背中に風呂敷を背負った人、いわゆる近江商人の原型、富山の置き薬屋さんといった人びとたちからだった。「隣の農家の縁側に風呂敷背負った人が来て、近所の人が集まって下着だって、何だって買っていた。（隣町の）小川町に買いに行くなんか東京に行くくらいの気持ちだった」。１９５３年生まれの渡邉が生まれ育ったころの村はそのような暮らしぶりであった。

商いの仕方に変化が現れはじめるのは、昭和40年代のスーパーマーケットのようなセルフサービス方式の店舗の出現だった。従来の小さな八百屋、魚屋、食料品店などが店舗を拡大し、スーパーマーケット方式に切り換えると、2倍3倍さらに10倍というように爆発的に売り上げが伸び、逆に旧態依然の対面販売の店は売り上げが伸びないというようにはっきりとした差が出始めた。豆腐屋をはじめ、加工メーカーはスーパーマーケットとの取引を進めていき「スーパー様様、スーパーは魔法の玉手箱のようなお得意様」という想いをもつまでになる。渡邉の店もまた例外ではなかった。

渡邉が家業の豆腐屋を継ぐという気がなさそうなので、父親は自分の代で豆腐屋は終わるのだと思っていた。渡邉は4人兄弟の長男で、姉はすでに嫁に行き、弟2人は豆腐屋など継ぎたくないといって家を出ており、父親と母親が今まで通りの商いを続けているだけだった。渡邉も東京へ出て会計士を目指して大学へ通っていた。「豆腐屋はあんまりいい仕事ではない」と思っていたし、あえて積極的に豆腐屋を継ごうという意志はなかった。

しかし転機が訪れたのは、母親の死であった。１９７８年、母親が52歳の若さで胃癌によって急死してしまったのだ。父親はその時56歳で、息子として父を可哀そうに思ったという。「連れ合いを亡くした男はもろい、早死にをするっていう、そういうジンクスがある。それで親父にも死なれてはかなわねえな」というのがその時の渡邉の正直な気持ちだった。母亡き後、父親から渡邉は膝をついて次のようにいわれたという。

親父が私の前で膝をついて、お前ね、どうしても家を継げ、ここは家族の故郷で、ここから東京の方へ働きに行ったお前の兄弟、おじさん、おばさん、大勢の人が東京の方に働きに行っている。都会に出ていろいろ活躍するのも生きる道だけれど、故郷にいて故郷を守るのも大きな役割だから、お前は故郷にいて、故郷を守れ。

父親は涙をぼろぼろ流してこのように渡邉に話をした。「それで騙されたわけじゃないんだけれど、あとを継ぐことを決心」した。大学では経済学部に通って大体の商売について勉強はしていたものの「世間を知らない」まま豆腐屋を継ぎ、どうやって実家の豆腐屋を切り盛りするかをはじめて真剣に考え始めた。スーパーマーケットが伸び始めていった時代、これからはスーパーが中心になるだろうと予見して、スーパーマーケットとの取引を進めることをまず考えた。

当時の商売は近隣の小売店、魚屋や八百屋に豆腐を置かせてもらい、卸値は1丁「64円」、そしてお客さんへの小売価格は「80円」であった。卸値64円ではスーパーマーケットとの取引はできず、さらに安くしなければならない。そのためには生産量を増やし1日１００丁から５００丁という大量生産が必要となって来る。原価計算をしてみると、50円前後なら何とか元がとれるという目星がついた。そして、小川町発祥のスーパーマーケット〝ヤオコー〟に「54円」という金額で交渉に行ったが、それでは「高すぎる」と断られた。その後「48円でどうだ」と再度お願いに行った。しかしそれでも「全然話にならなかった」。

原価計算をすると、50円前後でないとどうしても採算がとれない。「それで思い切って、他の豆腐屋がいくら位で納めているのか」と聞いてみた。「35円」という金額だった。渡邉はどう頑張って計算しても、80円の小売価格の豆腐を35円で作ることはできないと思った。その時に、ヤオコーに卸すことを断念した。しかし、幸い50円前後で取引してくれる店があり、少しずつ売り上げを伸ばしていくことができた。

「なんで自分のお得意さんが倒産していくのか」、その訳を分析してみたところ、分かってきたのは、大方次のようなことであった。昭和50年代、小売店の規模は似たり寄ったり、２００~３００坪がプロトタイプの標準店で繁盛していた。そのうちトップを走る店が規模を拡大し始める。すると倍の大きさの６００坪くらいが標準店になってきた。その段階で小さい店が振り落とされ始めた。さらに時がたち元号が平成に入った１９８０年代後半、店の規模がさらに拡大する。「昔は〝ワンストップショッピング〟といって、食品も文房具も、衛生商品も全部そろってワンストップだから、一回車降りてその店に行けばいろいろと日常品まですべて買える」という買い方をしていたが、そこに「ドラッグストア」と「ホームセンター」が出現する。この台頭が買い物の仕方を様変わりさせる原因となった。今度はスーパーマーケットの中にあった雑貨品、文房具、一般食品までドラッグストアに浸食されてしまった。当初「ドラッグストア」は「薬局」だと思っていたが、従来型の薬局ではなく、お菓子や、文房具まで売る店まであったため、「その分だけスーパーは浸食されて」しまったのだった。

それから今度はコンビニエンスストアが出現し、さらに買い物の仕方に変化が訪れたことで、スーパーマーケットも「時間差攻撃でやられてしまった」。とりわけ「弁当、総菜はコンビニエンスストアに浸食」された。そうなると、スーパーマーケットでは生鮮三品、つまり、野菜・果物・肉魚しか売れなくなった。スーパーマーケットも「惣菜に力を入れたり、ベーカリーを盛ったり、お寿司屋さんを中に入れたりして頑張っている」が、しかし出始めの頃はあれほど輝いていたスーパーマーケットも次第に陰りが見え始め「斜陽産業」といわれて赤字で苦しんでいる現状だ。「そういう所と付き合っている我々は〝斜陽の下〟だから、〝ダブル斜陽〟」であったということに気がついていく。[51]

豆腐屋の粗利は80％くらいあり、利益率のいい商いだ。[52] 土地や家が自分のものであれば、それほど経費をかけずともやっていける商売だという。特に昔は豆腐作りに使う道具もいたってシンプルで大した機械設備も必要なかった。豆腐屋を継ぐと決心して本腰を入れた渡邉は、昔ながらの手作りではなく「機械化で量産化をして、できれば近代的な食品工場にしていこうという野望を抱いていた」ので、「売上は何十億、あるいは100億ぐらいの食品会社にしたい」と機械化をして投資をした。しかし売り上げが5000万円、6000万円まで行くと売り上げには〝壁〟があり、その壁をなかなか越えることができなかった。そのうち「必死になって半ば無理やりにお得意様を取ってきた」が、その取引先が次々と倒産し始めるという時期がきた。倒産の理由は、スーパーマーケットとの競争激化であった。そして渡邉自身の商いも「ニッチもサッチもいかなくなる時期」がやってきた。

## 消費者の声におされ、国産大豆の豆腐生産を始める

渡邉は、こうして得意先の倒産と食品業界の流通の変化の波の中で、どうやって生きていくか悩んでいた。「スーパーとの取引を進めていくか。だけれど、値段は下げられるし、なかなか取引は大変」という中で、「何かほかに生きる道はないか」と真剣に考えた。１９９６年頃、「遺伝子組み換えの問題」が取り上げられて、「これで大転換」をすることになったのだ。

ちょうど私が読んでいる『エコノミスト』という雑誌に遺伝子組み換えの記事が出てきたんだよね。20日間腐らないトマト、トウモロコシ、大豆のことも出ていて、遺伝子組み換え食品ってどういうのだろうなって関心をもっている時に、店に来るお客さんが「遺伝子組み換え大豆って渡邉さん知っていますか？　見せてください」とかいうわけです。「遺伝子組み換えなんて知りませんよ」って、当時は、全然知らなかった。そうしたら、そのお客さんが、生活クラブをやっている人で、お仲間と「渡邉さん、じゃあ遺伝子組み換えの勉強会をしよう」ということで、ときがわで遺伝子組み換えの技術の勉強会を開いたんですよ。それが下里の金子さんとの知り合いの方で、早稲田から天笠啓介先生という方に来てもらって、２回ほど勉強会をした。小川町の有機農業の実践者たちもそこに来て、一緒に勉強会をするわけですよ。

遺伝子組み換え大豆がアメリカから入って来るという情報を得た客から、「渡邉さん、輸入大豆は使わないで」という声が高まってくる。それまでは、ずっと輸入大豆を使って豆腐をつくってきた。その理由も、「輸入大豆は安くて、品質が均一。品質がいいっていうわけではないけれど、使い勝手が良くて、まあまあお客さんにも安値で支持されているんだからそれでいいじゃないか」、そう思っていた。しかし、そこの勉強会に来ていた人たちからは、輸入大豆ではなく国産大豆で、「国産なら遺伝子組み換えではないから、国産大豆で豆腐を作って」という声が寄せられるようになった。そして、「渡邉さん、国産大豆で豆腐を作ってください。返事をしてください」と渡邉に迫ってきたという。渡邉は「はい」というしかなかった。今では笑いながらそのエピソードを語る。

「いやだ」とはいえない。「はい」といったんですね。「はい」といったってね。うちの大豆を煮る釜がある。大きいですよね。だからお客さんがね、1丁、2丁買ってくれてもね、一回に70丁ぐらいできてしまう。で、いいわけでね、「みなさんね、70丁できちゃうんだけれど、70丁全部皆さんが買ってくれなかったらうちは赤字になってしまいますよ」と話をした。そうしたらある主婦の方が、「渡邉さん、じゃあその70丁全部買います」っていうんだよね。「全部買いますって いったって、冗談じゃないんです、本当にそうなんですか」っていったら「買います」っていうんで、そこにいた人たちも全部お仲間に入っていただいて、その国産大豆を食べる会みたいなのを作ってくれて、組織的に私が作った豆腐を買ってくれたんですよ。先ほどのように私は80円の豆腐を作っていたんだけれど、当時原価計算すると２３０円ぐらいになってしまう、「２３０円でもいいんですか？」といったら、「いいんです、２３０円で買います」といって値段はともかくとして国産大豆を買ってくれることになりました。

このように、勉強会から始まって、お客さんに迫られて、国産大豆による豆腐作りが始まった。そして、作った分は渡邉の原価計算に従った値段で全部を買い取ってもらうということで取り組むことにした。

私も申し訳ないから、高い豆腐だから一軒一軒お届けをしていた。そういうことをしていたら、だんだん口コミで増えてきた。少しずつ、少しずつ。そんな時にときがわの隣町の鳩山町が田んぼの減反で大豆を作ったがどこに持っていっても買ってくれるところがない。川越の方の豆腐屋にもっていっても、こんなに高い大豆は買えないよと、だいたい埼玉県産大豆なんてね、そんな無名な大豆売れっこないだろう、とどこに行ってもいわれる。大豆は、一級品は北海道なんです。それから、黒豆は丹波の黒豆。最近はいくらか東北でもいい大豆ができるようになった。琵琶湖の周辺、滋賀県にもいい大豆、長野、九州の福豊、いくらか産地が決まっていて、埼玉県産の大豆なんて無名、相手にされない。埼玉県産の大豆は埼玉県の人が食べてくれないと、無名の三流大豆。それを持ってきて「もう渡邉さんところしか買ってくれるところがないから、ぜひ買ってよ」ということで、泣きつかれて、しょうがないから買った。その話を国産大豆と豆腐を買うグループにしたら「隣の鳩山町の大豆なら、なお結構ですよ」っていうわけ。地元の大豆で、素性がわかって、顔が見える関係で、なお良いってわけですよ。じゃあ、味なんかよくなんないですよ。北海道の大豆の方が味はよっぽどいいんだから。でもそれで作ったら、お客さんが喜んでくれて、「地元の大豆で作った豆腐」っていう名前でその豆腐のお届けをずっとやっている。今度はお届けしているだけじゃなくて、お届けしているお客さんが口コミでお仲間を連れて家のお店に来てくれるようになった。それからどんどんお店に来てくれるようになった。おからが無料だよね、試食が出ている。おいしい匂いがする。新鮮なものが買える。お店にお客さんが次第に増えていった。

その遺伝子組み換えの勉強会の時に、小川町の有機農業の金子を中心とした有機農業者とのつきあいができ、その後も食の勉強会なども一緒にした。そうしているうちに、小川町の有機農業生産グループも無農薬で大豆を作るから渡邉に買ってもらえないかという話が出る。しかしその時は、すぐには話が進まなかった。

はたと困りましてね、何で困ったかというと、有機農業の大豆は高いというのが頭にあったのね。金子さんに「いくらなの？」と聞いたら、「1キロ800円」っていうんですよ。「キロ800円だとね、金子さんね、豆腐も800円になっちゃうんだ、1丁800円の豆腐は誰が買ってくれるんですか」。

この時は、金子も「800円か……800円の豆腐はちょっと売れないかな……」とすぐには、その値段で買ってくれとはいわなかった。800円という金額は、北海道産国産大豆の約2倍の値段である。そしてその時はこれ以上話が進むことはなかった。[53] その後、金子の側ではこの「800円」という無農薬の大豆の値段をどうやって少しでも下げることができるのかを考え始めた。金子が考え出したのは、「刈取りのコンバインがあれば、もっと安くなる」ということ、「選別機があれば、もうちょっと機械化すれば有機農産物でも安くなるだろう」ということであった。金子は、人伝いに埼玉県と交渉し、県の補助金でコンバインと選別機を下里機械化組合として導入した。それにより、「だいたいコスト計算するとキロ500円ぐらいにどうだろう」という金額がはじきだされた。

500円ならね、いろいろ私も経営努力をして300円代の豆腐を作れる。300円代なら何とかお客さんが理解してくれるかもと思って、有機農業の大豆を買うようにしたんですね。

金子が改めて値段を下げるために努力をして、再度有機大豆を使って豆腐をつくってほしい、という話をしてきたことで、ようやく渡邉も応じることになった。

## 地域の大豆を使うということ

渡邉が問屋から買っていた国産大豆が当時30キロで1万円程度の価格であった。その金額の大豆で作った豆腐は230円くらいの値段がつく。ある時、問屋から「アメリカに有機大豆があると、アメリカの有機栽培、オーガニック大豆を使ったら？　それなら半値ぐらいでできるから」というので、試しに豆腐を作ってみたことがある。そして、それを金子の二番弟子であり、集落内に就農していた河村岳志という農家に持っていった。河村の反応は、渡邉の予想を裏切るものであった。「僕たちは食べない」と河村がいった。渡邉としては「オーガニックっていっただけで彼らはすぐ喜んでくれるんじゃないか」と思っていたのが、河村の反応はまったく違っていた。渡邉は河村との会話を再現して次のようにいった。

渡邉さん、隣の鳩山町の大豆を使っているじゃない。鳩山町で作っている大豆を食べているからそれでいいんだと。わざわざアメリカからオーガニック大豆を輸入して豆腐にしなくてもいいじゃない。なんでかな……、わざわざ有機農業をやっている人たちはアメリカの有機農産物は食べないっていうんですよ。それで国産の慣行栽培を食べると。理屈に合わないじゃないですか。そうしたら河村さんが「フード・マイレージ」っていうんですよ。今から5年前のこと。今ならね、私も勉強してますよ（笑）。5年前は知らなかった。こうやって、大豆が1トンアメリカから来るのと鳩山から来るのと計算して掛け算して、数字がどうのこうのっていう全然違うじゃないって、これから我々も大豆つくるからさ、そのアメリカの辞めなさいよっていわれて、それでアメリカのオーガニックをやめて、国産の大豆にした。

渡邉はこの時、また農家から輸入有機大豆と国産大豆の違いの意味について今まで考えてもみなかったことに「目覚める」ことになった。その後、渡邉はまた自分なりにフード・マイレージについて勉強をしていく。

食べるエコ、環境にもいいし、安心安全が確保され、地域の穀物自給率もアップする。こんないいことはない。そうだったのかと私は目覚めたんですよ。なるべく地域の大豆を使うように変わっていき、そういう話をお客さんにしながら、お客さんも変わっていき、そうだ、そうだと、渡邉さんのいうとおりだ。消費者が価格という価値観から、それ以外の取り組み、それ以外のところに価値観を求めて買ってくれる、そのようなお客さんがうちは増えていった。だんだん理解してくれるお客さんが増えていったんで、だんだん地域の大豆も消費できるようになったということなんですよ。

とうふ工房わたなべは、今現在、近隣の鳩山町、小川町、嵐山町、旧江南町などから契約栽培の大豆を使っている。大体年間の使用量が１００トンくらい[54]で、そのうち95%が埼玉県産の大豆である。まだ品質面での懸念事項もあり、宮城県など、一部県外大豆も使っている。また、10年前の遺伝子組み換えの勉強会で縁ができた新潟県津南町の農家からも大豆を買っており、現在は、95%くらい県内大豆である。

## 農家の困りごとと自分の役割

渡邉は次第に金子と関わる中で、何度か話し合いを重ねていくうちに「どうやったら農家が喜んで大豆づくりをしてくれるか、大豆づくりがこの地域に浸透していくか。農家の困りごとがわかった」という。「春に種を蒔き、それが実って収穫される、その収穫したものが果たして全部売れるだろうか」という不安であり、売り先がないということが農家の最も大きな困りごとの一つであると理解するようになった。

収穫された大豆を全部買ってくれると農家が元気になります。全量買い上げ、そして農家っていうのは、収穫した時に大きな喜びがある。その時にお金がいただければ喜びがもっと大きくなるので、できれば現金で買ってもらいたいんだよね。値段の方は（金子の言葉では）「来年も大豆づくりができるような元気が出る金額で買って」っていうんですよ。抽象的だよね……（笑）。悔しいんだけれど。じゃあ、「これぐらいかい」っていうと首を縦に振ってくる線があるんです。おかげさまで全量買い上げ、出荷されたら現金で買う、おかげさまで値段も相場ではなくて、大豆も市場相場ではなく、固定相場で買うということをやってきましたが、私と契約する農家がどんどん増えて。下里地域でもどんどん大豆を作る農家が増えて、だいたいあの地域でも5000キロくらい生産されて、それが全部うちに来て、それで小川町の大豆は全部買いますよっていっているんだから。そういったスタンスがないと。ここは中山間地農業、耕地面積が狭い、国の政策から見放される地域、民主党でも見放した。困っちゃう。

渡邉は、農家が「元気が出る金額」という抽象的な物言いにくるまれた価格交渉で、「その首を縦に振ってくる線」という微妙な着地点を探りながら大豆の価格が決められたことを説明した。金子の方もよく口にするこの「農家がまた来年も頑張ろうという気持ちになる再生産可能な価格」ということを、一つの基準としている。それは、高くも安くもない、「高い安いという基準」ではなく、双方がともに納得できる、双方がともに生きていくことのできる価格というものであり、結果としては農家を支えるにふさわしい価格ということになるのだろう。

渡邉は、この価格を国の補助金ではなく、農家と豆腐屋の関係の中で何とかやりくりしようと考えているのだ。そして、農家から直接大豆を買うことで、自分の商いに独自の意味合いと意義を見出している。渡邉は、輸入大豆との価格競争に負けて低迷してしまった国産大豆の自給率低下という問題を、その仕組みを理解しながら自らの豆腐屋という立場の役割を意識している。渡邉が買う大豆には、1円も補助金はつかない。JAが買えば半額は国の補助金がつく仕組みがある。しかし、実際はこの地域の大豆は大量生産もしないことで、JAに出荷しても大した額にはならない。だから農家も大豆をつくらないという循環になる。本来農家の側に立ち、農家を支えるべきJAはその役割を果たさず、儲かるか否かということでしか、動かない組織となり下がってしまったと厳しく批判する。

それでも誰かが買い支えなければ、農業は成り立たない。だからイギリスが飛躍的に自給率を上げてきているのは、国が農産物を買い支えてきている。買い入れ保証をつけて自給率を上げている。日本だって自給率41%っていっているけれど、どこかが買い入れ保証をつけてくれれば自給率は上がる。米を全部、大豆を全部国が買い入れ保証をつけてくれればもっと自給率あがりますよ。

今この地域で大豆は約１００トンが生産されている。埼玉県産大豆全体では３８０トンが生産されている。そのうちの１００トンが渡邉の豆腐屋に納品されている。「こんな1軒のちっちゃな豆腐屋に埼玉県の4分の1」の量の大豆が集まってくる。その理由は「農家が安心して大豆づくりができるから」であり、それが金子や仲間の農家とのつきあいの中で渡邉が学んだことでもある。

私は農家ではない。農家ではないから、お米を作ったり、大豆をつくったりすることはできないけれど、農産物の中で大豆という所だけは、この地域で私の役割だなと思うようになってきた。そしてこの地域でとれた大豆をですね、この地域で加工して、ここに来るお客さまに販売をして、そしてコストダウンをはかって、買いやすい値段で提供する。そして地元の農家が作った大豆を毎年毎年、きっちり、きっちり販売ができるというシステムを構築したいなという考えで、やっとそういう考えになってきたところです。

渡邉はこうして、地域の中で豆腐屋として自分ができること、その役割を今は明確にして、それを担うことを自分に課している。そしてそうなるまでには、問題意識をもった消費者や、金子たちや有機農業者たちとの出会いから学んだこと、そして自分なりに理解したことがあり、それをもとに、この場所で豆腐屋として商いをすることの意味を見出している。

渡邉の豆腐作りの転換期は、価値観の転換とともにあった。スーパーマーケットとの取引をしていたことにより、つねに「渡邉さん、あと5円下げて、安くして」といわれ、ひたすら「安くしろといわれることしかない」時代を経ているために、次第に「消費者も安い豆腐を食べたいのか」と作り手としての自分も思い込んでいた。渡邉は10年間くらいは、安い豆腐を作るためにどうしたらいいのかということばかりに囚われていたという。しかし、ある時、別の価値観をもった消費者たちに出会うことで、豆腐作りに対する考え方が変わったという。ある東京の消費者が子どもを連れて通ってくるようになった。

安いという価値観から、そうじゃなくて、安心安全、食べ物に感謝する気持ちを子どもたちに教えたい。だからこそ、毎週毎週、東京から小川町まで来て、泥だらけになって農作業して、それを子どもたちに見せて、食文化を子どもたちに伝えようとしている姿を見てね、ああ、安いだけではなくて、他にもっとお客さんに伝える価値があるんじゃないかな、と10年くらい前から思い始めた。それがなんだろう、なんだろうって。遺伝子組み換えの時にいい引き金になる。お得意様が倒産して、方向転換をしなければという気づきがあって、価格志向からほかの価値志向にずっと方向転換してきた。それをまた理解してくれるお客様が足元にいたということだった。どこのだれがどうやってつくり育てたか、ぜひとも知ってもらいたい。作り手と食べ手の絆がしっかりしてこそ、本当に安心して食べられるものが手に入るということまで、子どもたちに伝えておきたい。

今、渡邉が豆腐屋としてやりたいことは、このような生産と消費がつながっている、「関係性が見える仕組みをつくる」ことである。そしてだからこそ、安心や美味しさといった価値を子どもにも理解できるそのような関係性の見える仕組みをつくりたいと考えている。そうしたことを豆腐屋としてやるのが自分の「仕事」であり、振り返ってみれば、そのきっかけをつくったのは、「お得意様の倒産」に連動した自分の商いの行き詰まりという窮地であった。

## 4　地域を変えた村の長老――集落の慣行農家、安藤郁夫

霜里農場が位置する小川町下里一区は、地区として２０１０年に農林水産省の「村づくり部門」で天皇杯を受賞した。この時に評価されたのは、一軒の有機農家の取り組みが、他の慣行農家へと影響を与えた末に、下里一区という地区全体が有機農法に転換したという点にあった。日本では長らく有機農家が点の存在にとどまり、周囲の慣行農家とは軋轢があるか、もしくは住み分けるように生きてきた経緯があり、それは有機農業の広がりという点から課題の一つとして取り上げられてきた。そのような日本有機農業の歴史的背景から、下里地区は初めて集落全体が有機農業に転換した国内でも珍しいケースとして評価されたのだ。村人たちの言葉では、下里一区とは違い、「一区は〝よそ者〟が

いないから団結力があり、まとまりやすい」という利点があるという。しかし同時に、そうした伝統的な共同体の中の「しがらみ」という面倒くささや窮屈さや風通しの悪さもある。そんな村の中から、国内外からの研修生や若者が頻繁に訪れる、よそ者の出入りの激しい霜里農場の様子を横目で見ながら、生きてきたのが下里一区の人びとである。

　この下里一区の有機農業への「転換」の決め手となったのは、慣行農家として生業を営んできた安藤郁夫の存在と彼の決断であった。ここからは、安藤の人生をたどりながら、この地区の生業の変遷とこの村と金子の関係性、また村の人たちの同時代的な生き方を見ることで、なぜこの村がこの時期に有機農業に転換したのかを考えてみたい。さらに、この伝統的な血縁の強い共同体において、活発な贈与の慣習の面倒くささ、煩わしさを軽減してくれた「直売所」の意味についても見ていきたい。

　安藤郁夫[55]は、下里一区と呼ばれる集落に1931年に生まれた農家である。比較的農地の狭いこの地区において、数少ない専業農家[56]として生きてきた安藤郁夫という人の存在を描き出すためには、この集落の暮らしと生業との深いかかわりが鍵となる。下里地区は、1889年の明治合併時に生まれた藩政村で第一区から四区までに区分けされ、安藤は一区の住民である。この地区は第二次世界大戦後、4～5反の農業と林業を組み合わせていた専業農家が5～6戸あり、その他の農家は、平均して2～3反であった。戦前から1970年代まで養蚕が収入源の大きな割合を占めており、その他乳牛や鶏などを飼いながら生計を立てていた。加えてこの地域には通称下里石、青石と呼ばれた緑泥石片岩を採掘する古くからの生業が継続的にあり、さらに冬季には炭焼き、薪など山仕事も加わり、農業、林業、畜産、石材業などを複合的に組み合わせて生計を成り立たせていた。特に薪の需要に関しては和紙が伝統産業としてあった小川町では、楮（こうぞ）を煮るための燃料としても広く利用されていた。集落内で専業農家として残ったのは、２、３軒のみで、１９５０年以降は、集落内のほとんどの人は中学校を終えると、材木屋や町内の工場、さらに、東京などに働きに出るようになっていった。そして、残された農地では自分たちの家で食べる分くらいを兼業で作るというスタイルがこの村の一般的な暮らしぶりであった。この地域は「不便な場所」であり、「よそから入ってくる人もいない」村であり、車のない時代には、駅に行くのも遠く、出稼ぎや勤めに出る人にとっては不利な場所でもあった。

安藤は、農家の5人兄弟の長男として生まれ、父親は第二次世界大戦で戦死している。「親父が兵隊に行って」帰って来ず、「分かった時には亡くなっていた」と知るのは15歳の時で、当時は学校に通っていたが父親の戦死という事態を受け、「やめてうちの仕事をしなくちゃしょうがねえってなった」ために、１９４６年に実家の農業を継いだ。安藤は、自分が「どうしたいということもなく」、とにかく家の農作業を継続させるために、下に続く4人の兄弟たちを養っていくために働いた。「当時はどうのこうのいっている場合じゃなかったから」そのまま農家になった。耕作地は3反5畝で、稲作とその裏作で大麦をつくり、味噌や醤油などを加工し、自給用に大豆、そして養蚕、薪、木炭の燃料をつくった。畑と田んぼを耕すのは1頭いた馬での馬耕で行った。まだ耕運機がなかった時代であった。

その後、馬から機械に移行していくが、村でいち早く機械を導入したのはこの安藤だった。村の人は町に「金とりに出かけなきゃ生活できねえってんで、金とりに出ちゃって」いなくなり、そのまだ珍しい機械で集落内の人の田畑の耕耘を「日当２５０円とかそんなもん」で引き受けたりした。「短い期間で金になる」ので、当時はおもしろかったという。「こっちは出て行っちまうわけにもいかないし」、村の数少ない残った専業の百姓には、忙しい時期になると〝日曜百姓〟の兼業農家から声がかかり、田んぼの田起こしや代かきを頼まれ、「それがお金になるのが楽しみ」だった。「とにかく一生懸命やるっきりなかった」という安藤は、雑穀、小豆、大豆、米、麦、など採れたものをお金に換えて生活した。「それっきりないんだから、身体が動く限り、やれることはなんでも」やり、農協に出荷した。こうして、耕作放棄地や兼業農家の農地を請け負ったりしながら、最大で１町１反を耕作するようになった。石材の仕事も１９９０年まで続けており、１９６７年頃に下里地区から安藤らが皇居内に運んだこの青石は、「連翠南庭の池」の池に使われ、石の青さが水面に映ることから「青池」という名で呼ばれている。

山仕事が生業として継続できない時期に差し掛かった頃、知人から「安藤さんまだあるよ」といわれたのが、椎茸栽培だった。１９６７年に、９人の山持ち農家たちを集めて組合をつくりはじめた。その後、安藤の椎茸栽培は40年続けられて、名人といわれるまでになっていく。最後は仲間が辞めていき2人になった時でも「この先、他にやり手もいないんだけど、しょうがねえ、やるだんべっていって」農作業ができなくなるまで椎茸栽培を続けた。「他にいい仕事なんかないんだからさ」といいながら。２０１１年の放射能汚染の問題で原木椎茸の汚染は、福島県は元より広く関東、小川町でも「汚染の高い作物」のリストにあがるものである。小さな子どもをもつ母親にとって、今までのように手軽に食べさせることのできない農産物として5年経った今でも敬遠されるのが原木栽培の椎茸である。安藤は高齢のために農作業が次第にできなくなった時期に差し掛かり、震災後はしばらく椎茸栽培を続けていたが、その後まもなく、年齢による体調不良などと重なり、農作業そのものが継続できない時期に入った。

## 有機に転換する決断

金子家は隣の下里二区に位置しているが、時には金子の父親が安藤に馬で耕してほしいと依頼し、頻繁なつきあいはあった。この地域では1951年2月頃までは多くの家で堆肥を自給していたし、出始めは化学肥料が高くて手に入らないという状況であったが、次第に、農薬や化学肥料の使用が「常識」になっていった（小口 2011b：7-8）。下里地区の兼業化は、1950年代後半以降の化学肥料と農薬の普及の影響でもある。安藤も堆肥作りをしていた時代を経験していた世代だが、農協の指導で徐々に浸透した化学肥料の施肥に切り換えていく。住宅建設がふえていった時期に畳の稲わらの需要が増えて、現金収入のために、稲わらを売るようになり、その時期に稲わらを使った堆肥作りをやめている。農薬は1955年前後から、イモチ病防除として農協の指導があり、さらに、1975年以降にヘリコプターによる空中散布が始まった。安藤も空中散布の影響を「山の異変」という自然観察から感じていた。山に入れば、「水が湧いているところにたくさんいたイモリが死に、チチタケという自生するおいしいキノコもまったく生えなくなる」などの変化があった。さらに「体調を崩す者がでたり、空散が始まると、窓を閉め切り、窓側に置いている食べ物を隠すように注意する警報が流れた」ことを記憶しているため、安藤が「地域の環境変化や農薬の危険性を十分に認識していた」ことがわかる。「今振り返ると、ほんとうはもっと早く（有機農業に）にできればよかった」と回顧していた。それでも当時は、それが「農協さんの指導」や「時代の流れ」であり、「良いか悪いかは関係なかった」といい、その時代の変化を「受け身的な姿勢」で受け入れて過ごした。

そのような時期に集落にいた金子を横目で見ていた安藤の眼には「どういうわけだか、有機農の人だけが元気」に映った。高齢化して人手が足りなくて行き詰まっている自分たちとは違い、「若い人たちがたくさんやってきて、農業やりてえっていうんだから不思議だった」という。それだけではなかった。自分の椎茸栽培の忙しい時期に研修生を貸してもらって手伝ってもらうと、若い研修生が熱心に椎茸について学ぼうとする姿や将来農家になりたいという夢を聞き、その関心の高さに驚いた。昔は堆肥をつくり、農薬も化学肥料も使わずに農業をした経験があったとはいえ、農協や普及員からの指導を受けて「農薬はつかいもんだ、そうじゃなきゃ草は退治できないもんだ」と思うようになっていた安藤が、同じ集落内の田んぼを見れば、金子の田んぼは米も麦も「いい色」をしていたし、肥料切れをせずに実っていた。片や自分の田んぼは、「肥料を食いきっちまい」、追肥をしないと「黄色くなっちまう」のだった。そんな違いを見逃さずに、どこかでは「有機農業っていうこともバカにはならないんだなあって思って」見ていた。

いよいよ行き詰まってきた2000年頃に、「金子さんに相談してみたらいい」と村のある人からいわれたという。安藤にこのアドバイスをしたのは、ゴルフ場問題の際には、金子とは真っ向から対立し、金子を激しくやり玉に挙げて批判し一時は険悪な関係になっていた集落内の人物であった。安藤はそのアドバイスを聞き入れて、金子を訪ねた。「安藤さん、大豆なら作れば売ってやるよ」というのが金子の答えだった。金子はすでに隣町のときがわ町の「豆腐工房わたなべ」の社長、渡邉とのつきあいが始まっていた。自分たちが作った有機栽培の大豆を買ってくれる見込みはあったが、1キロ800円という値段が一つのネックになっており、まだ現実化への一歩手前にあった。「それじゃあやってみるか」といって、早速大豆を蒔いた。それでも最初に安藤が試しに大豆をつくった時、思った以上にたくさん出来てしまった。

最初大豆が出来た時は、もちろん嬉しかったよ。でも同時に、えらくたくさんできたからさ、機械はどうすべえ、こんなにたくさんあったんじゃあ、うち持って帰ってもどうにもならねえって思ったよ。そしたら、鳩山に大豆のコンバインがあるっていう話を聞いてさ、じゃあそれを借りてくべえってことになって、収穫できるようになったんだけど、そんなにたくさん作ったって要らねえっていわれたらどうしようかと思ったな。でも、雑穀問屋さんと豆腐屋さんが、そっくり買いますっていってくれて、あんときゃ正直ホッとしたよ。

それまでに卸していた農協は、「支払は2～3回に分けられ」、さらにはずいぶん経って「忘れた頃に」支払われ、販売金額平均は1キロ当たり297円と安く、固定支払い交付金相当額が含まれていた。

それが、渡邉さんのところなら、最初は250円で始まるんだけど、このまま有機で作り続ければ、1年ごとに価格を50円増しにしてくれて、最終的には金子さんの価格と同じ1キロ500円にしてくれるっていうから、こちらも飛びついてね。そんないい条件は今まで聞いたことがなかった。

それだけではなく、作付けして収穫できた分は「全量買い取り」、「即金」という安藤にとってはまさに「夢のような」条件だった。小口（2011a, 2011b, 2012）は、この販路が確保されていたことがいかに地元の慣行農家にとって有機農法に転換する大きな意味をもっていたかについてその重要性を分析しているが、安藤の次の言葉はそれをそのまま表現している。

農家にとって、農地が空いてるから播け播けっていわれて、種を播いて責任もたされて、作物ができたはいいけど、これどうすんだ、金になるんかっていうのが何よりもつらいんだよ。大豆より作るより、その先の方が大変だ。

農家にとって、来年もまた農業を続けることができる、つまり「再生産可能な価格」が保障されていないかぎり、不確実な自然条件の中に安心して種を蒔くことはできない。さらに、農薬や化学肥料を使わないで作るという、よりリスクの高い農法で作るとなればなおさらのことで普通ならば二の足を踏む。万が一、害虫、病気、災害などの影響を受け、全滅や減収の際は、その補てんを誰が担うのか、リスクを誰がどうやって担うのかが明確になっていなければ、大きく一歩は踏み出せないということだ。しかし凶作だけではなく、豊作の時でも、多すぎて「要りません」といわれてしまえば、それもそれでまた困ったこととなる。豊作でも凶作でもどちらであっても、出来た分だけ買い取ってくれる、「全量引き取り」という方法がいかに農家にとってありがたいものなのかは、強調してもしすぎることはないだろう。また同じように、現金を得ることに苦労している農民にとっては「即金」がありがたいし、自分の農作業労働に対しての評価につながり「喜び」につながる。さらにいえば、その価格が自分の労働に見合わないと感じられるような額ではなく、「再生産可能な価格」つまりは自らがその農産物をつくるために費やした労働に空しさを覚えるような低価格ではないということが重要である。

## 農の喜びと誇りの回復

安藤は有機農業に転換したあと、幾度か人前で話す機会を与えられたが、その際に「生まれて初めて農業が楽しいと思えた」と涙をこぼす場面がよくあった。「自分で選んだ」のでもなく、「楽しいか楽しくないかなんか考える」余裕もなく、「これ以外に道はないんだから仕方ないと思って農業をやってきた」人生の、晩年10年間ではじめて農業が「楽しいと思えた」ということの意味は決して小さくない。「自分の作ったもんに自信」をもち「堂々と売れる」ことを経験し、元やっていた慣行農法に戻る気もなくなった。「環境にいいから」、「健康にいいから」、「安全性」などのために有機農業をやるという人もいるだろうが、「金のために」、「高く売れるから」有機に転換するという農家も数多くいる。高付加価値としての「換金性」がインセンティヴとしては大きいことは否定できないし、必ずしも否定すべきことでもない。むしろ「再生産可能な価格」で販売できることは死活的に重要な要素である。しかしながら、その結果として思いがけず農業の「楽しさ」や「誇り」、「自信」そして「生きがい」も見出したということは同じだけ重要な意味をもつ。どちらが先に来るかは人により異なるが、伝統的な農村の中で衣食住は足りても、現代社会の中で生きていくための現金の獲得に苦労する。「どうやって生きていくか」ということの中に、現実的な生活に欠かせないものとしての「現金」収入がもたらされ、さらに農業の面白さや喜びといった内面的な価値がついてきたことはその現金収入の意味と同等かそれ以上に大きかったともいえるだろう。それを二者択一で語ることはできず、その両方は分かちがたく人びとの生活や生業の中にあり、その両者はともに重要な意味をもつものなのだ。

安藤の農民としての最後の10年は、こうして金子とのつながりから大きく転換していった。農業で生計を立てることが困難な時代に、さまざまな条件の変遷の中で、その時々に対応しながら自分なりに出来るかぎりを尽くし、生きるためにはなんでもやった。農民としての生業がいよいよ行き詰まり、先が見えなくなった時に金子のところにアドバイスを乞うて行ったことが、転換を生んだ。決して自分の意志で選んだというわけではない専業農家の道ではあったが、農家として「生まれて初めて農業が楽しいと思えた」こと、それがなによりも安藤にとっては大きな意味をもったのではなかったか。

## 有機農業の転換と視点の変化

有機農業に転換した後は、今まではなくてはならないと思っていた化学肥料などへの評価も変わっていく。

やっぱり、わけのわからんもんを肥料にしたり、農薬使ったりしてりゃあ、そりゃあ人には嫌がられるよね、やっぱりね。虫殺したりするのは毒使うんだからね。[57]

さらに、自身のかつての農法への記憶や態度も変化していく。

有機を広げたっていうとあれだけんど、ああいう作り方でもとれるんだっていうことがやってみたらわかったわけよ。それでこういう話したんだよ。金子さん、ここんちでやってるのは、なんだいな、昔もそういう作り方だったんだなって。そしたらそれでいいんだよっていうわけだよ。俺が子どもの頃というか、学校の行く時分から、うちでつくってきたやり方とちっとも変わらないんだよ。だからね、なんていうか、アンモニアだとか窒素、リン酸、カリな、あの化学的な肥料が入り始めたのは戦争の前なんだけど、戦争の前はなかったんだよな。だけど、高くて手が出ねんだよな。ほとんど使わねえで、戦争前はつくってた。米がヤミ米で高く売れたり、色んなことがあって、みんながああいう化学肥料を使うようになったんだよな。今は化学肥料安くなっちゃったんだけどね、出始めはそうだったんだよ。（小口 2011a：8）

こうした見方の変化や語りの中に見られる事実把握の変化を一貫性のないこと、矛盾だと指摘することはたやすいが、しかし人間の自分の過去の行為に対する評価とは、時とともに変化するものであり、とりわけ過去への評価は、現在の状態との関係性で変わる。安藤が無農薬で作ることが可能になり、そしてそれに喜びを感じることができるようになった今だからこそ、このように過去への認識を変えることはありうることではないだろうか。

## 集落への広がり

安藤以外の集落の人たちはどうだったのだろうか。いくら有機がいいとみんなわかっていても、「すぐには一緒になれない」。金子は「特別な人」であり、ムラの全体的な流れと雰囲気の中で、１人空中散布に反対し、その後はゴルフ場建設反対で、ムラ全体を敵に回して反対した金子の存在は永らく、「変わり者」で「連れ」のいない人として受け止められていた。それゆえ他の村人たちには、金子の真似はとても無理だという雰囲気があったのだが、この安藤の踏み出した一歩で人びとが少しずつ動き出した。「安藤さんがやっているのだったら、俺たちもできるかもしれない」という機運が村の中に醸成されていった。

その後、大豆の面積を増やし、米も麦も有機栽培に取り組むようになっていく。安藤を中心に安藤が作った堆肥を使いながら、ムラの慣行農家が有機農法に挑戦していった。隣のときがわ町の豆腐屋、わたなべ豆腐は、「まず失敗の少ない品種として秩父の在来品種の〝白光〟という大豆をつくってみたらどうか」と提案したこともある。その後、地元小川町青山地区で作り続けられてきた在来品種「青山在来」に切り替わり、わたなべ豆腐の看板商品「霜里豆腐」の豆作りが行われている。

**直売所と美郷刈援隊——市場経済と非市場経済の組み合わせ**[58]

下里一区では「刈援隊」という地域の草刈り、森林の手入れなどを行うボランティアグループが結成された。２０１３年、近所の同級生が集まって「なんとなく始まって」集落内の景観を美しくつくりかえてきた。この会は、集落内の男性陣が役場や農協といった「現金稼ぎ」のお勤めを退職後、まだ体力も時間もあるので、「だんだんグループでも作ってやろうかみたいな感じになって」始まったという。地域の「誰の土地でもない」場所の草刈りを自主的にし始めたことから、次第に里山の景観づくりに積極的に関わっていくようになる。今この地区は、刈援隊の活動により、絵に描いたような日本の里山風景の美しさを取り戻している。季節ごとに咲く花々が観られ、小川のせせらぎを聞き、川べりには間伐材のベンチが置かれ、ハイキングの人びとが一休みしてお弁当を食べる。芭蕉の句碑が立ち、小川町の歴史や文化の香りも漂う魅力的な場所となっている。

刈援隊のメンバーは金子と同世代の団塊世代か、少し若い男性たちで、少し前までは「勤めに行っていた」人びとだ。昭和30年代から、主に、親父や長男が勤めに出るというスタイルがムラの暮らしの当たり前になっていったこの地区では、ある人は小川町町内や近隣の町、また人によっては東京まで勤めに通い、定年後もしくは定年の少し前に勤めを辞めてまた、村にいる生活に戻った。若いころは、「じいちゃん、ばあちゃん」に田畑を任せ、稼ぎに出た。「農家の長男は役場に行くもんだ」というのが、この村の中では普通の考え方であり、それは家族全体の家計の中で、現金を稼いでくる役が必要だからであった。その安定した稼ぎの場としては、「役場か農協」が理想とされていた。週末、農繁期には機械を動かし農業を手伝う、それで事足りるような面積の田畑しか、この地域にはない。勤めながらも、土日に農業ができるのは、稼いだお金で機械を買うことができるからでもある。父親や母親が年を取ってくるころに差しかかると、今後は自分が農業の主戦力になる。会社勤めと両輪でやりつづけているので、会社が終わればまた農作業に戻る、それがこの村の長男たちのライフサイクルの典型だ。

高度経済成長期には、ムラの雰囲気も変わる。「誰それがどこに勤めた、そりゃすごいな」というような話が出て、稼ぎを求めて人びとは村から出ていった。そんな中で、農業を専業にやるような金子のような人は「よっぽどの変わり者」だと見ていたが、しかし、だからといって、自分たちの家の土地を耕作放棄もしなかった。「耕作放棄地にしなかったのは、土地には執着」があったからであり、「農地は大事だという発想」があったからだ。退職後はまた村に戻り、村のために何かをする、村の暮らしを送る、それは勤めをしながらも当たり前に思っていた暮らしのイメージであった。

妻である女性たちも、病院やヤオコーといった職場に稼ぎに出ていた人が多い。そうした女性たちが定年退職後、家庭菜園を始めた。家族のために、自家栽培していた女性たちが余った野菜を提供する場所として、２００９年10月に手作りの小さな直売所をつくった。自分たちで作った余り野菜を持ち寄った５人の女性たちによって始められたこの直売所は、「井戸端会議」の出来るスペースともなる。また地域のお年寄りが寄っていって話す。また定年退職をして暇をもて余す遠方からのリピーターが話し相手を求めてやって来る。そのような場として今機能している。「もともと余り物だから安くていい」という値段なので、いわゆる都会の高付加価値としての「有機野菜」とは違い安い。そして「儲けるため」でもそれが生計を支えるわけでもないので、値段を上げようとも考えていない。都会の「バイヤー」が野菜を指定して、もしも有機で作ってくれたら契約栽培で売ってあげると言ってくるんですが、それは「嫌だ」という。今やっている家庭菜園は、あくまでも楽しみのためであり、「契約なんかして」縛られることは、目的がそもそも違う。この家庭菜園は、「計算したら何の得にもならないような」ものだとしても、作ることが楽しくて、またその余り物をこの直売所で売りながら人とつながることが楽しいのだ。

それだけではない、この直売所にはもう一つ重要な意味がある。それは「市場」、「匿名性のある交換の場所」としての機能だ。市場社会が圧倒的な力をもつ、都会の暮らしと異なり、この村は、血縁の濃い村である。その中で、余ったものや頂き物を隣近所にお裾分けする慣習はずっと続いてきた。そのような中でこの直売所がもつ意味は、むしろ、匿名性のある、交換の場としての市場機能を担っていることだ。それが、贈与が活発な村の隣近所のつきあいの「重さ」を軽くしてくれる役目を果たしている。下里一区の住人はそのことを次のように話す。

たとえ、捨てるよりはいいからもらってというようなやり取りでも、決してもらいっぱなしにはできないものね……。だって、裏でなんていわれるかわからないからね。

すべての村の人が知り合いで、分家、本家といった血縁関係が濃いこの村で、伝統的血縁の共同体の贈与が活発なこの世界においては、その関係性の密度の濃さは、煩わしさと、面倒くささ、重さがある。それだけではない。同じ村で同じ気候の中で、みんな似たりよったりの野菜などを作っているので、もらっても困るという状況の場合もある。[59] 他の家にあげても断れないし、もらったらまた何か同等なものを返さなくてはいけないというプレッシャーを常時抱えこむことになる。しかし小さな交換の場としての直売所は、同じものを作っているのであれば、誰か外部の人が立ち寄って、安くてもいいので買ってもらえばうれしいし、お金が目当てではなくてもほんの少しばかりの小遣いにもなる。村の中の人が知らずに互いの物を買っている場合もある。直売所に置いてある品物は名前がなくてもお互いに誰が作ったかがわかるくらいの関係性だ。それでももらったり、あげたりする贈与よりも気楽でありがたいのが直売所だという。贈与の濃い世界においては、小さな交換の場としての市場が、密度の濃い閉じた社会の重い関係性に風穴を開け、風通しを良くする役目をもっている。下里一区のような「よそ者のいない団結力のある村」にとって、日常的に贈与の慣習が優勢である場合には、直売所は小さな外部として機能する。

この外部が、内部の関係性の風通しを良くする役目を担うのだ。閉鎖的な村社会の息苦しさは否定しがたくある。その息苦しさや面倒くささというしがらみを逃れて、村を飛び出していった人間たちが作ったのが都市という空間でもある。下里一区の「直売所」が教えてくれるのは、全員が顔の見える、生まれる前から、また生まれた時から今まで、お互いの素性を知り尽くしているような村社会、そして贈与が優勢にある社会の生きづらさと気詰まりを、解放してくれる機能としての風穴として「市場」は機能することであり、人間には贈与も交換も共に必要なのだということなのかもしれない。

## 5　法人格という人格をもつ企業——ＯＫＵＴＡ社長、山本拓己

下里集落の有機農業に転換した農家が作った米は、銀座の自然食品ビュッフェ「餉餉（けけ）」という店に卸すということになり、しばらくは卸していたが、２００８年のリーマンショックの影響を受け、突如、銀座店が閉店することになった。１・８トン納めていた米が一気に余るということになった。しばらくはどうすることもできず頭を抱えていたが、ある日霜里農場見学に訪れた埼玉県さいたま市のリフォーム会社ＯＫＵＴＡの社長、山本拓己[60]がその余り米を買うという話がつき、その後下里地区は米を通じてＯＫＵＴＡとのつきあいが始まっていく。リーマンショックによる卸し先の閉店、米の在庫を抱えたという一見するとマイナスな事態が生み出した、新しい出会いと関係性は、単に米を作って卸すだけにとどまらない、より大きな可能性をもたらす関係性となっていった。

日本の有機農業運動の中では、「運動かビジネスか」は二項対立的にとらえられてきた。それには、社会構造や時代背景といったさまざまな要因があるが、「運動」として立ち上がってきた有機農業が「提携」を中心に据え、株式会社、会社法人というものを排除してきたのには理由がある。有機農業運動は、「高付加価値」として有機農産物を位置づけることもはねのけてきた[61]。近年、学生運動の流れから運動体から出発してソーシャルビジネスという位置づけであった有機農産物の宅配業者「大地を守る会」がコンビニエンス大手チェーン、ローソンと資本提携し、後発のオーガニック宅配業者で

あるＯｉｓｉｘと企業統合をするといった動きに関して、運動を担ってきた人びとの中に賛否両論が生まれている。現実的に有機農産物を単に「高付加価値」としての売り出すオーガニックビジネスの展開は、世界的にもまた国内でも勢いづいている状況である。

## ＯＫＵＴＡの成り立ちから転換に至る道

山本拓己氏（以下、山本）は、これまでに考察した他の３人とやや異なり、会社法人の「雇われ社長」である。家業としての商いを法人化した中山や渡邉とも違い、山本が代表取締役社長を務める株式会社ＯＫＵＴＡ（本社さいたま市）は、当初から株式会社という法人として会社組織であり、そこで社員をしていた山本が前創業社長の後を引き継ぐ形で雇われ社長となっているという意味では、血縁で家業を継いだ前の２人とも異なっている。会社法人とは、いうまでもなく利益追求をその目的として企業活動を行うが、エシカル・ビジネス等の概念の拡がりとともに、近年こうした企業の営利活動のあり方も多様化している。「市場主義そのものを悪とするような倫理的な問題の立て方が出来なくなってきているのではないか」と問い、「そのことが市場主義の抱える問題のひとつ」と経済学者の若田部昌澄が鼎談で語っているが[62]、現実の社会の中では、市場主義を悪とせずに、その中でどのような違う価値を組み込み、またその市場主義に全面的に支配されない生活領域や事業のあり方を模索し、実践する人びとが増えてきているのが、すでに始まっている現実社会の動きである（内山 2015）。

ＯＫＵＴＡは現会長である奥田イサム氏が１９９２年設立したリフォーム会社である。本社は埼玉県さいたま市にあり、取材時の２０１６年1月現在の従業員数は２８４名（うち契約・パート36名、アルバイト17名）である。売り上げの規模は、２０１５年9月時点で、57億２５００万円である。代表取締役社長の山本は１９９５年、創業3年目に入社した。前職は音楽業界で、ギタリスト兼プロデューサーをしていた。１９５７年生まれの山本が就職したころは、バブル時代で音楽で食べていくことができた。「お金が余っていて、いろいろ支援してどこからかスターが出てくれれば大金が得られる」時代だったという音楽業界で35歳になるまで仕事をした。山本自身が転職を考える大きな契機となったのは、音楽業界における「テクノロジー」の変化だった。レコード盤からＣＤに代わり、今までは合奏して演奏していたのがコンピューター入力に変化していく。このことで音楽をつくる側はまったく違うアプローチをとることを要求されていく。音楽を聞いている側にとっては大きな変化ではなかったとしても、作り手にとっては大きな違いとなり、音楽業界の仕事の内容も変化していった。編曲して、譜面を書いて演奏させてという内容ではなく、着メロ、ゲームの音楽をつくるなど、仕事の種類がコンピューターによる音楽に移っていく。

さらにバブルが崩壊するとコンサートなども減った。かつては、スポンサーがついていた「中野サンプラザでメルシャンワインプレゼンツやトヨタプレゼンツなど」がなくなり、ミュージシャンにとっても、ライブをやっていく仕事、テレビ番組の仕事がなくなる時代になっていた。そうした中で、音楽業界を去り、新しい業界である建築関係の仕事に入った。カルチャーとしての音楽は好きだったが、学問としては建築土木が好きだったという山本は、法政大学の土木工学科の出身であった。そのため、最初の転職は土木の現場に入った。

今までの知り合いがいないところをあえて探して、3年間、超高層ビルの建築現場に地下足袋をはいて入った。そこでも、プロデューサーとして前職で身につけた能力が役立ち、1年目から職長になり、モノづくりの現場でもマネージメント側に回った。場所が音楽業界から建築現場に代わっただけで、結局仕事内容は職人たちを采配するという、似たような立場に身を置きながら新宿の高層ビルの建築などに携わった。

しかし建設現場での仕事にも転機が訪れる。きっかけは、当時の東京都知事、青島知事の時期に、都議会が「ゆりかもめ」などの建設をストップすることを決めたことだった。山本の次の現場になる予定であった湾岸地区は、その決定によって中止となった。その時に、今後は今までのようにビルを次々に建てていく時代ではないだろうと考えて、戸建てを主に手掛けていたＯＫＵＴＡの前身有限会社プラスに転職をした。中途採用の単なる一社員としての採用であった。

## 会社の転換点

ＯＫＵＴＡという会社は創業時から2002年まで、一般的なリフォーム会社としてビニールなどの新建材を使い、会社の規模拡大を目指してきた。しかし、会社の経営に転機が訪れる。創業社長、奥田の個人的な人生の出来事がきっかけで、方向転換をする意思決定が下された。個人的な出来事とは、サーファーであった奥田が2001年に大きな事故を経験したということだった。その事故の際に奥田は大事な友人を亡くした。その友人は、オーストラリア人で環境問題への意識が高く、生前にビーチの浸食やごみ問題などを憂いていた人物であった。生き残った奥田にとって、自らの人生でやるべきことは何かを考える大きな契機となった事故であった。それまでは「エコノミーとエコロジー」は両立しない、相反するものだと思っていたが、ちょうど同じころに読んだレスター・ブラウンの本に衝撃を受け、人口問題、エネルギー問題などに開眼されていく。一気に関連書を読み漁り、「シックハウス症候群」、「ダイオキシン問題」[63]にも向き合うことになっていった。勉強する過程で、自分の会社が扱ってきた建材は本当に安全なのか、健康に良いのかどうか、という疑念も湧いてきた。いかに会社のブランド力をあげていっても健康を損なうものが含まれていたら一流とはいえないのではないかという思いから、企業としての方向転換を決意するに至った。[64]

もう一つ経営転換を決断させたのは、規模の競争原理では勝負できないということがわかりはじめていたということだった。ＯＫＵＴＡのように小さな企業にとっては、たとえ後発であっても大資本の企業が業界に新規参入してくれば、どうしても負けてしまうということが、すでに見え始めていた時期でもあった。自分たちがやっていることもすぐに同業他社にまねされたりすれば、広告宣伝費や雇用社員数、資本力の規模で勝負をしても決してかなわないことを、当時すでに大手他社との売上の逆転が物語っていた。

経済全体が、量から質へと移り始めた時代でもある。人口減少に伴い、マーケットの規模も縮小していく中で、低価格で大量のマス市場で勝負するのではなく、付加価値の高い住生活企業に転換していく方向に舵を切った。住宅メーカーやリフォーム業界で、当時「健康」をその価値として追及していたところは他にはなかった。奥田がこうした理由から転換してまもなく２００４年に山本は社長に抜擢された。奥田は、今までの会社を拡大成長させてきた量の経営から、質の経営への転換をしていくためには、自分が社長の座にいることは得策ではないと判断して社長の座を譲り、自分は会長になった。

## ＯＫＵＴＡが考える住宅業界事情

こうして、奥田の個人的な事故とその奇跡的な体験から、さらに社会状況や会社の経営状況などを加味して、「健康にいい住宅をつくる」方向に舵を切った後、会社の方針にも「脱塩ビ宣言」を掲げ、建材に塩化ビニールを使うことをやめた。２００２年当時は、まだ業界内での意識はそれに理解を示すような状況ではなかったために、当初は苦戦を強いられた。こうした奥田の「力強い意思決定」についていけない社員たちが会社を辞めていった。実際に、この時に会社の社員のほぼ半数が辞めたという。ＯＫＵＴＡ調査によると、当時ビニールクロスの内装材としてのシェアは日本国内では90％以上であり、大学の建築学でも壁の仕上げ材といえば、ビニールクロスがあたりまえの時代であった。[65]

「建築と健康」が結び合わさるという発想のない時代であったため、国の行政的管轄は、国交省と厚労省と縦割りで分かれていた。その後しばらくするとシックハウスの問題が取り沙汰されるようになっていくが、住宅の構造としては、皮肉なことに技術の向上が逆に健康被害を生んでいくという結果をもたらした。隙間風が入るような屋内の気密性に難があった時代は、良くも悪くも空気が入れ替わっていたが、断熱性も気密性もよくなっていくと同時に、サッシがしまり隙間風が入らなくなる建物が増えることで、こうしたシックハウス症候群なども増えていく。２００３年に国は接着剤の規定をつくったが、24時間換気すべしという規定ができ、今度は技術の向上の成果である、密閉した部屋の空気を抜くべしということになり、断熱性は損なわれるということになる。もしも、完璧に化学物質を低減した基準にしておけばそんな必要はないが、化学物質に関しては中途半端な基準にしたために、こうした「換気扇をつけよ」という規定で熱効率の悪い建物ができることになった。現在、住宅リフォームの分野では、２０２０年に省エネの義務化（車でいうところの燃費にあたる）、つまり、この燃費以上でないと家を建ててはいけないということが義務化されつつある。

山本の説明によれば、家という大きな商品を扱う職種には、すそ野の広いさまざまな業界が関わっている。だから建築、建設というのは国の政策の中では中核にいる。関連した仕事が末端まである業界である。経済的効果を目的にすれば、住宅建築の末端に至るまで、家具、電化製品、日用雑貨などを含めて、複雑に多数の業界の利害がからまっているのが住宅というものである。例えば国策の中で、厚生労働省側に立つ建築家が燃費のいい家を建てることを目指したとしても、国の経済効果としては波及効果が小さいとなれば、電機メーカーなどを組み入れていかざるを得ないという事情があり、その点が住宅建築における経済効率優先の発想とのせめぎ合いである。ヨーロッパの家づくりの思想のような、人間の健康やウエル・ビーイングを優先する家づくりではなく、経済効果を優先するモノづくり、家づくりが行われる現状に山本は疑問を呈する。

## コミットメントと合理性

会社方針の転換後は、環境に配慮した取り組みとして「1% for the Planet」[66]の活動に賛同し、メンバーの一員となり、オリジナル建材の売り上げの１％を環境保全活動に寄付している。「1% for the

Planet」とは、世界中の1000社以上の企業からなるネットワーク組織で、売り上げの1%以上を承認された環境保護団体に寄付する非営利団体である。これは利益ではなく「売り上げの1%」であり、かなりの覚悟が必要な取り組みである。たとえ赤字であっても寄付をやめない、事業削減を他でやっても、寄付を削ることはしないという覚悟で臨まなければできない[67]。

山本が社長に就任した翌年の2005年に大阪でアスベストの問題が起こり、アスベストは建築資材の問題として浮上した。そしてさらにその後、埼玉県で「認知症のお年寄りのところにわけのわからない金物をつけて回った、悪徳リフォーム会社の詐欺事件」が起こった。そのことがニュースで取り上げられたことで、いかがわしい印象を与えられたリフォーム会社は、風評被害に見舞われ、一気に売り上げが11億円も落ちた。「リフォーム会社は悪人だ」というレッテルが社会的に貼られるような雰囲気が醸成されてしまったのだ。そのような時期でも、継続して環境基金である1%を寄付した。会社が潰れそうな時に、環境基金に寄付するとは「馬鹿じゃないのか」と怒ったのは、当時の経理部長であった。「売り上げ減になっているというのに、寄付しているとは一体どういうことか、意味がわかりません」といって会社を去っていった。

山本は、寄付をやめない理由について「やめる合理的な理由がない」といい切った。そして「そこがコミットメント」だと説明する。自分たちが経営方針を転換したのは、「意思決定から先に行っている」のであり、それがこの時に揺らがなかった強みであるという。

リーマンショックがあって、今の方向は2005、6年の時は、僕はどうしようと思ったけれど、でもミッションステートメントがあったからそこでぶれなかった。それを書き出していなかったら、ぶれていろいろな方向に後退していたかもしれないですね。そこはアイデンティティを変えるのかっていうことですね。自分たちがこうあるぞって宣言したことを自分たちで放棄することは、自分たちで「こうである」ということを放棄したことになる。会社の存在意義っていうものが、「何でもいいから食って行ければいい」っていう会社になってしまう。経験として、そういうことをミッションとして掲げていることによって、いろんな社会情勢の変化とかがあったとしても軸がぶれないでいけると思う。

社員を失っても、こうした自分たちの会社としての方針、アイデンティティに賛同する人が残り、またそういう人が社員として入社してくることで、会社自体がミッションに合わせて変化していく。またこの会社を選んでくる客層もそれに伴って変わってくるという。自分たちの会社の価値を打ち出すこと、明確にしてそれを伝えることでつながる人たちとともに仕事をし、その価値を共有する顧客に対して仕事をする。ＯＫＵＴＡはこうした形に変化してきた。

社長の役割として最も重要な任務は、会社の「持続可能性」だと山本はいう。「不確定要素を考慮して会社を存続させること」に何よりも重きを置いている。災害やさまざまな不確定要素によって会社の経営も左右されることは、当然のことだ。それでも、もしも「天変地異が起こった時には会社の規模を小さくすればいい」と考えている。今の規模を守ろうとせず、会社の規模を縮小する、または分社化する、業態を変更する等々、変化に対峙する対応力をもてるかどうかが、持続可能な経営の肝だという。[68]

## 霜里農場との出会い

２００６年の風評被害での落ち込みを経験した後は、２００８年に起こったリーマンショックの影響も受けずに順調に売り上げを伸ばしていった。「金融資本の、実体経済に関係ない人が大損しただけ」で、「額に汗している人はあんまり関係なかった」と山本は語った。冒頭に紹介したように、下里一区の安藤ら駆け出しの有機農家が作った米の卸し先であった、有機食材を使った銀座のビュッフェ形式レストランは、このリーマンショックの影響で店舗を閉じていた。皮肉なことに安藤たちは、「額に汗して」作った1・8トンの行先のない米を突然に抱えこむ事態に陥っていた。もちろん、そのようなことなど山本が知る由もなかったが、ちょうど翌年1月、山本は知人の紹介を受けて、霜里農場のオープンデイと呼ばれる、農場見学会に出かけていくことになった。

今までも顧客のためのエコツアーなどを企画して、自らも東北などを回っていたが、地元の埼玉県でこのような取り組みがあったということに「目からうろこ」であった。見学会の後、お茶に呼ばれて金子と話していた際に、金子の口から下里地区の米余りのことを聞いた。その時の山本は、「米の自給率や事故米事件による安全性くらいは気にしてはいた」が、通常米作りに農薬が使われているということまでは自分の意識の中にも知識としてもなかったという。その時を回顧して山本は、その場で「まずは自分が食べたいということが初めにあった。どういう理由をつけて食べればいいかと考えた」[69]というが、その瞬間に山本の頭の中に浮かんだアイディアは次のようなものであった。

１・８トンということは月５キロとして、年間１俵60キロ、30人いれば、何とかなるわけです。当時社員が２００名以上いたので、30人だったら、賛同した社員が有機の米を買ってくれると思ったんです。それぐらいだったら、１００人といったらちょっとあれだけれど、もしもいなかったらお客さんにあげるということもあるけれど、その時は30人の社員に売るっていうこと、それだったら買いますよって。

その場でその１・８トンを引き取る意向があることを告げた。金子の方も思いがけずその反応に驚いていた。音楽業界、建設業界で働いてきた山本が、次は米の価格交渉[70]を人生で初めてすることになった。もちろん、単に「自分が食べたい」だけではなく、山本がこの話をもち出した背景は、会社の経営方針と大きくずれていなかったことや、その場で単独で即決できるだけの素地が準備されていたこともある。２００６年の風評被害でのバッシングから立ち直る策の一つとして、積極的に賞に応募することにしていた。会社の価値（ヴァリュー）とか、評価を上げていかないと、こうした風評が起こった時に被害を受けるということを学び、広報の部署を設け、そしてそこから、社内に向けて発信できる場所をつくった。その社内発信を通じて、「こんなお米がありますよ」といえば、30人くらいは、来るだろうという見込みがあったのだ。

このＯＫＵＴＡの社員が無農薬の米を下里地区の農家グループから毎月届けられる仕組みは、「社員に給料の一部を米で払う会社」としてその取り組みが紹介されるようになる。こうしたキャッチフレーズを考えることを山本は大事にしている。それは失敗から学んだことでもあった。2002年に会社を大きく環境に配慮する方向に切り換えた直後「無添加リフォーム」という文句で売り出したが、まったくヒットしなかった。敗因は、「ワクワクしない、束縛されるイメージにあった」と思っている。それからこうしたキャッチフレーズ、人の心を動かしていく言葉やイメージを大事にしている。自分たちの価値を伝えるためにどのような言葉やキャッチフレーズがふさわしいのかを真剣に考えるようになった。

金子は、この1・8トンを1回に限りOKUTAが買い上げるものだと思っていたようだったが、OKUTAはこの下里地区の農家からお米を社員が食べるという関係だけにとどまらず、その後、下里地区において社員研修に田植え、草取り、稲刈りを必修科目として会社の新人研修のカリキュラムに組み入れるということに発展させていった。これは、山本の方からお願いしたことであった[71]。山本は、こうした取り組みをしていくまでの関係ができるまではある程度の時間を要したと語る。その理由は、農家の企業に対する不信感はそう簡単には消えなかったということにあったという。銀座のレストランですでに経験していたように、何かのきっかけで簡単に切られてしまうことがある。農家にとって「企業なんか信用できるか」という気持ちがあり、「今まで散々痛い目に遭ってきている。良い時は良いけれど、そうじゃない時は……」という警戒心があったことは間違いないだろうと感じている。そしてそれは、農家が生きる時間の長期的なスパンと、生き馬の目を抜くような速さを要求される自分たち企業人が生きる時間のスパンが違うことにも気がついていく。それでも今まで継続してきた理由を次のように考えている。

だけど、そこが普通の企業と違うのが、有機農業をやって持続可能な社会をつくるということと、僕らの事業のそもそものあり方がすごく合致しているので、オーガニックなんです。オーガニックな家をつくろうっていうことが目的で、地元で断熱材もつくり、珪藻土、建具まで自分のところで作り、というようなことをやってきて地産地消じゃないと、エネルギーのマイレージとかいろいろなことずっと事業の中で考えてきた。なので今も続いていると思う。

自分たちが事業経営において大事にしていること、会社の目指している方向と有機農家がやろうとしていることが「合致」していることを伝えること、企業という形態であってもそうした部分に共通項があることを理解してもらうことが重要であった。しかし法人企業ＯＫＵＴＡと農家グループが信頼関係を構築するには、乗り越えなければならない課題も出てきた。

## 企業と農家の溝を乗り越える

山本の側から見た課題は次のようなものであった。農家とともに過ごす中で、次第に時間に対する感覚の違いに気がついていく。企業としては、月々、四半期、1年という単位で業績を考える。そのような時間軸が自分たちのスピード感である。そのことは、農家の人たちと一緒に山に入る時などに気がつかされることだ。

「やあ、良くなるね、山本さん、あと20年もしたら」というような時、また「カブトエビだとか、にがりを入れたらどうだとか、ここは２万年くらい前は海だったから、海洋微生物が動き出したんだんべ」とか、自然のとてつもない時間の長さと、そこにぽつんといる人の人生っていうものを分かって生きている、農家の方は。だから農業20年っていったって米は20回しか作ったことがないわけですから。そういうのと僕らのせわしない、あわただしいものの考え方。困ったというよりも気づかされますよね。

違う時間軸で生きる互いが関わる中で課題が生まれてくる。農家は、20年先、もしくは孫の世代のために今、森に入っている。過去とのつながりも、その場所が海だった２万年前という時間を意識できている。自分たち企業の小刻みの時間やスピード感の重視といった感覚とはだいぶ異なる。だから山本は「双方に歩み寄りが必要だから、チョット面倒くさいと思うとやれない」と思っている。「たぶん、僕らのほうよりも農家さんのほうだと思いますよ。最初はやっぱり大変なんですよ」と語る。

例えばこんな言い合いになったこともあった。見学会の２カ月後から即、米の宅配が始まった。その際に、３月に届いた米と、４月に届いた米と質が違うということが社員から指摘された。確かに精米の仕方も異なった。取り組みが始まった時、農家がそれぞれの家で精米していたため精米機械が異なり、精米の度合いも異なっていた。「先月よりも匂いがするし、色も違うと。おかしい」といった社員に、ＯＫＵＴＡと霜里の農家の間に立つコーディネーターを務める高橋優子が、「顔の見える関係だから直接話してみてよ」と話した。そして、その社員は、グループの中のある兼業農家の方に電話した。すると農家の答えは次のようなものであった。「おりゃあ、兼業でやっていて、夜なべして精米しているんだぞ、裸電球の下で。ちょっと色が違うとか何とかでごちゃごちゃいうんじゃねえ」。ＯＫＵＴＡの社員はその言葉を聞いていい返した。「ごちゃごちゃいうんじゃねえとはどういうことだ、こっちは客だ。金払って買ってんだ」。するとその農家はすかさず、「ごちゃごちゃいうんだったらもういい、買ってくんなくていい」と売り言葉に買い言葉でいい返した。

山本はこの一件を次のように分析している。つまり、農家は今まで、ＪＡなど出荷先に納めてしまえばそれ以降は、「顧客サービスをする習慣も何もない」のであり、ビジネス的にいえば、「生産者の皆さんが末端ユーザー、エンドユーザーの扱いに慣れていないということですね。だから、僕らは買う側として考えたら一消費者ですから、企業に所属しているとはいえ、一消費者としてスーパーに行ったり、コンビニに行ったり、ドラッグストアに行ったり、そこで受けるサービスが基準になっているでしょ。普通の一般的なコンシューマーなので、クレーム対応に対して言い合いになるわけですよ」。ここに、従来の農家と企業でのサービスやクレームなどの発想の違いがあることを見ている。その上で、自分たちよりも、自分たちとつきあっている農家には「大変な」思いをさせていると認識している。

ＯＫＵＴＡの社員が何十人も行けば、素人集団を指導する農家は大変である。「田植えするといってもぐにゃぐにゃ」で、草取りの「田ころがし」をうまく使いこなせない。その結果「草が結局生えちゃって」収量が落ちるなどということもある。その減収分を補償するところまでを会社が引き受けることにしている。そして社員たちに農作業の説明を座学でもする必要があるので、農家にお願いする。田植えではまっすぐ植える方法、スピードよりも、きちんと植えることを大事にするなど、社員たちに教えてもらう。単なる遊びではなく、体験と研修として基礎知識をつけるようにする。またこうしたOKUTAの研修に関わる農家やコーディネーターにも御礼をする。そうしたところは「かえってビジネスライクにしましょうよ」と山本の方から提案した。「善意でとかいっていたら、結局誰も来てくんなかったとなったら」困るし、「やっぱりご迷惑をおかけするので、収量とか落ちるし、田んぼ貸してくれて、収穫が減って」しまったら、農家にとっては、「踏んだり蹴ったり」になってしまう。「通常のこの気候で今年の作柄で考えたら本来はこれくらい出来たのが、OKUTAさんに貸したらこれだけしか穫れなかった」ということになれば、「その分の差額はお金でお支払いしましょう」という提案をして、課題を解決しないと続かない。なぜならば、お互いに「ストレスばかりがたまっては愚痴が出始め」、次第に「OKUTAに土地を貸したらもうろくなことないんだよ」などといわれてしまえば、折角の取り組みも「空中分解」してしまいかねない。

そうした時にきちんと講師への謝礼の支払い、減収分を補償するために支出する会社の経費は「大した額ではない」という。しかし、大した額ではないからそうするというのではなく、また「会社に余裕があるから」するのでもなく、「うちの社員の面倒みてくれているのだから、研修費用としてお支払いをするのは当然」という気持ちがあるからだ。こうしたことは会社の経営に余裕があるからやるのではなく、むしろ「重要なことの優先順位」の問題である。経済効率、目先の利益のためであれば「社員を仕事させないで田んぼ行かせたりしない」し、「バス3台借りて、会社を閉めて社員全員で山に柴刈（間伐）に行ったりなど」しないだろうという。

筆者：でもゆくゆくは長期的に考えるとなんらかの形で利益として返ってきていると思っていますか。

山本：もちろんです。それは利益というよりも、ＯＫＵＴＡという「法人」という「ひと」ですよね。その人となりがどんな人となりかということを世に知ってもらうための部分としてはめちゃくちゃ大きいわけですよ。

法人とは何かということを岩井（2003：2005：2015）は、「法人とは本来は『もの』なのに法律上は『人』として扱われるもののこと」だと一貫して定義している。こうした会社が現実の社会の中で「人」を動かすためには、「会社に代わって会社を動かす生身の『人』が絶対に必要」[72]になるという（岩井2015）。それが、経営者の人としての動機、選択、決断で、法人を動かす重要な役割を果たす。創業者の奥田も、山本も生身の人としての会社を動かすための自分の位置づけを把握し、そして会社の方向性を決めていることがこの言葉に現れているだろう。

こうした取り組みが、結果として広報活動につながっているというメリットは十分あることも山本は説明する。しかしそのメリットを見込んでやるというのは順序が違うという。

この「こめまめプロジェクト」[73]で何社新聞がきたかって考えたら、新聞広告を打とうとしたら何億円もかかるって話でしょ。だから数億円の広告宣伝効果を生みだしているんです。もう十分に。（通常企業は）ペイドパブリシティ（paid publicity）みたいにお金を使いますけれど、でもペイパブみたいに、ＣＳＲを取材させて実は金払っていたみたいなそういう紙面を買うようなことは絶対やらないのですよ。だって、それは集客につながらないから、費用対効果が見えないから。そこで20万円かけてタレントさん来て銀行に置いてある雑誌、あれやりましょうというのはすべて断っているんです。だからうちの広報は、すべて無償で記事を書いてくれるメディア以外は受けるなって言っているんで、そういうのは下里の部分に関していえば、賞もいくつも頂いてますし、広報的な記事が載っていることなんかも……。

筆者：でも目的はそちらではないんですか？

山本：全然違いますよ。違いますよ。順序は逆です。それは、どういうことかというと、何でニュース価値が高いかというと、どこもやっていないからです。計算していることってどこでもやっているんですよ。皮算用で計算していることってどこの会社もやっているんです。でも僕ら計算していないから、どこもやっていないんですよ。

市場社会において常に経済合理性を追求しなくてはならない経営者である社長の口から、計算しないことの重要性が強調されることは興味深い。「皮算用で計算」することは、多かれ少なかれ人間誰しもやることであり、それでは結果として競争には負けるという逆説がここには現われている。規模の競争では勝負できない小さな会社の戦略は、計算することではなくむしろ計算しないことにあり、結果として、それこそが会社の存続を可能にする戦略になっている。複雑に入り組んだこうした動機をどのように分析し、どう解釈するかは、その切り取り方によって異なってくるだろう。計算が先なのか、その順序は本当にそうなのか、利益を度外視して選択することは可能なのか。こうした点こそが、アダム・スミス以来の経済学の長い長い問いである。合理的経済人とその合理性、計算はどのようになされるものなのか。人間の動機はどこにあるのか。そうした問題は、決して同じ事例の分析においても一枚岩ではないだろう。しかし、奥田と山本の経営者としての判断は、現実をつくり出し、その複雑な動機の混合として実体の経済をつくり出している。そこには下里地区の農家の人びとやOKUTAの社員たちの生活や暮らしが大きく影響しているのだ。

OKUTAは農業研修などのほかに、「お昼寝制度」、「昼寝を容認する会社」[74]ということで世に知られるようになっている。そうしたことも、それは結果としての宣伝効果をもたらしたが、昼寝を取り入れるようになったのは、社員のウェルネスの問題、労働環境や、鬱やストレス[75]の問題を考え始めてからのことであった。社員たちの労働環境、精神的な側面をケアするところまでを考えて経営を考える。それは、社員は企業にとって「労働力」でありながら、その人びとの「労働」はカール・ポランニーが指摘したように、「生理的、心理的及び道徳的存在としての人間の諸機能の一部」であり「商品とは似ても似つかぬ」ものであろう。そのような存在として人が集まる会社という組織の中で、そこで働く社員が心身ともに健康であることは、まわりまわって会社の経営とも関わる問題である。それを「コスト」に計上していくのが市場社会のメカニズムである。しかし、山本がいうように、会社という法人は、法人という「ひと」であるのだから、経営者の考えがその社員たちの働き方も生き方も、人生すべてに影響をもたらす。その時に法人格の経営者は「人格をもつひと」として何を優先すべきなのか。やはり、人が判断し、人が選択することにかかっているのではないだろうか。

# 第2部　「お礼制」の可能性

# 第4章 生業からみる「お礼制」

## 1 農家生計の歴史的連続性からの視座と禁忌作物

「お礼制」の分析にあたり、最初に確認しておかねばならないのは、「お礼制」は決して単なる新しい仕組みではなく、消えずに残っていた前近代的とも取れる農村共同体の慣習を都市住民との関係性に適用したものであり、その意味において古くて新しい仕組みだということである。「お礼制」の着想は、「村のしきたりからヒントを得た」という金子の次のような語りがある。

お礼制の原点というのは、私がはじめたというのではなくて、村にあると思う。例えば隣の人にそこの家にない野菜をあげると、私の家にないものが余計に返ってくるでしょ。こういうのは都会には少ないかもしれないけれど。うちのほうでは「つけぎ」っていう。[1]

小川町には、今も残る慣習として禁忌作物が存在する。[2] 小川町の禁忌作物に特徴的なのは、家（一系）ごとにその禁忌作物が細かく決められていることだ。そのために人びとは、自分が作ることのできない作物を親戚や近所の人からもらい、また逆に自分が作ったものでその家が作ることのできない作物があればあげるということをくり返してきた。そうした農作物の贈答贈与の慣習が小川町においては古くから活発に行われており、今現在もこの風習を守っている家も少なくない。小川町は地理的特徴としては盆地であり、農地面積比率が低いため江戸期においても年貢を米だけで支払うことができたのは、現在の八和田地区に限られ、その他の地域は早くから金納であった。禁忌作物はその八和田地区に多く残るといわれるが、霜里農場の位置する下里地区においても禁忌作物を今でも守っている家庭はかなりある。[3] こうした村の慣習を金子がヒントにして始めたのが、金子の側の「お礼制」であった。

## 複合生業論

金子家は「お礼制」だけで生計全体をまかなっているわけではない。金子家に限らず、農家の暮らしは、さまざまな生業が複合的に組み合わさって営まれてきた。「お礼制」を単なる新しい仕組みではなく、歴史的な継続性の中に位置づけるための視座として、民俗学者、安室知の複合生業論は参考になるだろう。しかし、「お礼制」が生計の一部であったとしても、その意義は過小評価されるべきものではない。むしろ、さまざまな生業を複合的に組み合わせて生きる農家の暮らしは、長いことリスク分散という意味においても農家の生存戦略であったといえるだろう。

「人はいかに生きてきたのか」ということを農家の生計維持という視点、生業を複合的にとらえる視点で研究したのが安室（2012）の複合生業論である。農家経済を生業、生計から考えるうえで、民俗学における生業論の視点は、農家の暮らしと生業の連続性を理解する一助となるので、事例に即してみていくことにする。

金子の就農時から今に至る時間軸で見た時に、霜里農場が「お礼制」だけで生計が成り立っていた時期というのは比較的短いといえよう。父の代から受け継いだ酪農を減らしながら有機農業を始めた金子が、４年の準備段階を経て、会費制を試したが失敗し、その後しばらくの時を経て、はじまったのが「お礼制」だった。そして、１９７９年に金子が結婚した後、妻は農外収入を稼ぎに仕事をしていたので、実質的には、「お礼制」だけで農場が営まれていたという時期は短い。

暮らしの営みを全体としてトータルにとらえて分析しているのが複合生業論のアプローチであるが、この視座に立つと、農家生計というものはそもそも、その家庭が置かれている自然条件、地理的環境や時代背景や社会状況などを考慮しながら、家ごとの各構成員がそれぞれの時宜に適って、各人の能力や技能を活かしながら家計の全体を協力して成り立たせていることがわかる。家族の中には時には病気になる者がいたり、また嫁が嫁いできたり、出産して子どもが増える等々、個別な事情によって家庭の内部状況は変化するが、生計はそうした細かい事情をその時々で絶妙なバランスを取る努力をし、生計維持をしながら営まれてきている。複合生業論では、農家の生計維持の仕方には２通りの傾向があると分類されており、一つ目は「単一生業志向」であり、二つ目は「生業の多様な複合性を維持してゆこうとする傾向」である（前掲書：43）。日本の場合は、権力者の統治という点から稲作への特化が歴史的な流れとして強固にある。農家の生計維持という側面からだけ見ると、そのような単一生業に集中することは「大きな危険を伴う」という指摘もなされている。それにもかかわらず、現実的には、日本の農業は稲作の「単一化」に特化してきた歴史であったといえよう。[4]後者の「複合生業志向」と呼ばれる傾向は、山間地や海付の村などに強く見られ、一つの生業に特化せずに、生業のバラエティーを保ち、多生業を並行して行うことで、生計を維持してゆこうとするものである。この複合生業志向の背景には、山や海がもたらす自然資源の豊かさがある。こうした「複合生業志向のもとでは、生計維持を自己完結させる度合いは低くなり、外部社会との関係が重要」となり、またそのために、里の稲作地帯つまり単一生業志向の村に比べると「貨幣での取引や商品流通も盛んとなり、市場経済化がいち早く進行する」とされる。これら二つの傾向性の相違は決して文化の発達度合いや文化的な序列、周縁と中央という対立構造で見られるようなものではないという安室の指摘も重要である。

複合生業論に即して金子の農場と農家の生業を見ていくと、その特徴が明らかになってくる。小川町の地形は盆地であり、さらに下里地区は八和田地区と比較しても水田面積が比較的小さい地区である。こうした地域を「突出した生業をもたない社会」と安室は分類して、「外部的複合生業の社会」と呼ぶ。さらにこのような地域においては「複数の生業が横並びの価値で併存する社会の形態」をとる。[5]小川町の下里地区にある金子の農場の条件からくる生計維持のあり方にも共通するのは、複合生業論を参照すると外部的複合生業が営まれる下記のような特徴を示しているといってよいだろう（前掲書：43）。

①一つに特化するほどの有力な生業技術が存在しなかったこと。
②その結果として山の生計活動は生業複合度の高いものとなっていったこと。
③複合生業は耕地のような人為空間だけでなく山や川といった自然空間を最大限に利してなされるものであったこと。
④里に比べると比較的早くから貨幣経済が浸透し、複合生業の一つとして商品作物の栽培や賃稼ぎ労働が発達したこと。

以上の4点は金子家の生業のあり方にも該当し、さらに下里一区の安藤郁夫の事例においても、同様なことがいえる。安藤の生業の変遷や、貨幣経済の浸透が進むにつれ、昭和30年代頃から農家の長男が貨幣を稼ぎに町に出ていくということも、この地区の生業が複合度の高いものにならざるを得なかったことが読み取れるだろう。

**金子家の生計維持の変遷と戦略**

ここで、金子の就農時から今日までを、図4－1のように俯瞰的に図式化してみると、複合度の高さが明らかになる。生計維持や営農、経営拡大の変化を生み出す要因としては、有機農業による自然の地力の向上、いわゆる「土ができてくる」といわれる状態にもとづいて行われていることを押さえておきたい。そのことは、次第に地力が安定してきてから増えた収穫量にもとづいて、「お礼制」消

**図4－1　霜里農場の複合生業と展開**（調査に基づいて筆者作成）

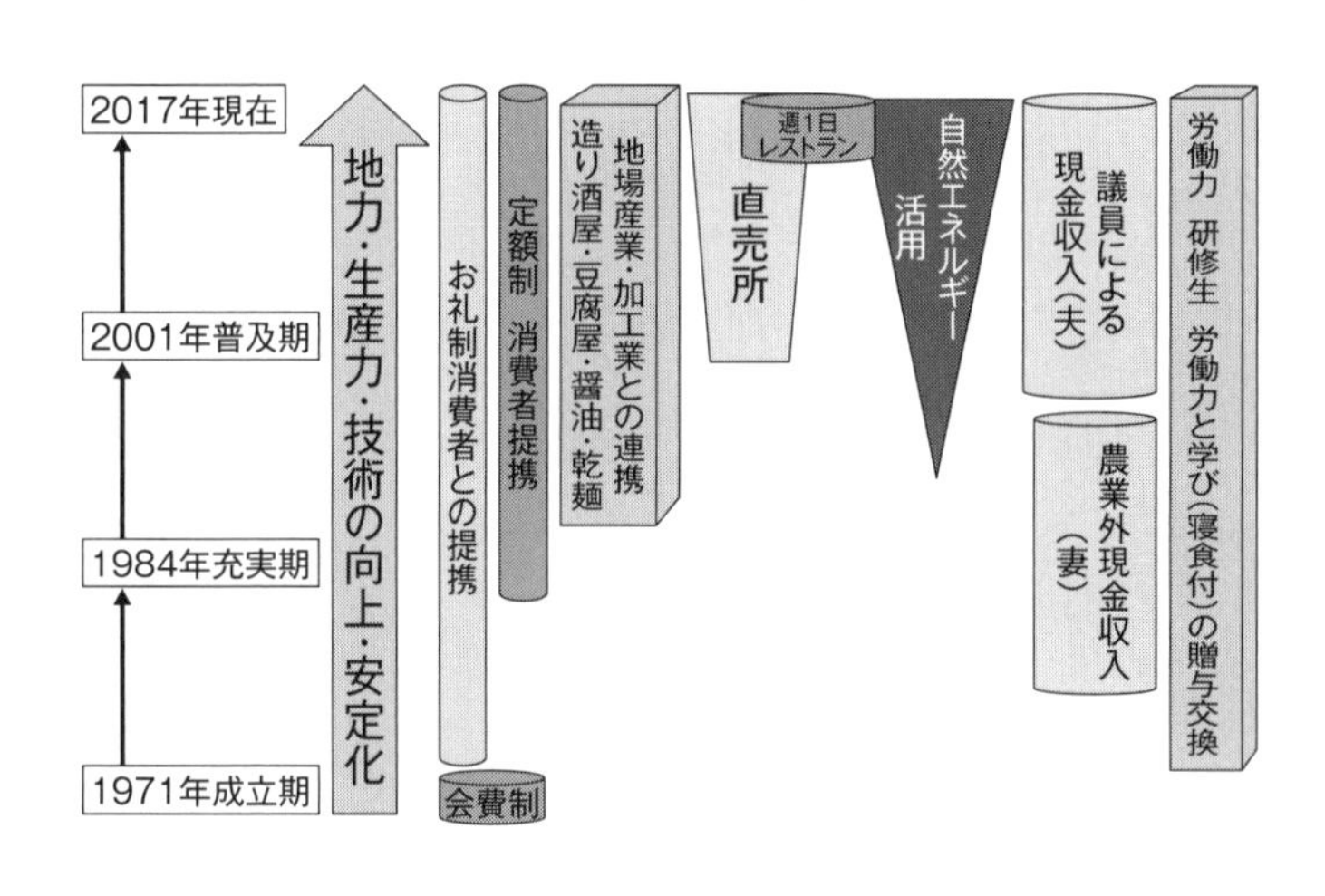


費者のみならず、余剰作物を定額制の「一袋野菜」と呼んで消費者に届けるという展開に表れてくる。そして、さらに、直売所を増やしていくなど、地力向上に伴う生産量の増加に合わせて販路を拡大していく。

個別の消費者の数は30軒前後に常時抑えて、地場産業や加工業者との連携を作っていったのも、生計維持にとってはリスク分散、多角的な戦略であり、同時に、結婚当初からの地域経済圏、ローカルコミュニティ形成という目的にも合致している。２００９年からの日替わりのコミュニティレストランへの参画は、農場で収穫された野菜の消費、提供の場としての意味をもつ。

現在、個人宅配の消費者は25軒程度である。常時多少の変動があるが、その中にはお礼制と定額制の両方が含まれている。定額制というのは、先ほども少し触れた「一袋野菜」と名づけられたものであり、収穫が増えてきた１９８１年頃に始めたものだ。農業技術が安定し、土の力がついてきたことで生産量が増え、消費者に月3回、1回に約15品目の野菜を袋に詰めて渡すことができるようになった。これは、1袋2000円と決めてあるので「定額制」となっている。

## 自然エネルギー

生計維持の中の柱の一つとして、自然エネルギーの利用も特徴といえるだろう。基本的にはどれも小規模で行われているが、燃料代というコストからいえば、こうした自然エネルギーの利用は生計の一部としての意味は大きい。1992年頃から試験的に次々に導入されているが、2003年の火災後の新居では、自然エネルギーを取り込みやすい家づくりがされ、太陽光パネルによる発電は、家庭用や田畑の電気柵などに利用される。近くの山林や植木屋から運び込まれる廃材でウッドボイラーを炊き、てんぷらなどの廃油を利用した自動車、トラクター燃料への活用といった自然エネルギー活用によって燃料代を節約し、生計に変化を与える要因となる。

## 農外収入

外部複合生業の特徴として、家ごとに複合の様相が異なることがあげられている。例えば、季節、家族の成員ごと、選択的に組み合わせて、その家の生計活動とし、「さらに家族の中では、性別・年齢・体力ならびに嗜好といった諸条件を反映して、担当する生業は異なってくる」（安室 2012：45）。金子家の場合では、妻の友子が非農家、都市出身者であったために、結婚後も元の仕事であったアナウンサーの仕事を継続することで、現金収入を得ていた時期がある。また、金子は1999年に町議選に出馬し、以降現在に至るまで5期小川町町議を務めている。これも生計という視点から見れば、農業外の収入として生計の一つの柱となっている。安室の指摘のように、家ごとに現金収入の割合や生業の選択、組み合わせには多様性が存在しており、農家全体の生計は、「女性には女性の、また子どもや年寄りにはそれぞれの稼ぎが存在し」、「家族全員で何からのかたちで稼ぎを担い、相対として家計が維持」されてきたことがわかる。むしろ、民俗学的な時間軸で見てみれば、「稼ぎが男性ひとりの労働によって生み出されるような家計維持のあり方」は、ある特定な時代と社会構造、産業構造の背景のある意味では特殊な時期にあたり、「主婦という存在およびそれが担う所の家事労働は過小に評価され、稼ぎとみなされなくなった」といえる（前掲書：49-50）。

複合生業論では、農家日誌から読み取れるディテールにより、家族構成はもちろんのこと、その構成員のそれぞれの固有な能力や、さらには健康状態、つまり老いや病気などによって変化する労働、さらには子どもの成長などで生じる出費、必要経費の変化なども含めてとらえている視座が組み込まれている。こうした視点により生計全体がその時々の変化に対応しつつ家族の暮らしと生業がいとなまれていることが描き出されている。

また、「外部的複合生業の社会においては、畑作・採集・漁撈・狩猟など多様な生業を家ごとの状況に応じてバランスよくおこなうことによって生計上必要なものを得て」おり、「その複合要素の中には金銭収入を目的とする生業が必ず存在し、その稼ぎにより山では自給できない物資を手に入れていた」。加えて、たとえ稲作を行うことがあっても、内部的複合生業社会とは稲作の位置づけが異なり、「あくまでもそれは畑作や狩猟・漁撈と同等の位置づけであり、複合生業の一要素にすぎないもの」である。

## 研修生

霜里農場の特徴としては、農作業にかかる労働力は家族だけではなく、家族外からも入れていることを指摘しておきたい。金子の農場で特筆すべきなのは、１９７９年以降現在に至るまで毎年「研修生」や「実習生」と呼ばれる有機農業を学びたい人たちを受け入れていることである。実子のない金子家では、研修生たちを受け入れながらある種の家族的なつながりの中で共に共同生活を行う。この点においても、近代的な核家族制度とは異質な暮らし、江戸期などに見られる見習いを預かるような丁稚奉公にも似た形式で生活が営まれているといってもいいだろう。有機農業を学びたいというだけで、ある日突然やって来る、見知らぬ「外部者」、「よそ者」を「研修生」と呼び受け入れてきた。受け入れ始めは比較的「若者」が多かったが、２０００年前後からは、定年帰農を志す「中年組」も増え始め、年齢層は中学生から、70代までと幅広い層にわたるようになった[6]。農業という意味では素人である彼らの労働力の提供と、金子家からの学び提供は契約関係や雇用関係ではなく、基本的には金銭を介さずに行われてきており、農家の側は研修生に対して共同生活、寝食、住居、有機農業の技術やノウハウ、農的暮らしの知識を提供し、研修生はそうした学びを得ながら素人ながら農作業の労働を提供する。研修生の年齢や技能、能力は毎年変化するが、どのような体力、能力や技能をもった人が来るかは選べず、その年ごとに受け入れた研修生たちの体力や性格、能力をみきわめながら労働を調整し、毎年の農作業、家事、暮らし全般に対応して農場は営まれてきた。

　以上みてきたように、霜里農場は複合的な生業を営んできており、貨幣経済としては、妻や本人の農外収入があったが、自然エネルギーを増やすことで光熱費の一部を自給でまかない、労働力も研修制度という形が結果として生計全体の中での自給の割合を高める努力や、労働の確保に関しては貨幣を介さずに行うなど、結果的には、非貨幣的領域とのバランスを取りながら生計全体の維持がなされてきたことがわかるだろう。

## 2　市場《交換》／非市場《贈与》の関係性

　ここからは、人びとの暮らしや商いという生の営みの中で、「お礼制」のもつ意味を考えてみたい。それぞれの生の全体にとって互いの関係はどのような意味をもつのか、市場経済と非市場経済の両方を並行して重層的に生きる人びとの生にとって、こうした関係性はどのように位置づいているのだろうか。複合生業論を参照してみた、金子の農家の生存維持という視点から理解できることは、「お礼制」は、生存維持という目的において生活の全体の一部であることはすでに見たとおりである。他のインフォーマントにとっても、それは同じである。それぞれの人生において、生活全体で、または経営全体において、お互いがつながっている「お礼制的な関係性」は全体の中の一部でしかないともいえる。この一部が、生全体の中でどのような意義と位置をもっているのだろうか。

　ポランニーが晩年、人類学的な研究を行ったことにも関係しているが、ピアソンが指摘したように、ポランニーの関心は「社会における経済の位置の変化」の問題にあった[7]（Polany 1977：48）。市場経済とは「自己調整的なシステムであるということを意味」し、「市場価格によって、そしてただ市場価格によってのみ統制される経済」（Polanyi 2001=2009：77）と定義され、「われわれの時代になるまで、経済が、その大枠においてさえ市場によって支配されつつ存在したことは一度もなかった」（前掲書：77）という認識に立っていた。いかなる社会も複数種の多元的な経済を併存させながら存在しているものであるという前提のもと、人類史という歴史的文脈のなかで市場経済が支配するこの時代を相対化しようとした。しばしば誤解されてもきたが[8]、ポランニーが晩年に取り組んだ人類学研究の意図は、現代の市場社会における経済の位置の歴史的視点に立った相対化であった。こうしたポランニーの経済人類学の視点は、日本においては、民俗学者の宮田（1999：195）によって指摘され、民俗学が対象にした衣食住は経済の根本であるゆえに、本来なら民俗学と経済学は双方に関連性の深い学問であり、経済学と民俗学の領域統合的な研究の必要性は認識されていた。

　ポランニーの影響を受けたフレイザー（Fraser 2014 = 2015）は、「資本主義とは〈経済と社会的再生産〉、〈自然と人間〉、〈政体と経済分離〉の分離を基礎概念とした〝制度化された社会秩序〟」であると定義しているが、「資本主義は外部（通常非経済的なものとみなされる背景にある可能性の条件を考えなくてはならない）に依存」せずには成立できず、また「一連の背景条件やインプットに依存」していると分析している。また、「市場化された諸相はまさにその存在可能性において非市場化された諸相に依存している」と指摘しており、現代社会における市場経済という「前景」と、それを支える

「背景条件」の関係なくしては、どちらも成立しえないともいう。「お礼制」の存在意義は、かならずしも、「前景」としての市場経済を支えるための「背景条件」としてあるわけではない。しかし市場と非市場、贈与と交換、その両方を必要とし、それはどちらも相互補完的に組み合わされており、どちらか一方が欠けても、もう片方は成立しない関係にあるということを理解するヒントがここに隠されているのではないかと思われる。

そのような視点を受け、「お礼制」の現代的な市場社会での位置づけと意味を考察し、同時代に併存している、さらには近い距離にある伝統的農村集落、下里一区の直売所を対峙させることで、市場と非市場の関係性について考えてみたいと思う。

例えば、形態としては商取引であっても、旦那の遊び心にみられるように、心性が贈与に近いものがある一方、贈与であっても限りなく交換に近いものもある。桜井（2011：2017）の日本の歴史研究から解き明かされる贈与経済は、極限まで進む時それは「市場経済ときわめて近いものになる」（桜井 2017：17）と指摘されている。下里一区のような事例から理解されるのは、伝統的な農村での「同等性」を厳密に測るような贈答贈与はまさにこうしたことの名残であり、下里一区においては「直売所」がなぜ人びとの気持ちを楽にしたかはこの点に関係していると考えられる。

ここでの分析においては、金子を含めたインフォーマントたちによって、「お礼制」とは明示的には呼ばれてはいなくても、中山、渡邉、安藤との関係性は、「お礼制」の拡張バージョンであり、そこにある関係性は、（たとえ、商い上の値段交渉や交換取引が行われている場合でも）関係性の質として、「お礼制」的関係性の延長上にあるものとして位置づけていることを最初に断わっておく。

## 市場社会の中の「お礼制」――つながりを求める贈与

尾崎は、金子からの野菜は、初期においては子どものためだけの量しかなかったために、他の物は近所の別の店などから調達し、普通に購入していた。その意味では、金子の農場から届いたものだけですべてが賄われているわけではない。しかし、離婚直後、もしも生活が困窮したら、家賃の高い東京ではなく小川町に引っ越そうかと思ったこともあった尾崎は、家賃1万5000円の家を小川町でみつけ、これならなんとか暮らせていけるかもしれないと思ったと話した。離婚後は家族とも疎遠となった尾崎が子ども3人を抱えて生きていく中で、万が一の選択肢には霜里農場との関係性があった。その時は実行しなかったが、そう思えることは、尾崎の生活に対する保険となるような安心感をもたらしていた。

その後、生活が軌道に乗っていくが、ビジネスを手掛けるようになった忙しい生活の中に、「金子さんの野菜が定期的に届くこと、また霜里農場の存在が、心の癒しになっている」という言葉も口にしている。最初は子どもに安全な食べものを食べさせたい、それだけは他人任せにしたくないという母としての必死な思いから飛び込んだ関係であったが、この関係は、単に安全な食べ物が手に入るということだけではなく、シングルマザーとして生きていく、自らの生活を根底のところで、精神的にも支えていくつきあいになっていたことがわかる。

酒蔵の旦那、中山の場合には、明確に「もう正直言うと生きていかなくっちゃいけないから。だからそれはそれでいいわけだよ。これはこれで、全部それでやらなくちゃいけないってことはないわけだから。バリエーションの中の」という言葉がある。生存維持戦略としての高付加価値の酒づくりを思い立った中山が、金子から有機米を買うこと、それで自然酒をつくるということは、晴雲酒造の商いとしては、他にもあるバリエーションの中の一つであるとはっきりと語っていた。その意味で、中山の商いにとっても、金子との関係性は一部でしかない。しかし同時に、値段交渉は金子の「再生産可能な価格」という説明を聞いて、それをそのまま受け入れて「言い値で買った」という中山の言葉が示すように、単なる商取引とは違う意味合いを付して、金子との自然酒造りを位置づけていたことがわかる。それは、２００９年に中山から金子に贈られた祝辞を見ても理解できる。「造る、売るという職業におりますと、金銭が第一になり、金子さんご夫妻に接することにより心が洗われる気がします」という言葉から読み取れるのは、金子とのつながりが、単なる高付加価値商品開発というレベルのものにとどまったわけではないことがわかる。それは、競争が加速する「世知辛い世の中になった」なかで、同業他社との「ずるっこい」関係性とは別の、自らの旦那としての自負や生きがいを見出すことができるような関係性であった。単なる自らの生存戦略として有機米を取り入れて、金子を利用したといったような関係ではなく、自らの商いの中においても、自己の存在意義、生きがいというものになっていったことが理解できる。

「お礼制」は、インフォーマントの暮らしの全体から見れば、（割合は違えども）一部であるかもしれないが、それがあることで、人びとは市場経済にすべて飲み込まれずに生きることができる。市場経済が強靭で、優位にある現代社会を生きる時代の人間の生の営みにとって、「お礼制」というシステムは、生活のすべての領域が市場的価値観や効率優先、生産性といった評価軸だけに覆い尽くされないための必要不可欠なものである。むしろ「お礼制」に見られるような非市場的領域を生活の中に確保し、位置づけておかないと、人は恐怖と競争の中で苦しみ、貨幣経済に支配され、そのメカニズムに巻き込まれ、生の隅々までが単一システムによって覆い尽くされてしまいかねない。その結果、自らの生存のためには、否が応でも、自らの意志に関係なく、他者に対して非倫理的にふるまわざるを得なくなるように追い込まれていく。現代社会がもつ生きにくさは、市場原理があらゆる分野、医療、教育、農業、家族関係など、本来市場メカニズムにそぐわない領域に至るまで浸透している点にあると思われるが、「お礼制」的世界を人びとが、たとえ一部であったとしても、生活の営みの中に確保されている生き方は、人間の心に多少なりとも余裕を与え、他者（自然を含めて）に対して倫理的にふるまうことを可能にするだろう。その意味で、「お礼制」は生の全体性にとって不可欠であるのではないだろうか。

### 村落共同体の中の「直売所」――切り離しを求める交換の場

これに対して、興味深いのは、事例の中の安藤郁夫が暮らす下里一区の直売所の存在である。下里一区は、伝統的な村落共同体のあり方をとどめているが、血縁、地縁の要素の強い比較的閉じた共同体である。その中に最近登場した、この小さな直売所は、村の人たちにとっては、とても小さいが匿名性の高い市場（いちば）のような存在として位置づいている。そして、村の人がすべて把握できるようなお互いの距離が近く、言ってみれば、「顔の見える」だけではなく、お互いに何でも知りすぎてしまうほどのつながりや関係性が人びとを時に疲れさせるのだ。そのため、小さくても、この直売所が匿名性が保持されて村の外の人に対して開かれることで、村人の心を楽にしている。なぜならば、下里一区のような村では、今日に至るまでずっと「贈与」と「返礼」のくり返しが途切れることなく継続しているからだ。金子の言葉にあったように「村のしきたり」から着想を得た「お礼制」は、まさに村においては、日常的な行為として今もなお生き続けている。贈与的なお裾分けのやりとりが、常日ごろから頻繁に行われ、あげたら必ず何かを返さなくてはいけないという「返礼の義務」に縛られ、また「返さないと陰でなんて噂されるかわからない」という人の目を気にしながら、終わりのない贈与循環の切れ目のない環の中で、こうしたやり取りを続けてきた村人たちの人間関係にとっては、むしろ直売所のもつ匿名性は風通しをよくし、贈与の環から抜け出せる心地よさを提供している（といっても、それでも名前を書かなくても、誰が何を作っているかは、直売所の野菜を見れば一目瞭然で、お互いの腕前や出来栄えが把握できるくらいの関係ではあるが）。たとえ、「捨てるくらいならもったいないからあげるような」代物でも、近所の人にあげると相手にも負担を与えることになることもわかっているなかで、直売所に出すことは、村外の人に買ってもらえることで気楽さを味わっている。またもしも自分が必要なら「いただかずに」直売所で買った方が気持ちが楽だというのは、こうした共同体のもつ土着の密度の濃い人間関係ゆえの特徴である。

町場のある地域であり、物流の中継地として町場が栄えた小川では、毎月一と六がつく日には市がたった。現在は小川町という行政区に統一されてはいても、中山が住んでいる「町」に対して、安藤や金子が生きている下里は「村」であり、暮らしや、建物、共同体のあり方や環境も異なる。渡邉は、子ども時代は玉川村という自分の住む隣町から「小川町」に行くのは、「東京に行くような」感覚だったと語ったが、その言葉からわかるのは物理的距離感のみならず、心理的な距離感であろう。

民俗学の研究で指摘されているが、「市」の語源は「いつく」で漢字では「斎（いつく）」と書き、これは、「聖」を意味していた。「市庭（イチバ）」とは「神が聖なる場所にやって来る時に、いろんなものを寄せ集めてその場所の前に置き、あとで分配するという、かなり原初的なタイプの交換」（宮田 1999）から来ていたのだ。日本の中世史の研究においても、平安、室町時代「市」は「神」と関係があったとされている。中世史の研究で「無縁」という概念を打ち出した歴史家、網野善彦（2005）によれば、虹が出た場所に「市」を立てなければならないという言い伝えは、虹が異界との架け橋を意味していたからであり、「市」は神を喜ばすものとして行われたと解釈されている。「市」においては、俗世の「縁が切られる」ために、「無縁の場」という位置づけであった「市」において、関係性から一旦切り離された「モノ」と「モノ」が初めて交換することを可能にしたという。「市」は誰の場所でもないが、しいて言えば、無縁の場所、神の場所であって、そこにおいては人とモノも切り離されていることによって交換が許されたのだという。網野はこのような「市」が「市場原理の原点」であり、「近代の商品交換」に発展していったと考えていた。[9]

「市」がこの世、俗世界とは切り離された、外部的な存在への畏敬を意識する人びとによって、その外部との関係性を意識しながらモノを交換している場所であったとするならば、それは解放感をもたらしたことは想像に難くない。「市場」はこうした関係性の切り離しが行われる場所であり、強い地縁・血縁の関係性の中に生きた時代の人びとにとっては、解放感を味わえる場所となり、それが「歌垣」ともつながっていく（網野 2005）。小川の町場が最も栄えた時代には、芸者の置屋が13軒もあったといわれ、晴雲酒造の中山のインタビューにもあったように、町場は酒の消費地でもあり、旦那はその町場の中で芸者の「誰々ちゃんの取り合いをするような」世界があった。市庭としての町場とは、そうした村とは異なる空間が存在していたといってよいだろう[10]。

伝統的な共同体の密度の濃い関係性の中に深く根差した人間関係、社会経済関係にいた人びとにとって、市の存在は常に人びとが互いの人生や暮らしのすべてが把握でき、そして干渉し合うような共同体のしがらみから、一時期的に解放してくれる「自由」を意味したであろうことは容易に理解できる。これは、中世的な世界における地縁・血縁の束縛から解放される自由であり、その自由が無縁の場、交換的市場という世界を次第に大きくしていったと考えることは可能だろう。しかし、市場が優勢になり、大きくなり過ぎると、そこにもまた新たな問題が発生してくる。私たちが格闘しているのは、逆の問題である。すでに、グローバル化した市場の問題や、その中で生きる苦しさや非倫理的行動、環境汚染は、肥大化した市がもたらしたバラバラになりすぎた無縁の世界の異様な巨大化であり、中世の人たちとは異なる種類の見えにくい束縛や競争の激化による苦痛や不自由さを新たに抱えもつことになった。歴史的視座で見る時に、こうした交換か贈与か、市場か非市場かという議論は、その両方の極のバランスを取ることの必要性を教えてくれるだろう。

その意味で、下里一区の事例が興味深いのは、同時代に、同じ集落内でその両方が同時に存在しているという点にある。これは、継続するモノと人の関係性が密着した共同体の中の事例である。その中で、直売所がもった意味は、切り離しを可能にする市の存在に近いといえる。下里一区の直売所の存在が興味深いのは、同じ地域に、そして同時代に、非市場と市場の関係が逆転しているような事例が同時に存在しているということでもある。私たちが生きる世界がますます市場原理に覆い尽くされようとしている中で、いかにつながりを再構築するかという問題群の方が急務であることには変わりがないが、しかしこの小さな直売所のもつ意味は、人間にとっての経済行為として考えられている贈与と交換の場の両方が必要であるということにあるだろう。要するにそのバランスこそが問われているのだ。

## 市場と非市場の相互補完性――贈与的交換と交換的贈与

このように見てくると、私たちが生きる現実の世界には、贈与か交換か、市場的世界か非市場的世界かは、決して二者択一ではなく、その両方が重なり合いながら営まれており、そしてその両方が必要不可欠であることがわかるだろう。贈与が交換に対する対抗概念と単純にいえないことは、桜井（2011：2017）、山口（2012）、伊藤（2011）による日本の歴史学、人類学、民俗学における贈与研究などによっても明らかになりつつある。贈与行為を反覆し、継続していけば、それは次第に固定化されたり、また人びとの姿勢や意識の上でも厳密な計算に近い等価交換に近いものになっていったりすることもある。贈与、交換のどちらが優位かは、時代や地理的条件、文化的、歴史的背景などによって異なるのだ。ただし、贈与経済と市場経済がどれほど近接したとしても、それが合流したり溶け合ったりすることはない[11]。贈与（非市場）と交換（市場）の両者の間には、商取引がどれほど贈与に近づいても、またその逆であってもそこには「譲れぬ一線」または「最後まで踏み越えられることのなかった一線」（桜井 2011：v：2017：17）があり、その境界線は薄い皮膜のようなもので仕切られていると考えていいだろう。

だからこそ現在の都市生活のように「市庭（イチバ）＝市場（イチバ）」の機能が肥大化し、範囲がグローバル規模にまで拡大し、実体経済と遊離していくほどの圧倒的な市場経済が優位な時代においては、「お礼制」の存在は、たとえそれが生活全体のごく小さな割合であったとしても、実体的な生活世界においては、贈与が作り出す強いつながりをもたらしたし、この巨大化した市場に否応なく巻き込まれていく人びとの暮らしにおいて重要な意味をもったといえる。

インフォーマントたちの語りからわかるのは、市場の中に巻き込まれていく生の全体の中にも、自らの生存と人間の尊厳や生きがい、「役立つ」という感覚をもたらす役割など、存在の理由を満たすような部分が、錨のようにそこにあるということである。それは、玉野井や、ポランニーが問うたような「生の全体性の回復」に欠かせないのであり、その意味において、「お礼制」は市場社会の席巻の中で、生の営みの全体性を取り戻し、生の全体の中でのバランスを取るために模索された、必要不可欠なシステムであったということができるだろう。

インフォーマントたちの関係性は、例えば尾崎と金子の関係性でいうと、それぞれの家計における生計維持戦略があり、個人の生活の中においても、市場と非市場の両方を内包している。その上で「お礼制」は、さらに互いに関係性を結ぶ中に、市場的価値と非市場的価値の組み合わせとして埋め込まれた関係である。たとえそこに貨幣が介在しているとしても、非市場的な価値や要素を保持しながら関係性が営まれているといえるだろう。

# 第５章　「お礼制」が農民にもたらした二重の自由

## １　自然との関係性における自由

### 労働の意味と遊びの要素

この章ではまず「お礼制」がなぜ人間的な解放を感じさせたのかを理解するうえで重要だと思われる、労働と遊びのとらえ方について取り上げておきたい。遊びと労働が対概念、または対立的にとらえられている近代的労働観とは異なる労働観については、複合生業論の中でも指摘されている。安室が複合生業という枠組みの中でとらえようとしたのは労働論と技術論との融合であり、生業論における遊びの意味とその評価の問い直しでもある。

こうした農における仕事観は、「お礼制」を理解するうえで重要なファクターであると考えられる。「お礼制」に切り換えて金子が得たものは、こうした農作業の中に感じる、楽しさや面白さであったと考えられる。事実、金子自身の口からも、「農には終わりのない面白さがある」と語られ、農のもつ素晴らしさとは「喜怒哀楽」をすべて感じられることにあると述べていた[12]。

農のもつ「面白さ」については、上野村と東京を二重生活する哲学者の内山節は次のような話を紹介している。上野村の古老に「なぜ農業が続いてきたかわかるか」と問われて答えあぐねていると、「おまえ馬鹿だなあ。農業ってのは、面白いから続いてきたんだ」と言われたという[13]。この村人の言葉のように、実はいたって単純ではあるが、農は人間にとっての「面白さ」ゆえに続いてきた側面を否定することができない。「百姓は仕事をしている時には、楽しいのに、売る時に腹が立つ」という農民作家、山下惣一の言葉は、市場メカニズムの中における百姓仕事がもつ相克の端的な表現だ（宇根 2010：99）。農的仕事は大変さと同時にそこには自然と向き合って格闘し、知恵を凝らしていく「楽しさ」が、その一つの重要な側面としてあるのだ。

安室もマイナー・サブシステンスの議論（松井：1998）を参照しつつ、「遊び仕事[14]」という言葉を用いて、生業労働における、面白さ、遊びの要素に着目している。加えて、野良仕事の中には、さまざまな位相の仕事が含まれていることが指摘されている。田植えや稲刈りといったいわゆる農作業の前後にやらねばならない農機具の手入れなどは「まごつき」と呼ばれる。とりたてて「仕事」の概念からは外れてしまう労働であるかもしれないが、実はそうした仕事が「本来的には生活を下支えするもの」となっているのだ。こうした「まごつき仕事」のような労働の特徴について、安室は以下のように説明している。

それ自体は非体系的であるが、時に娯楽性に富み、かつ日常の生活行為全般と分かちがたく行なわれることにある。また家族で人が何らかのかかわりをもちえるという点も特徴としてあげられる。昭和の初めに生きた人びとの労働観では、まごつきや遊び仕事を主労働よりも低いものとみることがない。家事労働も一段低いものとみなされているのは、こうした労働観の変化にもよるだろう。「発展」や「成長」を合言葉に、経済合理性を規範とする社会においては「遊び仕事」といった場合には不真面目な仕事ぶりを示し、「まごつく」とはまごまごすることであり要領を得ないことを表現しているように、どこかマイナスなイメージでとらえがちである。そこにはメジャーな仕事から外れた周縁的な仕事への蔑視がある（安室 2012：445）。

こうした農の労働観は、金子が「お礼制」によって解放されたという言葉の中に感じた、労働の意味の回復と、そして貨幣的価値に換算できない、換算されない労働も含めて、それに没頭することができるようになったことと関係があるだろう。現在の物価指標に合わせて時給換算すれば空しくなるような、農業労働を貨幣価値に換算せずに「喜怒哀楽」、面白さというところに価値を置くことを可能にしたのが「お礼制」であったのだ。

## 農的技能・技術

生産効率の高さのみで、技術の良し悪しが決まるわけではなく、さらに、計算上は重要ではない、もしくは経済合理性からいったらとても見合わないような生業が、単に「面白い」という理由から継続してきているという点に着目する。技術は質的な違いが存在しており、「多くは暗黙知として存在する経験的で体得的な技術」つまり「技能」であり、「文字化される傾向をもつ技術と分ける考え方」があるが、「生きていく方法」として、自然を利用するときには技能がより技術より重要な意味をもつ」（篠原：1998）ことも指摘されている。

松井（1998）のマイナー・サブシステンス論によれば、そうしたマイナーとして分類されるような技術は、技法上の特質から、ものによってはそれが当事者にとっての誇りの源泉となったり、情緒的な価値を生んだり、趣味的色彩の濃い楽しみともなるという特徴や、身体的に自然との深い〝つながり〟を身体行為を通じて感覚的に体得していくという側面もある。「機械化された生業活動や経済効果の高い日常的な活動とは、まったく別の人間の営みの位相を、身体を通して体感させる機会」となることもこうした営みのもつ意味である。このような自然との関わり方は、人間が意識化し、表現化されるよりも、遙かに深いところで、身体性を通して、自然と人間の相互の関わり方の本来的な位相関係を強く認識させる。そして、身体全体を通して自然との直接的な関わりを体験させ、その時、その場所において、深く自然に包まれていることを鮮烈に体験させるものであると説明される（松井1998：253：266-267）。マイナー・サブシステンスや、まごつき仕事といったものがもつ意味は、このような営為の中にこそあるととらえられる。複合生業論の枠組みアプローチでは、聞き取りを中心にすることで過去のものであれば記録や統計に残らない生業技術も多く聞き取れると指摘されている。

霜里農場で採用されている技術にも、そうした技術とさえ呼ばれないような農作業がある。例えば、研修生総出で行われる、イチゴ栽培のための益虫であるてんとう虫の獲得競争や、かごに入れた鶏を移動させて除草する、牛の放牧地帯を移動させたりして草を食べさせる除草方法など、その時々に実験的に取り入れられた過渡期の除草対策技能ともいうべきものは、「技術」というほど確立したものでもないため記録にはほとんど残らないものだ。さらに、こうした行為それ自体は市場経済的な価値は低く、したがってほとんど統計や記録には残ることもないが、地域に暮らすうえでは重要な意味をもっている。自然エネルギーの自給率をあげる取り組みに関わる仕事としては、廃油の回収や、バイオガス発電装置のタンクに人糞を投入するなど、雑多な仕事が無数にあり、機械の手入れ、片づけ、畔の草刈り、水やりといった日々の管理作業といわれるような仕事は全体を支える重要な仕事でありながら、とりたてて農業書的には明記されるようなものではない。

## 自然との関係性からみた「お礼制」——労働の意味の回復

農作業は時に過酷なものであるが、それでも「趣味」の家庭菜園、ガーデニングが人気を博し、お金を投じてまでも人が農作業に勤しむ理由はこの「楽しさ」にあるといってよいだろう。高木仁三郎はそれを「おかしみ」という言葉で表現している。高木（1998）は、石牟礼道子の文章に現れる水俣の描写の漁師たちと自然の関係性を観察した中から、その「人と自然のかけあい」の妙を「おかしみ」という言葉を使って表した[15]。

自然は、農民や漁民にとって、生業として関わり、それは生存、生活がかかった行為、労働である。だから決して単なる趣味ではなく、真剣勝負にならざるを得ない「仕事」となる。しかし同時に、その仕事の中に、一元的な自然管理でもなければ、資源の利用といった人間と自然の関係性のみにとどまらない、双方向性の関係性がそこにはあり、「驚くほど自由で柔軟な境地が実現するのである。そういう意味での自由の極致ともいえる、人間の精神がほんとうにのびのびと自然の中で遊んでいる世界」（前掲書：203）が生業を支える日々の労働の中に潜んでいるのだろう。これは、農業や漁業という自然との関係性の中で営まれるなりわいには共通しているといえる。

労働が、遊びとは分けられ、レジャーとして切り分けられていく過程は、労働の質そのものの変化、フォーディズムに象徴されるような近代的工場労働がもたらした労働のあり方と関係している。工場のラインで、機械の一部のように働く労働を続けると、別途レジャーを用意し、工場的労働とのバランスを取らなくてはならない。しかし、自然とともに生業を営む、漁民や農民の中には、近代的な工業労働に裏打ちされたような労働観とは異なる仕事観[16]を根強く持ち続けている人びとがいる。金子自身も、そうした労働と遊びの二分法に対して疑問を呈し、農業という仕事を次のように説明している。

> 農業は、生産をする場と生活の場が一緒であるのが特徴ですが、有機農業は、そこでの仕事と遊びが一緒であるということだと思います。自分の生活のために豊かに自給する遊び、趣味が人様のためにもなる。しかもやっていることが、大地をキャンバスに、生命と魂のこもった芸術作品をつくる仕事といえます。なんとありがたく、楽しい仕事なのかと私は思います。その仕事がたまらなく楽しいから、工業化社会の価値観のように、1日の労働時間がどうのとか、生産に費やす時間がどうのとか、収入が何千万円が目標などという概念が、たまらなくつまらないものに見えてきます。（金子 1992：89）

このように、金子の労働観の中には二分法は存在していない。こうした労働のあり方は、先述のように、つねに「相互的な人間と自然とのやりとり」であり、「おそらく人間の行為の最も根源的なものがあり、それを労働といった合目的性には解消できない」ものであろう。そして、この相互的な行為の中には、「たしかに遊びの要素が含まれ、またそこでの人間と自然の関係は多分におかしみを含んでいる」（高木 1998：208）のではなかろうか。

ここで重要な点だと思われるのは、こうした漁民や農民たちの労働のあり方は、自然との関係性という観点に立つと「おのずからなる節度を与えてきた」のであろうし、その結果として環境が守られてきたといえるだろう。高木は、これを「合理主義の対極で知恵が働いている」のだというふうに見ていたが、むしろ、ここにこそ、農民や漁民たちの「合理性」つまり自然と共に生きる人びとの知恵、つまり自らの生命をつなぐための理に適ったころあいをつかんでいたのではないだろうか。ここでは、おかしみと合理性も二項対立的ではなく、生存のための合理性としての自然と共に生きる人間の知恵が秘められているといってよいのではないだろうか。

再出発をしてからは、百のものをたくみにつくる百姓として値段のことも気にしないで自給農場にのびのびとうちこめるようになりました。農民が自由にたべものをつくるよろこびをとりもどし、生産に全力でとりくめるということは、ずいぶんいい結果を生みます。土もどんどんよくなり、自給する技術も年ごとにふかまり、いいお米や野菜がとれるようになりました。（金子 1986：45

傍点引用者）

農作業は、たぶんに、自然との掛け合いの楽しさや、おかしみを含んだ営みであるが、農を市場原理にしたがって経営することにする瞬間に、農はその自然との関係性の中に内在する遊びの要素を失い、自然を貨幣価値で換算するようになる。そして、その貨幣的価値にもとづいた価値にしたがって、自然を手段としてまなざすことになる。ここには、単に自然を道具的に利用するという態度と、その関係性の中に楽しさを見出そうとする態度との境界が存在している。この境界の線引きは、時に非常に曖昧で不明確な境界であり、自然の恵みをいただいて生きるという人間の態度の中の節度の度合いとでもいったようなものである。高木が指摘しているのは、この節度、ころあいといったものを、農民や漁民は、歴史的な蓄積された知恵の中に、経験的に、そして身体の中に諒解しているのだということなのである。

公害問題に悩み、自らの農民としての生き方の中で自然とどう向き合うのか、農を通じて自然環境を破壊することではなく、自然と調和し、自然の理に沿って農の営みを行うことを志した金子が、「お礼制」に切り替えたことで、自然とのおかしみを含んだ掛け合いを楽しむこと、農の面白さに没入できたこと、農的労働の意味を回復したと考えられる。さらにそれによって、自らの生存を支えている自然に対する責任を担う自由を得たことが、「解放」ということにつながっていたのではないだろうか。自然環境と調和した農業、永続する農の営みを軸として、それに打ち込むことができる、その志を貫き、そこに全力を注ぐことが可能になったということが、市場原理とは異なる原理で結ばれた「お礼制」に切り替えたことの解放の一つの側面だといえるだろう。

## 2　人との関係性における自由――農産物の価格と値づけ

### 価格とは何か

「お礼制」が農のもつ、自然とのかかわりあいのおかしみや喜びの意味を金子にもたらしたことを見てきたが、この節では、その農がもつ仕事の醍醐味、働く楽しさということが「食べ物の商品化」という問題とどう関係しているのかを考察する。「お礼制」においては、値決めは消費者に委ねられているが、生産者と消費者の提携において、価格の決定については、日本有機農業研究会が定めた「提携の10ヶ条」の4条に次のような項目が設けられている。

4条　価格の取決めについては、生産者は生産物の全量が引き取られること、選別や荷造り、包装の労力と経費が節約される等のことを、消費者は新鮮にして安全であり美味な物が得られる等のことを十分に考慮しなければならない。

ここでは、生産者が決めるべきであるとも、消費者が決めるべきであるとも書かれてはおらず、双方の「互恵に基づく価格の取り決め」ということになっている。「会費制」においては、金子の側は、月々2万7000円という数字を、父親の収入や自らの営農計画や家計からはじき出していた。そしてその会費を一律同一で各会員からもらう方法を取っていた。それは生産者側が決めた価格であった。これに対して、八百屋に並ぶ野菜の値段、つまり市場価格との比較から「高い」というクレームがついたことが、問題の一つでもあった。金子は農産物の値段について「(有機野菜が)高く売れるって言ったって、農業が置かれている社会的経済的条件の中では決して私は高いとは思っていない」と述べていたことがある。[17]この発言は、有機農業という手間のかかる農法で農作物を育てる際に費やした時間を単純に時給換算してみれば、農民側にとっては、決して高いとは感じないという意味である。

当然のことではあるが農産物の一般市場価格には相場があり、その価格は資本主義社会において労働者がその農産物を日々の糧として消費し、自らの労働を再生産できる価格に設定されている。有機農法での労力をすべて時給換算して価格に反映させると、農産物の価格は、市場の相場よりも割高になる。「お礼制」に切り換えて間もない頃の金子が、仲間の農民たちとの対談で農産物の価格について次のように語っているくだりがある。

わたしがある消費者との仲が悪くなった原因に大豆ショックというのがあってね。ニクソンが大豆よこさなかった。そのとき私はひとつの試みとして大豆はこれくらい手間がかかるからって、百姓の生産原価をさらけ出して、キロ700円で買ってもらった。本当のことを出しちゃったのね。ところが消費者の価値観ではものすごく高い、だって今でもキロ350円くらいだから、それはやっぱり無理だった。おそらく山下君の今届けているリンゴだって、本当のリンゴの価格っていうのは山下君の労働とか思いを込めれば、今だしている価格では出せないと思う。でもそれを言い出したら消費者との関係は長続きしないしね[18]。

金子は、ここで自分の大豆の生産原価を７００円としているが、大豆の市場価格は、当時高くても３５０円であり、彼のいう生産原価の半値である。３５０円もしくは以下の価格で、大豆が市場で出回るためには、現行のシステムにおいては国の補助金などによる価格が調整されている。市場流通を通さずに作った大豆を生産者価格で出すということは、その価格を消費者が農家を支える分として上乗せするものとして考えられるが、現実に家計をやりくりする消費者感覚からすれば、やはり「高い」という感覚は否めないだろう。

豆腐屋の渡邉と金子の大豆の価格交渉の例を考えてみても、非常に抽象的な言葉で表現されているが、価格をどう決定するかは双方にとって合意できる価格に歩み寄るための微妙な機微を伴った交渉がなされていた。金子が農産物を顔の見える関係で価格交渉をする際の価格決定について、内山（2006：148）の〝半商品〟という概念は参考になるものだ。半商品につけられた価格とは、「市場によって合理性を与えられた価格ではなく、双方の習慣化された価格や、文化的な交通の中で双方の同意できる価格のことであり、それは結局消費者が支払う農家を支えるのにふさわしい代価にならざるをえない」と述べられている。造り酒屋の旦那、中山は金子と価格交渉はせず、言い値で買っていたが、中山は農家が有機米を再生産できる、農家の持続性を織り込んだ価格だという金子の説明を理解してその価格が決定されていた。

またポランニーの価格に関する見解を見てみると「価格とは一義的な決定を許さない指標であり、すでに明らかな需要や現時点での明白な労働努力を示すのではなく、これらの背後に隠された受容や労働努力の変化の瞬間を指し示す」、つまり「価格は決してそれらの実際の規模を示すものなどではなく、経済の有機的な活動のプロセスである一点での微分係数を表す」ものであり、「価格とは決して商品の属性などではなく、商品生産者間の間に取り結ばれた関係」であるとしている[19]。これは、金子の自給区構想の原理、農家の存続、農業が持続可能な価格ということにも通じるが、内山の半商品につけられる価格やポランニーの価格の定義に即してみても、関わる人たちの関係性によって規定されるという点で一致している。

しかし先述のように有機農法で農民の作る農作物の値段は現代の物価から割り出す時間給に照合すると、自然の贈与分を加味するとしても農民の値づけに関するわだかまりのような感覚は簡単には割り切れないものがあるようだ。それは、農民の作物に対する「想い」とでもいうべきものにも起因しているのではないだろうか。農民は自分の育てた農作物に深い愛情を感じ、どことなく自らの子どもと似たような思いを抱くことがよくある。手塩にかければかけるほど、そうした愛着が増していく。種から育み、苗をつくり、その成長に対して働きかけ、見守り、実を結ぶまで忍耐する。またさまざまな経験知を投入して、毎年異なる天候や状況に対応する。それが、百姓は毎年が1年生だと言われる所以でもある。ベテランであっても、家庭菜園ではじめて挑戦した人であっても、出来不出来は必ずしも保証されない。そこにこそ感じられる農の営みの醍醐味もあり、遊び的要素、おもしろさがあることはすでに述べた。しかし、それで安定した経営、安定した生計を立てようと思ったとたん、そうしたギャンブルにも似たような不安定要素は一転し、生活、生計を脅かす悩みの種に変わる。農作業にまつわる楽しさと不確実性に起因する生計の不安とは常に表裏一体の関係にある。同じ行為であっても、心の状態への影響、精神的な作用がまったく異なるのだ。

## 貨幣換算することの虚しさ

それでは農民にとっての野菜の値段とは何だろうか。野菜の値段とは、言ってみれば、自己に自らが付与する値段のことである。そしてそれを市場に出すということは、自らが自分に値段をつけて商品として提示し、不特定多数に差し出す行為である。誰かもわからない相手に、自己を商品化して売り出していく。自らの労働といのちの商品化という行為なのだ。このことは、今の社会、市場社会においてはあまりにも当たり前に聞こえるかもしれない。自分の年収はいくらである、自分を労働市場に商品として売り出すことは今の社会では当たり前のように行われていることになってしまい、とりたててそれに異議を申し立てることさえも、奇異に感じられるほどかもしれない。しかし、市場社会の隅っこで解体されずに残されていた農民にとっては、それは当たり前のことではなかった。そのことが「お礼制」の「人間的な解放」という点につながっている。

「値段のことも気にしないで自給農場にのびのびと打ち込めるようになる」という解放感は、「会費制」の失敗をへて、その痛手を痛烈に感じて再出発した金子の心のうちを表現している言葉である。「会費制」においては、消費者が一般のスーパーや八百屋での市場価格と比較し、自分たちが受け取った野菜の値段が「安すぎる、高すぎる」という総体的評価、指標を課してきたことに金子は苦しさを覚えていた。そのために、当時金子は「会費制」消費者からの苦情に対応しようと、常に市場価格と自分の野菜の価格を比較し、出荷時には何度も野菜の量を計り直すなど常に神経を使って苦労していたという。金子は、「会費制」と「お礼制」の違いを次のような言葉で表現している。

まず精神的に安定しました。とにかく、いいものを作って自分の家族だけじゃなく10軒の消費者に届ければいいわけですから。それに対して消費者がめいめい考えて謝礼をくださるのですが、人間的に解放されたみたい。会費制だった時には、どうしても少なくしか届けられないようだと、高いか、安いか、もう一回はかりで量って八百屋の値段と比べて……ということがあったんですけれど、そういうのがなくなりましたからね。（岸 2009：212-213）

やはり農産物の価格に関しては、先述のように、現在の労働市場の貨幣価値と比較してしまうと、その労働力とは不均衡であるという感覚がつきまとう。「このお米いくらですかって聞かれると嫌になっちゃうんだよね」という金子の何気ない言葉には、農薬、化学肥料、除草剤などを使用しない米作りでは、その作業に費やされた労働力や神経を貨幣換算することの空しさというニュアンスが込められている。その裏には日々の細かな労働の積み重ねがイメージされ、それを一般市場の物価などに照合し貨幣換算してしまうと、気分的に「嫌になる」という現実があり、金子にとって農業とはあくまでも「楽しい仕事」であって、「工業化社会の価値観のように、１日の労働時間がどうのとか、生産に費やす時間がどうのとか、収入何千万円が目標などという概念が、たまらなくつまらないものに見えて」（金子 1992：89）くるのだ。

それだけではなく、市場価値によって提携とはいえども「会費制」では、たとえ金子自身が市場価格を意識していなかったとしても、消費者は市場の価格システムを基準とし、それとの比較で金子の農産物を値踏みしていた。そのことが金子にとっては、苦痛の元、縛りとなっていた。しかし、この価格システムからの脱出をした後に、新たな「お礼制」という関係性に入った時、金子は市場の価格システムから解放されたのだ。

## 値づけ行為と精神的葛藤

それでは、値づけとはいったいどのような行為なのかをもう少し掘り下げて考えてみたい。世界の神話や文学、人類学の研究を融合させて贈与を研究したハイド（Hyde 1979＝2002）の研究の中に、そのヒントが見出せるのでここでは参照したい。

ハイドは価値を、「絶対的価値」（worth）と「相対的価値」（value）という二つの指標に分類している。前者は、「自分が大切にしていて、値段がつけられないものに、もともと備わっているもの」であり、これに対して後者は「相対的価値」（value）すなわち「あるものを他のものと比較することによって導き出すもの」としている。そのうえで、「命という値段がつけられないほど貴重なものを値踏みする時、いったい何が起こる」のかという問いに対して、「救命ボートのジレンマ」といわれる有名な例えを引き合いにしながら、次のような説明を加えている。

市場価値があるものは、はかりに載せて比べるために、自分から切り離す、または手放すことができなくてはならない。私はこれを特定の意味で言っている。つまり、値踏みする様子を思い描くことが出来なくてはならない、ということだ。状況によっては値踏みを求められること自体、不適切、いや無礼にさえ感じられることがある。たとえばむかし道徳の授業で、こんな問題を考えたことはないだろうか？「あなたは救命ボートに妻、子ども、祖母と乗っているが、だれか一人を海に投げ込まないと、ボートが沈んでしまう」。これはジレンマだ。何故ならこの問題は、家族という文脈の中で判断しなくてはならないからだ。普段であれば、家族と距離を置き、それをあたかも商品であるかのように値踏みすることなど、とても考えられない。われわれは、たしかにこのような判断を強いられることがある。なぜそれがストレスに満ちているかと言えば、われわれは感情的な結びつきを持っているものに、比較可能な値打ちを割り当てたくないからにほかならない。[20]（Hyde 1979=2002：Iyengar 2011=2014：284）

日常的に野菜を値づけする行為は、自分の命、自分の労働をいったん自分から切り離し、そしてその後に、本来ならば値づけられないものに、強いて値づけをするという行為を繰り返すということを意味している。そうするには自らと野菜との「切り離し」が必要であり、それはある種の心理的な苦痛を伴う行為であるということができるだろう。だからこそ、野菜を「商品」にしないということは、理念としてというよりも、苦痛の軽減として重要な意味をもつ。

このハイドに言及して人間にとっての選択という行為に関する研究をしたアイエンガー（Iyengar 2011=2014）は、「選択の自由」の問題を人間の幸福や心理的な側面から論じている。[21] 選択の自由に関して、選択肢の多さは必ずしも比例的に人間に幸福をもたらすものではなく、時に人は選択肢が多すぎることでかえって戸惑いを感じたり、その選択肢の内容によっては心理的な苦痛を感じたりすることを検証している。後者の例として挙げられているのは、命に関わる選択である。例えば自らの赤ん坊の命に関わる選択に関してどのように感じるのかの研究を行っており、[22] それによれば、もしも生きる確率がない時に親にその赤ん坊の命に関する選択を委ねられるケースにおいて、命についての選択の余地が与えられる場合には、かえって親にとってはストレスと苦痛がもたらされることを実証している。[23]

このように見てみると「農産物を商品にしたくない」という言葉は、現実の日々の農作業と農産物を他者に届けることを生業とする農夫にとってのより心理的苦痛からの解放という意味あいが強いと考えられる。それは前述のように、農夫の自然と共に協働する農の営みに由来し、さらにはその成果である農産物を命のある子どものようにいとおしく思う深い愛着と密接にかかわっている。自分の子どもを、毎回秤にのせ、値踏みし、そしてそれに対して、高い安いと消費者から言われなくなったことで、農夫の心を軽やかにしてくれたのは、農産物が命の値段であるからだともいえる。生命倫理学者の森岡（2000）は「いのちというかけがえのないもの」（傍点引用者）は、比較考量することは本来できないはずであり、置き換えも不可能なものであると述べている。[24] この「かけがえのなさ」は命というものが、本質的に唯一無二であること、交換不可能なものであることを意味するのだ。「いのちの交換不可能性」が、この野菜の商品化と値づけを拒否することの最も根源的な理由にあるだろう。

## 価格システムからの解放

このように考えていくと「お礼制」がもたらしたものは、自らの命の延長でもある農産物を常時、市場価格と比較されながら農作業を営むことの苦痛からの解放という意味もあったといえるだろう。農産物の価格を決めないという選択により、価格システムに縛られなくなったことで、自分の労働の意味を解き放ち、心理的にも解放感を味わうことができたということだ。その上で、自らの自発的な想いと意志により農作業を営む。そしてそれを正当に、まっとうに評価してもらえる人に贈与する。その時に自分の労働や自分の労働の成果物に「価格」を自らも他者からもつけることはない。貨幣換算された市場の価値システムによる価値づけから束縛を受けない。その際、「貨幣」は自分の労働に対する評価や価値づけのための「貨幣」ではなく、自分の生活がまた同じように続いていくことを可能にし、来年もまた、再来年もまた同じ農の営みを継続し生きていけることを保証してくれるものとして位置づけられている。その割り切りが「お礼制」のもたらした解放感の一つの鍵となっている。

本来農民にとっての命と同等のような農産物であっても、価格システムに委ねて生きていくことは市場社会の「常識」に照らせば当然のことであるともいえよう。しかし、ポランニーが指摘したように、土地が商品化されることが「フィクション」であるとすれば、労働もまたフィクションであり、その土地の上での労働の成果物につけられる野菜の価格もまたフィクションである。しかし百姓にとってはその労働も、土地も、そして目の前でぶら下がるキュウリや豊かに稔る米も実体でありフィクションではない。その自らの日々の労働力、全身を投じて自然とともに生みだされたこの目の前の収穫物は明らかに実体であり、その実体につけられる値段とは、自らが自然と共に生みだした実体のある命の根源、生きるエネルギーとなるものを自ら「フィクション化」する行為である。だからこそ、実体あるものをまるで実体のないものにするために、あえてする行為が値づけであり、その行為には「嫌な感じ」がつきまとう。その時に起こることは、実体のあった自分の人生のフィクション化であり、陳腐化されるような苦痛を感じるのではないだろうか。そこまで厳密に感じていなくても、自分の投じた行為が無意味化されていくような虚しさを覚えるのだ。ある種のお礼制に切り換えた後の農業仲間たちとの対談で、金子は次のように述べていた。

おそらく生産者と消費者の提携で、常に頭を悩ましているのはお金のことだと思うのね。その問題がお礼制に切り替えるとふっと抜ける。やりはじめるまでは非常に決心がいるけど、やってしまうとそれは楽ですね。（金子 1983：19）

このお金の問題というのは、農産物が商品として扱われ、そしてそれに値段がつけられ、さらにそれに対して、市場との比較によってある時は「高い」と言われたり、またある時は「安い」と言われたりすることであった。市場に出れば自分がどのような想いで作ったものか、どのような農法で作ったものか、その農法を採用するに至った自分の思想などといったものなどが、受け手に届くことはない。金子が農民として、最も大事とするそれらの部分がすべて無意味なものとして捨象されてしまうしかないのだ。

　農産物の商品化は、同時に自らの労働の商品化でもあり、自然物の恩恵の商品化でもある。土地を商品にしないという金子の信念もまた、土地の上で自らの労働を投じ、自然の恩恵も、災禍とも向き合いながら作られる農産物に商品として値段をつけないということは、自らの存在をも商品化しないという、徹底した商品化の拒絶であったといえるだろう。それは、思いがけず「お礼制」に切り換えたことで「ふっと抜ける」その感覚、それも「人間的な解放」の中に含まれていたものであったはずだ。

# 第6章　「お礼制」の仕組みと意義
## ――生産〔者〕と消費〔者〕の関係

### 生産者と消費者の主導権

提携を運動論の中で論じた社会学者の桝潟（2008：48-49）が指摘しているように、この提携の発生契機はそののちの関係性に重要な意味をもつ。その意味で「消費者と生産者の出会いのモメント」、そして「どちらが主導するか」がその提携のそれ以降の関係性を左右し、決定づける。桝潟は、提携グループの発生時の主導をどちらが握るか、またはイニシアティブをとっているかによって、「消費者主導型」、「集団間提携型」、「生産者主導型」と3分類している。桝潟の研究では、霜里農場は、「生産者主導型」の中に分類されている。しかし実際に「会費制」自給農場は、明らかに「生産者主導型」に分類されるべきであろうが、しかし「お礼制」はこの分類には当てはまらないということがわかる。それぞれのインタビューから明らかになった尾崎と金子がどのように「お礼制」に至ったかについて検証すると、どちらが先ということはむしろ断定できないし、ここにこそ「お礼制」の特徴があると思われる。

事例では、双方の出会いのモメントのタイミングとしては、金子が「会費制」の挫折の中から頭を冷やし、再出発を覚悟した時と、「たまごの会」の分裂と離婚を決意した尾崎が会う時は、「啐啄同時」といってもよいだろう。さらにみてみると、尾崎がうわさを聞きつけて今なら金子に受け入れてもらえるかもと「お願いに行った」とあり、彼女の側から積極的に生産者に働きかけている。

すでに話し合いによる合議形態の運営は「会費制」の痛手からもうこりごりであると思っていた金子は、話し合いをするというスタイルを取らなかった。「消費者に値段をつけてもらう」というふうに切り換えていたし、さらに尾崎と話し合いや値段に関しても一切提示していない。さらに互いは、別々の理由から「お礼」という形に至っているのも興味深い。金子は「村の贈答贈与の慣習に着想」を得ていたといい、尾崎は「金子さんは別のことを考えていたようだけれども」と前置きをしたうえで、忙しい農作業に加えて、金子の母親の分厚い電話帳に細かく金額を書き綴っている姿を見て、自ら考えて「御代はお礼でと申し出た」と話した。そして、そのような尾崎の側の想いや動機について、金子側は知らずに、知らされずに40年以上の「お礼制」での「おつきあい」が継続してきたという事実もまた興味深い。

こうしてみると、生産者と消費者の提携において、何をもって「主導」とするのかを決めるのはかなり難しいということもわかる。提携の10ヶ条が含意していたように、生産者と消費者の「対等性」にもとづいて「友好的つきあい」による「自立互助」を目指していたが、提携の中に、この主導権の問題が常に潜んでいたことは否めないだろう。後に提携の停滞や会の解散などの問題のほころびはこうした主導権問題にも関係があるだろう。霜里農場の「お礼制」はどちらが「主導した」ということではなく、生産者と消費者がそれぞれに自らの意志で相手に働きかけていった「啐啄同時」型の提携である。

## 「生産〔者〕と消費〔者〕」という区分の見直し

有機農業運動の産消提携は、「生産者」（農民、農家）と「消費者」（都会の主婦）という区分を使ってきたが、尾崎の口からは、「提携」という言葉ではなく、「おつきあい」という言葉で金子との関係は表現されてきた。互いを、「金子さん、尾崎さん」と呼び関係性が作られてきた。ここで改めて、人間を生産者と消費者に区別することの意味について考えてみたい。この区別は果たして妥当なのだろうか。さらに、この言葉が意味することについて再考してみたい。

エコフェミニストのヴェールホーフは、「主婦と農民」を同じカテゴリーに分類している。それは、「資本の視点からも人間の視点からも、農民と主婦は客観的に見て、もっとも重要な生産者」だという位置づけになっているからだ（Werhof 1991=2004：103）。農民や主婦が担っている労働は、「生存維持」、「生存のための」という意味で使われる「サブシステンス」労働であるが、この言葉は従来、貧しさや後進性を表現する言葉として使われてきた。

１９７０年代初頭にミースやベンホルト‐トムゼン、ドゥーデン、そしてヴェールホーフら、エコフェミニストによって提唱された「サブシステンス・パースペクティブ（Subsistence Perspective）（アプローチ）」は「サブシステンス」という言葉が指し示すものに、より積極的な意味を付し、労働の歓びや「良い」暮らしや生き方を包含する概念として打ち出された。

彼女らの議論は、どのように工業先進国に「主婦」という存在が構造的に生み出され、北側の主婦である女たちと南側のラテンアメリカやインドの女たちがこの構造の中で、市場的経済システムの中に構造的に形成されていき、搾取の構造の中に組み込まれているかを浮き彫りにした。そして、市場の中で生み出される非市場的な労働のあり方、その労働力を「主婦化」と呼び、その構造を世界システム構造の中で明らかにした[25]。さらに、マルクスのいう本源的蓄積は、歴史上ある一時期の事象というよりも、本源的蓄積の過程は常に継続しているとも指摘しており、その中に主婦、農民といった非市場的な労働を担う人びとが構造的に搾取されながら存在していると議論した（Werhof 1991＝2004）。日本の有機農業運動の担い手の生産者は農民であり、消費者は当時「主婦」と呼ばれた人びとであったのかは、こうした世界システムの従属論的な議論によっても理解されうるだろう。

経済学者の大熊信行も従来の経済学の「生産と消費」の区別に疑問を呈し、再定義を試みながら、「再生産」にも言及している。やや長いが引用してみよう。

経済学的な人間の二つの要素は、欲望と労働である。が、それを簡単に「生産と消費」といいかえてしまうわけにはいかない。というのは、すでに生きること自体が、人間の自己生産であると言ったように、「生産」という一つの用語は、なによりもまず人間の生命そのものについて、用いられなければならないからだ。［中略］生産と消費の概念は、もともと二重性のものであるから、生理学的な意味におけるそれと、旧来の経済学的な意味におけるそれを、綜合することによって、「生産」・「消費」の新しい二重の概念が、改めて確立されなければならない。（大熊　1974：24）

さらに、大熊は、「料理」など、家事労働を生産に含めており、さらに、労働は人間の生命のエネルギー消費であり、また、その労働によって獲得されるものを再生産しているという循環としてとらえているために、従来の経済学の生産と消費の線引きの考え方を否定しているのである。

> 食物の生産工程は、例えば農産物であれば播種にはじまり、収穫にいたる。が、農産物はそのまま人間の食料ではない。それが完全な食物となるためには、農業労働がそれに投じられた以上の、種々異なる形態の労働が加えられなければならない。それはおおむね家族経済における主婦の家事労働に属し、同時にまた職業的専門の労働に、すなわち料理人その他の労働に属する。食物の本質を栄養とするが栄養物が吸収・同化され、もはやそれ自体として消滅した時に、人間そのものの熱エネルギー、運動エネルギーが再生する。一方に人間労働は、そのようにして再生された人間生命の消費であると同時に、食物その他の物質的エネルギーの再生産である。もしも以上のような、日常意識から推していった考察が正しいなら、「生産」と「消費」の一定の境界は事実として存在しない。経済学がいかにこれまでそれを自明のごとく説いていたろうとも、また世界の文明諸国の人々によって、これまでいかにそれが無条件に信じられていたろうとも、それは事実として存在しない。実際に存在しているのは、一定の抽象的な用語例に導かれた物財中心の思考方法にとどまる。（前掲書：34　傍点引用者）

金子が描いた生態学図においては、農夫も消費者として分類しており生産と消費の区分は、当然のことながらその線引きは学問分野によっても異なる。脱成長とコンヴィヴィアリスム（共生主義）を提唱する経済学者アンベールが指摘しているように「まず最初に必要なのは、これらの作業を再評価し、『生産』という言葉の代わりに『創作』という言葉を、『分配』という言葉の代わりに『分かち合い』という言葉を積極的に使用することである。つまりリカルドの著作以来なれ親しんでいる政治経済学の用語を使用しないことが重要」（Humbert 2011 : 190）であり、提携という私たちの生存（サブシステンス）の根源的なつながりをつくりだしてきたこの関係性を、単なる消費者、生産者という区分の中に収めてしまうことは、提携が内包する意義や可能性を矮小化してしまうだろう。むしろ「お礼制」を通じて見えてくるものは、こうした生産と消費の現場である実体的な経済における境界の曖昧さであり、これらの語彙の日常世界における使用を問い直し、再定義する必要性を示唆している。

## 生存（サブシステンス）と再生産を含みこむ関係性

「生産」と「消費」の区分を見直すことは、従来指摘されてきたように、提携が〈生産―流通―消費〉の見直しにもとづいていた運動であったという枠組みにとどまらない。「お礼制」を通して見えてくるのは、単なる〈生産―流通―消費〉を誰が担うのかという分担や分業の議論を超えて、それぞれが取り結んだ関係性の中で、自分と他者の〈生活・生命〉の再生産までを含みこんだ双方の生を引き受けてきたといってよいだろう。そこでは、生産者、消費者という単純な区分は、あくまでも便宜的な区分でしかないだろう。なぜならば、私たち人間は、生産だけに携わるもの、消費だけに携わって生きるものではない。すべての人間は、生産、消費、流通に携わり、そして再生産を含めて生を営んでいるからにほかならない。

金子が、中山との米の価格の交渉の際に「有機農業で再生産可能な価格」という説明をした。それは高いか安いかという比較の問題ではなく、金子ら米農家が生活していき、生命をつなげ、さらに翌年もまた農業を続けていける保証となる金額という意味であった。さらに、渡邉との大豆の交渉の際、「農民が元気になる価格」という言い方をしたがこれも同じことである。それは、安藤が有機に転換できたということの大きな理由でもあった。

尾崎の側も、農家を支え、「金子さんがやっていけるお礼の額」を考えていたし、なぜ子どもに良い食べ物、安全なものを食べさせることにこだわったのかという理由の中に、子どもには健康でいてほしいという単純な親の願いだけではなく、より切実には、子どもが身体の調子を崩せば、自分自身が働き続けることができず、共倒れになるということがあったからだ。自分が働いて現金収入を得るためには、子どもの健康が欠かせない。ここにも尾崎の生活基盤を支える再生産システムが金子との関係性と深くつながっていることが見えるだろう。

### 信頼と贈与がもたらす対等性――時間的スパンの中のシーソー運動

価格システムから抜け出て「お礼制」に切り換えたことで、金子は百姓として解放されたような気がするという言葉と共に、「ようやく消費者と対等な立場に立てた」と自らにもたらされた変化を表現している。[26] この言葉は裏返せば、「お礼制」以前は、消費者とは対等な立場にはいなかったということを意味している。それではどのような関係だったのだろうか。「会費制」の痛手を経験した金子にとって、消費者は自らを理解し、対等な立場でつきあってくれる相手と感じることはできない状態になっていた。「会費制」の消費者とのつきあいから金子は「三十分かかっても五円安いところへいくのは、消費者の生き甲斐」なのだと思い、「だからこそそういう消費者には値をつけてもらおうじゃないかと切り換えた」（金子 1981：102）とも語っていた。

消費者と生産者の分断は、ポランニーが複雑な社会における人間の自由について論じる中でも明確に指摘していた点である。自由主義経済という幻想の中では、「人間の生活は、生産物が市場に到達した時に終わる生産者の分野と、すべての商品を市場から引き出す消費者の分野とに『分断』された」と考えていた。日本の有機農業運動の提携という社会実験は、この分断された両者の関係をつなぎ直そうとする生産者と消費者の歩み寄りの試みであり、その分断をどのように乗り越えるのかは、現在に至るまで継続している課題でもある。[27] 有機農業においても市場化が進むなか、提携をより体系化した通称ＰＧＳ「参加型有機認証（Participatory Guarantee System）」が近年は世界で広がり、こうした生産者と消費者の関係性の再構築の動きはますますその重要性を増している。こうした「地域の固有性に裏打ちされた小集団における」生産者と消費者の関係性にとっては、「信頼」が鍵になるといわれる（中西 2015：62）。

だが、日本の提携の歴史を振り返ると、実際の現場においては、消費者と生産者、都市と農村が対立構造の中にあり、農民と消費者の関係性はどこか敵対的で不信がつきまとっていたことは否めない。それは、例えば「消費者の作男になってはだめですね[28]」という言葉や「私が消費者と提携を始めたのは、消費者が作ってくれとお願いされたからであり、言ってみれば〝奴隷根性〟からですよ、昔は地主、そして今は消費者の奴隷だ[29]」と自虐的なニュアンスで語られる農民たちの言葉にも垣間見られる。実際のところ、提携において農民たちはある種のコンプレックスや劣等感を感じながら消費者とつきあっていたし、消費者の農民蔑視のような感覚に対する嫌悪感もあった[30]。

金子が「会費制」の消費者から自分に向けられた批判を黙って聞きながら、心の中では「別荘まで持って優雅に暮らしている労働貴族なのによく言うな」と感じた劣等感と不信が入り混じったような物言いにも[31]、金子の中にある消費者と自分との立場の非対等性の想いがよく表れている。農産物が、商品扱いされ、会費といえども売買としての契約によって消費者からクレームとして「つるし上げられる」感覚を感じていた金子は、消費者より弱い立場に置かれていたという意識であった。金子は、農業者大学校での充実した学びの経験をもち、むしろ消費者を教育していく、消費者に理解してもらうための勉強会を準備段階に設定し、会費制に臨んでいたことからもわかるように、農業について、食品問題について、自らが知的に劣っていると感じていたわけではなかっただろう。「土地と労働」の生み出した農産物をあえて商品化することを拒絶したことによって、まずは自然との関係性において自らの労働の意味を回復し、そして心の自由を獲得した金子が、さらに消費者という社会関係においても人間の優劣といった感覚、消費者に対する不信を乗り越えることを可能にしてくれたのが「お礼制」であった。金子はそのことを次のように語っている。

　わが家が消費者からいただいているお礼は［中略］、有機農産物を贈与することに対する謝礼になります。私はこの金額の多少より、これを何層にも取り巻いている、思いやり、信頼、感謝、

生産者の生活を支えるんだという心意気の重さのほうが、はるかに価値があると思っています。（金子 1992：89）

ここで、金子は「信頼」という言葉を使っているが、「お礼制」において「信頼」とは自らの農産物を自ら値づけをせずに相手に差し出し、委ねることである。「お礼制」の関係性で金子が経験したのは、「信頼」に向かって一歩踏み出すという大きな飛躍だったといってもいいかもしれない。なぜならば、信頼とは一種の冒険であり、リスクを冒す行為でもあるからだ[32]。金子の「やりはじめるまでは非常に決心がいる」という言葉は、リスクを冒す勇気、賭けの心理を表現しているだろう。

金子の「お礼制」のユニークかつオリジナルな点は、提供する側の金子の視点から見ると、通常は商品として流通する提供作物（有機野菜、米穀、牛乳、卵等）を、まず相手に「贈与」するというメカニズムにある。これに対して、通常の提携は、価格（あるいは生産者の生活を支える費用）と提供物はあらかじめ合意の上でやりとりが開始される。「お礼制」ではまず自分の農産物を差し出し、その対価は受け取り主に完全に委ねられている。極端に言えば、受け取った側は、そのまま逃走することも可能である。手渡される農作物は、受け取り手の「こころざし」に委ねられる。信頼とは相手に期待するものではなく、まず「前払い」であり、自らが先んじて、自分という存在を相手に委ねる、つまり信頼することからしか始まらない。まず作物を相手に委ねてしまうことから、信頼は始まっている。このようなメカニズムをもつ信頼は、「お礼制」において、自由をもたらすことを可能にする橋渡しの役目を果たしているといえるのではないだろうか。

ややもすると農産物を他者に値無しで差し出すこと、それは農民の主体性の放棄のようにも受け取られる可能性がある。実際、他の提携グループにおいては、農産物の値づけを農民が行うことで農民の主体性を尊重するという理念に立つ組織もある。また、消費者と生産者と話し合いで決定するグループもある。そのような考えと比較してみると、この消費者に値づけを任せる、つまり「どうぞあなたの御心次第で」という姿勢は、農民側が自らの値づけの権利を放棄していると解釈されうる。

しかし実際は、その逆のことが起こっている。「会費制」で消費者と話し合いで決めることに疲れ切った金子は、話し合いでもなく、無言で差し出すことによって、図らずも「百姓として解放された」と感じた。その理由とは、消費者を信頼して自らの存在を農産物という媒体にのせて差し出した時に得た自由、そしてその消費者が自分に応答してくれたことへの感謝であった。また消費者が規則や理念、誰かに強制されてではなく、消費者自らの意志に基づいて、金子の営農と生活を支えようとする「心意気の重さ」を感じ、それに対して金子も応えようとする責任を担うこと、それが自由をもたらすということではなかったか。それが、自分が対価としてもらう「金額の多少」よりも「はるかに価値あるものである」という金子の言葉では、「お礼制」が単なる市場経済の中の交換とは別次元の関係性をもたらしたことが理解できるだろう。

「お礼制」には、贈与の円環的運動があり、結果的に、時間を経て連続していく循環の中で対等性をもたらしたといえる。その対等性とは、「計算可能な等価性」という対等性ではない。そうではなく、「お礼制」においては贈与のシーソー的な運動、つまりあげたりもらったりする中で、比較的長期の継続していく関係性の中で、上がったり下がったりするような中で相殺されていく対等性だろう。この贈与のシーソー運動では、1回の交換では済まされない、関係の継続性というものが生まれた。それにより「会費制」の時には、「長期スパンで、すくなとも農業は1年を通じてみてほしい」という金子の農的時間感覚を理解しなかった消費者の、今、この時の八百屋との金額との比較で「安い、高い」という損得勘定に、「お礼制」の消費者はとらわれることなく、野菜を受け取ることが可能になる。また、その結果として、持続的な営農環境を保証するための長期的タイムスパンの中に農民も入ることができて、安心感をもつことができたのだろう。

こうした対等性は、どちらが上でどちらが下という固定的な関係性ではなく、シーソーのように上下運動することで、双方を平等にしている。その意味では、時間的なスパンの中で常に入れ替わる上下関係による動態的な平等が生まれたという風に考えるべきだろう。これが、敵対していた非対称的な消費者と生産者の立場をむすび直す契機となった。

このようにして、「お礼制」に切り換えたことで、対人間関係においても金子は二重の解放を得たといえる。ここでみてきたように、「お礼制」は静態的な組織や制度ではなく、霜里農場と消費者の一対一の「関係性の束」のようなものである。それゆえに、霜里農場は各消費者一人ひとりの違いに対応することを可能とし、個別の関係性を積み重ねてきた。一人ひとりの消費者たちの名前や家族や個性を把握することが可能な規模で、個別の関係性を積み重ねた「おつきあい」と呼ばれるものである。「会費制」で一気にグループ全体として消費者全員を失ってしまった金子の痛手から、このような一人ひとりとの「おつきあい」を続けていまに至っているのが、この「お礼制」なのだ。

贈与も交換もその行為を通じて、他者との間で対等性、平等性を獲得し、自らの負い目や優劣がもたらす敵対的な関係性からの解放を志向している側面があるが、その二つは現在という短いスパンの中で完結するか、過去や未来を含んだ長いスパンを含みこむかによって違う。贈与は関係性の継続をもたらす傾向があり、交換は一回性の完結した関係である。贈与が対等性を獲得できるのは、長いタイムスパンの中で上下がシーソーのように入れ替わるからであり、時間軸を加味した上のダイナミックな動きのある対等性である。どちらが上になるかは時間の経過によって変わっていく。贈与と返礼のくり返しにより、その上下が入れ替わることで、どちらがどちらという固定した上下関係を避けることができ、優劣の関係性の固着化を防いでいる。サルトゥー＝ラジュ（Sarthou-Lajus 2012=2014）の言葉では、相手に「貸しをつくったり、借りを作ったりする」ことで継続する関係性のあり方である。シーソーのように動くことで、対等性が、時間の経過という軸を含めることにより変化するがそれは長期的な関係性をもてる相手であることが条件ともなる。一方、交換は1回限りの行為の中に、計算された同等性と契約を基盤にして成立する固定的な対等性である。

## 「お礼制」という相互変容をもたらす学習プロセス

「お礼制」とは、贈与によるシーソーのような運動がもたらす対等性の確保であると同時に、その循環的に継続する関係性のなかで、信頼の学習の反覆が行われている。農産物を届ける、御礼をする、また届ける、御礼をするということを何十年も続ける中で、双方は反覆的時間の経過の中で学習を積み重ね、深化させてきた。すべての人が長期的な関係性をもてるわけではなく、尾崎が初期に集めた仲間の中で、最後まで続いているのは尾崎だけであるが、彼女は、その継続の理由に「お互いの学び合いがなければダメですね」ということを述べていた。それと同時に、「互いの世界を奥の奥まで見過ぎてもダメ」とも言った。この尾崎の言葉は、長年の「お礼制」の中で彼女が獲得した、他者との距離感の取り方の機微のようなものを表している。尾崎は、東京と小川という物理的な距離の制約の中で、農家と都市住民という立場の違い、生活環境の違いなどを互いが学びながら、相手によって、相手のために変容するプロセスが「お礼制」の中にはあるという。

霜里農場では、届ける家族の子どもの成長、料理の得意不得意、好みなどを知るにつれて、より個別の対応がなされていく。お菓子を焼く人には卵や牛乳の多い時期には増やして入れるといったことは、相手の家族を知り、互いに理解を深めていくことでより細やかな対応が可能になっていく。そしてこの長年の反覆運動はさらに信頼を深めることにつながっているだろう。豆腐屋の渡邉が農家とつきあう中で「農家の困りごとがわかってきた」という時に、ここにも学習プロセスがみられる。そしてそれを理解すること、学習することによって、自分が何をすべきか、という行動変容や選択肢につながっている。ＯＫＵＴＡの社員と下里一区の農家との「課題」も学習プロセスが必要なことを示しているし、この関係性の中で互いが学び合うことで変容する可能性を秘めている事例だろう。また逆に理解ができない、変容ができない場合には、我慢し合うか、途中で関係が途切れるかという結果に終わる。

尾崎の言葉が示すように、学び合いの必要性が「お礼制」には必要であり、それがないと続かないのだ。時には、まったく知らない者同士が関係を始める時は、不愉快なこと、ＯＫＵＴＡの社員と農家の例のように「売り言葉に買い言葉」の喧嘩になることもあるかもしれない。しかし、この「お礼制」の関係性の継続には、学び合いが必要なのだ。金子はお金や野菜というモノの交換以上に「信頼、思いやり、感謝、相手を支える心意気の重さ」が、自分にとって大事な意味をもっていると語っていた。「思いやり」は、思いをやる、自らの思いを相手の方向に向かわせることであり、それには想像力も必要だ。尾崎は、「あのお母さんの姿と分厚い電話帳が目に浮かぶ」と話していた。紙が貴重であった農家にとって、無料配布される分厚い電話帳の余白がメモ代わりとして使われていたわけであったが、この「電話帳」に書き込んでいた金子の母の姿の中に、尾崎が読み取ったものは、その後の尾崎と金子の関係性の継続の中で生き続けていった。ただでさえ農作業に負われている忙しい農家に、少量多品目で組みあわせる野菜セットの内容を逐一すべて詳細に書きつけることは、あまりにも大変であることを、尾崎は「たまごの会」の経験から理解することができていた。その「たまごの会」での学びがあってこそ、電話帳に書きつける姿の意味が尾崎の中に強い印象として残ったのである。もしも、尾崎がその「たまごの会」での苦労した経験と学びがなかったならば、この同じ情景を目にしたとしても、それは印象にこれほど強く残ることはなかったかもしれない。

「お礼制」は、そうした相手の生きる世界を見通せる関係性の中にあり、なおかつ関係性を通して、相手を知っていく、理解していく互いの学習プロセスでもある。そして過程を通じて、相手を次第に「思いやる」ことを可能にする。それは、近すぎず、遠すぎず、互いの程よい距離感をそれぞれが自分なりに会得した結果辿りついた境地だといえるのではないだろうか。

# 第7章　人間の動機と経済合理性
## ――ヴァルネラビリティというつながりの起点

### 1　弱者の生存戦略としてのモラル・エコノミー

この章では最初に、モラル・エコノミーの議論を通じて、人間の生にまつわる「強さ」、「弱さ」という観点からお礼制を見ていきたい。「『弱者』の戦略」と中西（2015）が分析したように、そのようにして作られた社会は「顔の見える関係の下での社会関係（顕名性）に基づく相対取引や贈与、贈答、物々交換などの非市場経済的交換が行われている社会関係を土台とした社会」（中西 2015：56）といえるだろうし、結果としてみれば、新自由主義的な「市場」や「国家」という大きなシステムに対峙しつつ、その影響をかいくぐりながら生き延びることを余儀なくされている人びとの、したたかな生存戦略ということになる。マネーゲームのルールから飛び出してしまったかのように見える人びとも、完全に国家や市場と決別して生きているわけではないことは言うまでもない。中西も言及しているように「逃避するものにとって、もはや地球上に安住の地は存在しない」（前掲書：50）こともすでに自明のことだ。「権力、経済的価値、強制は複雑な社会では避けられない」し、こうした社会から誰も「逃れる術はない」（Polanyi 2014=2015：143-144）という「社会の現実」を受け入れながら、しかしユートピア思想や空想的自由に逃避することでもなく、こうした社会の認識の上に立ちながら人間の生の営みの充足の回復を模索するほかない。国家とも市場とも完全には切り離されて生きることはできないことを覚悟して受け入れつつ、何らかの形で折り合いをつけて生きていかなくてはいけない。その逃れられない現実の中で、いかに人間の自由は可能なのか、個人の自由と「社会の現実」の避けがたい緊張関係こそが、ポランニーが問うた中心的な問題の一つでもあった[33]。

そうした問題に向かい合った生身の人間たちの記録が本書の事例であり、ポランニー経済学に依拠しながら広義の経済学を模索した玉野井の言葉、「元のあるべき普遍的人間に戻ってくる」（玉野井1985：29）ことを希求する人間たちのしなやかな、そしてしたたかな生き方が現場の人びとの事例から読み取れる。小川町の事例から見えてくることは、もはや拡大路線に乗って走り続けることはできないと感じている人たちが、レースから抜けはじめ、市場原理主義的な競争原理とは異なるルールで生きる姿であるといえる。金子が渡邉や中山と作ってきた関係性は、市場原理を否定する、離脱するというよりも、地域の中にある資源や資本、地域の中で循環させる、つまり比較的狭い範囲に埋め戻すことでもあるだろう。そこでは、取引関係は互いに顔が見え、相手の履歴や家族、暮らしぶりや生業、商いが想像できるだけの距離にある。各人が、互いに調整可能なペースで自分たちの体力に見合った、別の小さな運動会を作り出しているともいえる。

例えば、豆腐屋の渡邉と金子の大豆の取引は、金子の言い値では渡邉は即応じることはできず、一旦断っていた。しかし、その後金子は数年かけて技術や技能を投入して大豆の生産価格を下げる努力をしたのちふたたび両者は交渉し、納得のできる値段、「お百姓さんが首を縦に振るライン」、「再生産可能な価格」で取引が成立していた。それが可能になるのは、互いが相手の背後にあるその人の暮らしぶりやその人を取り巻く自然環境や社会環境を知っているからでもある。また両者はその瞬間を逃したら先がないという短い時間のスパンの中で対峙している関係性ではなく、互いに時間の経過を許容し、ふたたび交渉することが可能なタイムスパンを生きていたということもあるだろう。

## 金子にとってのリスク分散――「会費制」との対比から

繰り返しになるが、「お礼制」はまずは個別の消費者との関係性からスタートしたが、金子はその後、消費者数を増やすことはしていない。消費者の数は、つねに30～40軒程度を推移してきている。それ以上になると、「のれん分け」のように、金子は新規就農した研修生を消費者に積極的に紹介してきた。複合生業的な営農をすることで金子はリスク回避、リスク分散をしてきたともいえる。

「お礼制」にしてから、10年たったころ、地力や農業技術の向上に伴って収穫は質量ともに安定期に入る。その時期に金子は、「お礼制」のほかに「定額制」の一袋野菜を始める。それは1袋に野菜セットを入れて、２０００円～２５００円程度で消費者に届けるようになった。これは定額に価格が設定されているので、今まで述べてきたお礼制とは異なるわけであるが、だからといって、この定額野菜に関しては野菜が商品化されていると考えるにはあたらない。金子の気持ちの上では、「お礼制」

と同じ構えがあり、精神的な安定が築かれた上でのさらなる展開であり、定額であってもそれが即「商品売買」としての意味をもつわけではなく、あくまでも「野菜のお礼」としてお金を受け取っているという点を強調しておきたい。

　有機農業の初期段階においては地力、生産力、技術力が未確立であるため農民は不安定な営農を余儀なくされる。さらにたとえそれらが確立したとしても、絶えず自然を相手にするため自然の不確実性が不可避の条件として存在し続ける。東南アジアの農民のモラル・エコノミーを研究したスコットは、生存維持に対する農民の三つの「脆弱性(vulnerability)」(Scott 1976=1999：197-201：241-245) があることを指摘している。スコットが取り上げた農民が不可避に抱えもつ三つの「脆弱性(vulnerability)」とは、「エコロジカルな脆弱性」、「価格システムによる脆弱性」、「単一作物耕作による脆弱性」であった。農民は、自然に依存した存在として、エコロジカルな不確実性と向かい合い、また農産物が市場変動、価格システムに左右されることで、市場の不確実性にさらされる。さらに植民地政策や国家の農業政策などによって支配される場合には、耕作作物に関する農民の選択はそれに左右される。換金作物のために、また植民地におけるプランテーション栽培のために、あるいは日本で言えば国家政策により奨励作物や奨励品種、補助金などの影響を受ける際にひきおこされる単一作物栽培などであり、国家の政治と関わる問題でもある。単一作物の耕作は、気候変動や病害虫などのリスクには脆弱である。農産物の混作、混植は生態学的にも、リスク分散の意味でもこの脆弱性を回避できる一つの手法である。これら三つの脆弱性はいずれも、農民の暮らしや営農のコントロール外の問題として農民の暮らしの不安定要素となる。表7－1は、尾崎を含めた他の「お礼制」消費

**表7－1　農民の三つの脆弱性と消費者の対応（聞き取り調査により筆者作成）**

| 3つの脆弱性 | 生産者側の理解／対応 | 「お礼制」消費者側の理解／対応 |
|---|---|---|
| ① エコロジカルな脆弱性 | 天候不順などによる影響は免れない | 春夏秋冬1年間をサイクルとして考えているので、収量の変動はあたりまえ |
| | 自然のサイクルがあるのである程度収量に変動や端境期があるのは当然のこと | 生鮮野菜は野菜工場とは違い、八百屋のような品揃えにならない |
| | 収量が少ない時は消費者に届ける際に心が痛む | 技術力だけでは対応不可能な事態がある |
| | | 収量の少ない時の生産者側の辛さがわかる |
| ② 価格システムによる脆弱性 | 八百屋やスーパー（市場）の価格と比較されて、「高い」といわれた苦情の経験から、個別に値付けをせず、出来たものを贈与し、謝礼は消費者に一任 | 個別の計算をしない |
| | | 配達回数や量にかかわらず、自分で決めた額で支払う |
| | | 自ら申し出てお礼の額を増額する |
| ③ 単一作物耕作の脆弱性 | 米、麦、大豆、野菜年間50種類程度を少量多品目栽培し、輪作する | 冷害の年に、米の不作分を麦、サツマイモ等で補われたことで、少量多品目栽培によるリスク分散の意味を理解した |
| | 家畜の規模も数頭飼で有畜複合農業 | |

者への聞き取りも加味して、三つの脆弱性に対して生産者と消費者がそれぞれどのように理解し，対応したかをまとめたものである。[34]

## 「お礼制」がもつ意味――尾崎・中山・渡邉・安藤・山本の事例

尾崎にとっては、金子との関係はシングルマザーになり、家族とも疎遠になった中、自らと子どもたちの生存のための大事な保険のような意味をもっている。何かあったら、万が一の場合には、小川町に引っ越せば生きていけるという保険は、心の中のよりどころとなったはずだ。それだけでなく、子どもの健康に気を遣うことで子どもが病気をせず、健康でいつづけられること、それによって自分も働きつづけることが可能になる、そうした考え方に基づいて、単に食費を削るというような選択肢にかならずしもいかない。これもまた、弱い立場に立った時の尾崎なりの生存戦略だったといえる。

中山は、次第に日本酒が売れなくなった時代、生き残りをかけて、高付加価値の「無農薬米の酒」作りに舵を切る。それは経営の柱の一本であるかもしれないが、旦那の遊び心で、そこに賭けてみた。入り口は「高付加価値」であったけれど、亡くなる直前には、そこには単なる高付加価値としての自然酒以上の価値や関係性が生まれていたことを認識している。それは「生きがい」という言葉で示されていた。

豆腐屋の渡邉は、規模拡大と安値競争にこれ以上ついていけないと見切った時に、素性のわかる豆腐作りに切り替えた。きっかけは大豆をとりまく技術の問題やそれにまつわる環境問題であった。これもいってみれば、高付加価値という見方もできるかもしれないが、渡邉の言葉の中からは、そのような分析は妥当ではなく、他社との差別化、つまり固有性を打ち出すことで経営維持戦略とし、そのプロセスの中で、大豆をめぐる環境問題に目覚めていったと考えられる。さらに、地域の豆腐屋として地元農家を支え、結果として環境を守ることが自らの存在意義であり、その「役割を担うこと」を自分に課している。

安藤のケースにおいては、自らの考え得るもの、知恵を絞り切ったうえで、これ以上出てこないという壁に突き当たり、村の人のアドバイスを得て、金子のところに相談に行っている。その安藤は、有機農業に切り換えたら何とかやっていけるという金子の提案を受け入れ、転換を図った。金子の準備した販路と提示した条件が、慣行農法のＪＡ出荷よりも良かったことが決定的であろうが、しかし有機転換にはリスクが伴う。これも、単なる高付加価値農業としての有機農業だからということ以上に、生存をかけた賭けのようなものだ。結果としてもたらされたものは、農業の「楽しさや喜び」であった。

ＯＫＵＴＡという会社法人にとっては、会長の交通事故がきっかけで経営方針を転換しているが、これも弱者の戦略としてとらえることができるだろう。大規模競争化してくれば当然同業他社の中で、ＯＫＵＴＡは大企業にかなわない。また同時期に、自分たちの取り扱う素材の環境への影響に疑問をもつことで、環境に良いリフォーム会社へと路線を変更している。これにもリスクが伴っていたし、転換後に辞めた社員もいた。しかし、この経営の転換を通じて、会社としての「アイデンティティを確立」し、規模の原理の競争からすでに別の価値に移行している。それは、ＯＫＵＴＡという法人格の、個性、かけがえのなさ、固有性を打ち出したということであろう。

## 2
## 変容する人間の動機――生存から生きがいへ

### ポランニーの異議申し立て

それぞれのインフォーマントの語りから、関係性構築における動機の入り口と回顧的語りの中に変容が見られることがわかる。「生存」という動機はすべてのインフォーマントにとって共通している。「いっちゃあなんだけど、こっちも生きていかなくちゃいけないからね」という中山の言葉に象徴されるように、これはすべての人間、そして法人としてのOKUTAにも共通している。いわゆる生存競争が生まれるのもここにある。「生存」のために、人は必至で知恵を尽くして、行動する。

それと同時に、生存だけで人間は満足して充足しているのではないことが、事例を通して見えてくる。それぞれの人生において生きがい、役割、誰かを支える、労働の楽しさ、喜び、生活の中の癒し、そうしたものに、とりわけ人生の晩年になるにつれて、自らの人生を回顧する中で言及している。それは一方で最低限の生存が満たされているから口にできる言葉でもあるだろう。人間の動機と評価は、一人の人間の人生の中でもこうして変容するということをインフォーマントの語りは示しているだろう。

こうした人びとの動機が「純粋に経済的」かどうかはどのように判断されうるのか。ポランニーは、

「経済決定論の信仰」[35]と題された論稿の中で、本来は、「経済は社会関係の中に埋め込まれている」ということ、そして人びとの「動機」は複合的なものであり、「宗教的、美的経験に基づく、宗教的、美的動機などを含み」必ずしも「経済的動機」という定義ができるようなものが存在してはいないと述べている。経済的動機というのは慣習的に呼んでいるにすぎず、そこには、飢えの恐怖が根底にあること、そして飢えと利得と生産が結びついて存在しているものとして市場システムをとらえている。市場経済においては、人間の行為の動機を「物質的」か「観念的」かに二分してしまっているが、現実の人間の社会においては、より複雑な動機によって経済は成り立っていると考えていた[36]。

本来的には切り分けて分類しえないような人間の動機を二分したことに対して、ポランニーは異議申し立てをしていた。なぜならば、人間は経済的な存在であると同時に、社会的な複雑な関係性の中で生きている存在であるという認識をもっていたからだ。そして本来「人間の経済は一般的に、人間の社会関係の中に埋め込まれている」ものであり、「経済システムは社会システムの中に埋め込まれていた」ものが、市場経済においてはそれが転倒した事態、経済関係が社会関係の中から「離床」(dis-embedded)してしまっていると分析したのであった。ポランニー自身は、こうした現象を決して「自然の」流れで起こったものではなく、歴史的時間軸の中で、急激な、そして人為的変化として引き起こされたことであったことを実証しようとした[37]。

連鎖反応が引き起こされて、市場という無害な制度が一瞬のうちに社会全体に広がった。労働と土地が商品化されて、人間と自然は需要供給の価格メカニズムに従属するようになったが、これは社会全体が市場制度に服従したことを意味した。経済システムが社会関係の中に埋め込まれる代わりに、今や社会関係が経済システムの中に埋め込まれることになった。結婚や子育て、科学や教育および、宗教や芸術の組織化、職業の選択、居住の様式、民間の福祉施設の状態、さらには日常生活の美的選択に至るまで、あらゆることがこのシステムの要請に合わせてつくられなければならない。まさにこれは「経済的社会」である！[38]（Polanyi 2012：250-251　傍点引用者）

ポランニーは、「市場という無害な制度が一瞬のうちに社会全体に広がった」というドラマチックな表現をしているが、本書の事例に即すれば、人びとの日常世界に密着したニーズの中から自然発生的に生まれた、下里一区の直売所という小さな市場そのものは無害であり、共同体の風穴として必要な存在である。さらに、近世に活発であった小川町の定期市も、また歴史的に永らく続いてきたが、この市は現在辛うじてその片鱗を残す「小川の朝市」として残っているのみであり、全盛期の市の賑わいや活気も失われ、それがそのまま巨大化して、現代の市場経済に発展したという形跡は見られない[39]。その意味において、自己調整メカニズムに動かされる巨大マーケットは、国際情勢や権力の主導の下でしか、誕生しえなかった「人為的なシステム」であるというポランニーの議論は、この小川町の定期市の事例においては妥当性があるといえるかもしれない。

## 「生存の安定」の次に来るもの

事例の中では、人間の生存の動機は、当然のこととして「生きていかなくてはいけない」という個々人の生存がまず基本にある。しかし、それが金子を含めそれぞれの人生の安定化が図られていくことで、単なる生存欲求に突き動かされた動機よりも、やりがいや生きがいというように変容を遂げていくことがわかる。

日本の有機農業運動においては、「経済合理性追求」という成長、生産性重視の思想に対する見直しが、その背景にあった。そのために、単に高く売れる、健康にいい、安全性という「高付加価値」を標榜する農のあり方として、有機農業を位置づけることに対しては常に異議や議論が重ねられてきた[40]。

酒蔵の中山の「正直こっちも生きていかなくっちゃいけないから」という言葉が象徴しているように、生存を目的とした「高付加価値」という方向への選択は当然存在し、それは決して否定してはいけない重要なことでもあり、入り口としては当然の動機であると認めざるを得ないことだろう。だれもが高尚な理念や思想だけで生きられるわけではなく、人間が生きるにはまず生存を満たすための肉体を支える物質的な欲求を満たす必要がある。

しかし、事例を通して明らかになることは、動機の入り口が「高付加価値」であっても「お礼制」という社会関係が埋め込まれた経済関係の継続の中で、その動機は変容をとげ、さらに、生存の安定が確保された先には別の動機が生まれてくる。現実の世界においては、高尚な理念や思想ですべての人が行動するわけではなく、強い意志だけで有機野菜を食べたり、有機農業に切り換えたりするわけではない。下里一区の安藤たちの集落全体が有機農業へ転換する事例でわかることは、現在の社会においては、人は生きていくために貨幣経済の浸透する農村においては、なおさら貨幣が切望されるという事実である。そして「有機にすれば高く売れるから」、「売ってもらえるから」というインセンティブは、その時に非常に大きな力をもった。生存欲求と生存維持という人間の生に不可欠な動機が入り口であることは、否定されてはならない。

しかし同時に、「お礼制」のような関係性の中に埋め込まれた時、生存が安定的になるにしたがって、人間の動機は、別のものへと導かれていくことになる。安藤の語りが、一見錯綜し、つじつまが合わないように感じるのは、彼の中の入り口の動機と、埋め込まれた関係性の中で変容したのちに、得られたものの価値が異なることを示しているからにほかならない。生きるために何でもやった安藤の最後の必死さが、有機で作れば売ってくれる、しかも再生産可能な値段で、即金でという条件の魅力であったことは確かなことであった。それと同時に、実際にやってみたら「初めて農業が面白いと思えた」ということが農民としての人生の最晩年に見出した価値であった。

思想や理念だけでは、人間は生きていけない。しかし、同時に、人は生存のみで満足する存在ではない。より精神的な充足、もっと言えば魂や霊といった領域が満たされることを必要としているのである。なぜならば、「人はパンのみで生きるに非ず」、という言葉が示しているように、人はパン（ごはん）も、そしてより内面的な目に見えない非物質的な領域の充足感もまた必要とする存在だからである。

## 3　合理的経済人を問い直す

### アマルティア・センの議論から考える

経済学においてはこうした人間の「動機」をどのように選定し、分析して理論構築をするかをめぐり議論が続けられてきた[41]。経済学の内部から、この経済学が抽象化、単純化した人間像を作り上げてその前提のもとに議論を積み重ねていることをより明示的に批判したのは、厚生経済学の分野にいたアマルティア・センであろう[42]。センは「古典派経済学理論」が何を論じたのかについての理解を一変させた多くの研究[43]において、一貫して指摘してきた新古典派によるアダム・スミスの誤読に基づいた[44]潮流から、経済学の議論の中に、「倫理的関心と倫理的見解」を再導入しようとしたのである[45]（Putnam 2002＝2006：56-59）。

経済学と倫理学の枝分かれの歴史は、ロビンズの『経済学の本質と意義』（Robbins 1932=2016）以降、経済学と倫理学は論理的には結びつけることが不可能となったとされるが、そうした経済学の潮流[46]に対して、結果としては経済学、倫理学の双方にとって決して望ましい方向にはならなかった（Sen 1987＝2002：18-28）。「合理的経済人」という、経済学が前提としている人間像に対する批判は、セン以降継続してより活発に経済学内部からも議論されている。センによれば、普遍的な利己性を「合理性」の要件にすることは明らかにばかげているし、選択と選好についての整合性、および、選択と選好との間の関係性についてのセンの数々の論文は、利己的価値のみが「合理的」であるという考え方を擁護することはばかげているだけではなく、困難であることも明らかにしている[47]（前掲書：35）。もしも「ある人物のもつ価値が当人の選択において完全に『姿を現す』のでなければならないという考えを放棄するならば、その人物の諸価値に対する関係という問題、そしてその価値自体をどう評価するのかという問題を避けては通れなくなる。したがって、「人は合理的であるためには利己的でなくてはならない」という新古典派のいう合理的行動を人間の前提として「信望する」のであれば、これは先に述べたスミスの誤読に起因したものであると言わざるを得ない（Putnam 2002 = 2006：61）。

また当然のことながら「人びとは常に自己利益だけで行動するのではないことと、人びとは『常に』利他的に行動することとは同じではない」ことを確認したうえで、「多くの決定において自己利益が非常に大きな役割を果たさないとしたら異常であり、現実に自己利益が私たちの決定において大きな役割を果たさないならば、正常な経済取引は成り立たなくなる」と指摘した。その上で「真の問題は、複数の動機が存在するか否か、すなわち自己利益『だけ』が人間を動かしているのか否かである」と述べている[48]（Sen 1987 = 2002：38-39）。

センにおいては、実際の社会において無数の複雑な要素の中に存在する人間の動機が、現実の世界において、どのように合理的選択を促しているのかに関して、具体的に示されているわけではない。一人の人間の中の行動の合理性とその人間に関わる他者の合理性の選択が、どのように重なり、またはは反駁し、そしてそれがどのように、調整されて生が営まれているのかということに関しては、こうした抽象的な議論だけでは見えてはこないだろう。なぜならば、あまりにも複雑な要素が絡み合っているからだ。

本書の事例からわかるのは、かけがえのない、固有の人間たちの偶然性や唯一性が生み出す歴史の中の一回性、二人として同じ人間が存在していないというリアリティに身を置いて生きる現実の経済の生身の姿である。下里一区のような地縁血縁の強い村落共同体の中では、各個人の利益は、一致する部分もあればそうでない時もある。日本の村組織においては、時には自らの利益を手放してでも、村との調和を選ぶような選択をやむなくする場合がよくあるが、同じ人物が別の状況下においては、逆に自分の利益を優先することも見られる。同一人物の間でも、場合によってその行動原理が一貫していないことさえあるのだ[49]。

また例えば、自己利益を追求した行動が結果として、自己の利益を損なうこともあろうし、またある時は、無私的行動のように見受けられる行動が、結果的に時差を経て、自己の利益として戻ってくる可能性もある。そうした複雑で予想できない状況下の中で選択を下す人間たちの行動は、自覚的に計算されたものから、まったく無意識のものまで多様に存在する。人間とはそのような文脈に依存して、関係性の中で、時には自らの意思で、時には外部からの要請により、自らの行動を複合的な動機や利益によって選択し続けている社会的存在であり、また文化的文脈の中に位置づけられている存在なのだということが見えてくる。

自然と共に協働する農の営みの根底には、自然の「理」が存在している。金子の実践してきた有機農業は、この「自然の理」、「天地の機」と連動しつつ、自然と常に呼応しながら協働で行われている。

その「理」に合ったことが金子の生態系農業の基軸になっており、「理に適うこと」が、金子にとっての「合理」の基準であった。そして、その「合理」を諒解し、それを共に担おうとする人びとが金子とつながっているのが「お礼制」である。もちろん、各インフォーマントの中には、金子とは異なる別の「理」が存在しているだろう。酒蔵の生き残り競争の中にいた中山にとって「高付加価値」での路線に切り替えることは中山の「理」である。しかし、金子との値段交渉において、金子の説明をそのまま諒解して引き受けていた。自らの商い上の経済合理性とは多少異なるかもしれないが、しかし、有機農業で米を作るその営みの中にある「理」を理解し、その理に自らを合わせながら、それを共に担うことを選んだのである。なぜならば、金子と長い時間的スパンで取引が継続するだろうことを鑑みれば、金子が有機米をつくり続けることができるという「再生産可能な価格」は、結果として、中山の「理」にもつながってくることになるからだ。この時に彼らの中にある経済合理性とは、金子の有機農業の技能や地力という「自然の理」に合わせることであり、これが「お礼制」の関係性の中にある「経済合理性」だということができるだろう。「自然の理」に逆らうことは、金子にとっては自らの生存基盤である自然環境を破壊してしまう。そう理解しているからこそ、「自然の理」を中心軸と据えて、その「理」を諒解し、共に担う人びとと共につながってできたものこそが、経済合理性であり、「お礼制」の中には、この人びとの生命と生活の全体をつかさどる、合理性が存在していたということが言えるだろう。

「合理性」とは文脈依存的な概念であるということを明確に示すのは、藤原（2012）のナチスの有機農業の例でもいえるだろう。ナチスにとっては、有機農業の思想と、優生思想は親和性をもち、この思想にもとづいた食料政策によって、障害者、病人、虚弱者などは、労働ができず、無駄な食糧を消費するだけの存在としてユダヤ人と共に強制収容所に送られた。なぜならば、これが彼らにとって「合理的」だったからだ。しかし倫理学者の野崎（2015：107）が指摘しているように、これは単なる「合理性」の議論だけで片づけられず、こうした問題の根底には「価値に対する問題が横たわっている」ことを認識しなければならない。それでは次に「価値の議論」についていくことにする。

## 価値と「経済」の「合理性」

倫理学と経済学の乖離を疑問視し、接合、統合しようという系譜であるオランダの経済学者ヴァン・スタヴェレンの研究[50]においては、「価値」をめぐる経済思想の中にこうした議論を位置づけ、道徳哲学から経済学が独立した後も、倫理学と経済学の関係性の接合や統合の可能性もいまだ開かれた問いであると述べられている。[51]ヴァン・スタヴェレン（van Staveren 2001）の合理的経済人批判の論点は、「人間行動を導いているはずの基本的な倫理的能力を欠いている点」にあり、「欠陥概念」と言明している。ヴァン・スタヴェレンはアリストテレス倫理学に依拠して議論を展開しているが、アリストテレスにおいては「理性と感情」、「計算と直観」、「個人的行動と集団的行動」の間に単純な二分法は存在していないことを指摘している。人間というものが「効用」という「漠然としたなにかに結びつく外生的選好よりもそれ自体が、重要な目的としての本質的目的を追求するから」だという。さらに「人間は効用よりもコミットメントを考える」存在であることがその根拠となっている。[52]

道徳的価値へのコミットメントとは、「利己的で主観的な選好から導かれる効用最大化行動とは異なり、利益という観点からはとらえられない本質的動機から導かれる行動」であるとし、そして「その行為は人びとが正しいと感じられることから遂行される」（van Staveren 2001：12-15：藤田 2014：147）ものである。コミットメントは利他主義の対抗概念ではなく、個人の独立した効用という前提には立たず、自己と他者を二分化してとらえるよりも、むしろ「他者と共有できる価値、他者もまた行為主体のコミットメントを共有できるだろうという希望」を含意する（van Staveren 2001：14）。

実は、コミットメントは合理的経済人にとっても欠かせない条件であるとし、経済生活においては、合理的に振るまい、生活費を稼ぎ、他者もまた生活を営む存在であることを認めることができるためにも、コミットメントは必要であるとする。さらに人間は逆説的かもしれないが「独立したければ、他者と相互に関係をもつ必要がある。つまり、経済的にいえば、人は経済において他者と交流することによってのみ、生活を成り立たせることができる」（van Staveren 2001：20：藤田 2014：148）のであって、その意味では、合理的経済人は、人間の相互関係が構築できる人間とは言えないのではないかと指摘する。[53] 人間の生存のための経済にとって何が合理的なのかは、複雑な要因が絡んでおり、コミットメントもまた、経済的な合理性に必要な要素なのである。

本書の事例から、インフォーマントたちにとっての「経済」という意味が、かならずしも、市場における貨幣換算し、計算可能な領域の「経済」を指しているのではないことは明らかだろう。貨幣経済も含めたより大きな「経済」、それは、economy の語源であるギリシャ語の「オイコノミア」、全き家の家政に近いものである。[54] 日本語でいえば、それは、相互扶助的な意味合いをもつ、「経世済民」といった語源により近いものが、本書のインフォーマントたちの「経済」の「合理性」であるとも言えるだろう。日本の民衆経済の研究をした歴史家のナジタ（Najita 2009=2015：323-324）も民衆経済の中に長きにわたって培われてきた「相互扶助の経済」を描き出し、「相互扶助」という言葉は、人びとの道徳意識の根底にある強力な規範でありつづけていると述べている。ナジタの説明によれば、日本語において「経済」という言葉は元来、「力強く倫理的な規範」が込められた言葉であり、そのような意味は明治時代に入り、近代的な「経済」の概念に翻訳する過程において失われている[55]。そして次第に経済という言葉の意味自体が「資本主義」を意味するようになっていった。

事例の中で読み取れるのは、彼らのそれぞれの「経済」にとっての「合理性」にしたがって行動していたこと、さらに相手の生活や生を支えること、それが長期的なスパンの関係性のなかで、結果として自分に跳ね返ってくることを知っているからこそ、自己利益のみならず、相手の要求にどのようにしたら合わせられるのかをそれぞれが解を探っていたことである。中山にとっては、「車１台買うのを我慢」し、「いい女に入れあげる」よりは、意味のあることで、もちうる中から自らの価値に基づいて、取捨選択して金子の言い値で買っていた。渡邉の場合には、８００円の豆腐になるので、１キロ８００円大豆は無理と最初は断っている。今度は断られた側の金子が、どのように値段を下げられるかを、値段交渉ではなく、自らの農業技術や機械の導入などの工面をしてふたたび交渉をもちかけて実現させた。

このようにみていくと、自己利益と利他的行動は、決して明確な線引きができるようなものではなく、二律背反でも、対立概念でもない。そして、文脈によって変容する「合理」にとって、より重要なのは、そこに含まれている「価値」であるということがいえるのではないだろうか。経済合理性とは、人間は自分にとって最大利益になることを追求するということ、その「経済的価値」の文脈における「価値」の議論であり、文脈が変わればその中の価値が変わり、そこにおける「合理性」の実体も異なる。

## コミットメントの濃淡と自由意志

ＯＫＵＴＡは「ミッションステートメント」を掲げて珪藻土の売り上げの１％を下里地区の森林保全の活動に寄付している。売り上げの１％は、利益の１％と異なり、かなりの「覚悟が必要だ」と話していた。会社の経営がいい時だけではなく、悪い時でも、この寄付は続けなくてはいけない。山本は、寄付をやめない理由について「やめる合理的な理由がない」と言い切った。そして「そこがコミットメント」だという言葉を使っていた。そして、自分たちが経営方針を転換したのは、「意思決定から先に行っている」のであり、それがこの時に揺らがなかった「強み」であると話していた。経営の良い時も悪い時も、都合のいい時も悪い時も、その場所にとどまり続けること、その覚悟のようなものを作り出すのもコミットメントの力だろう。とりわけ、会社法人としての集団的組織においては、経営者の強い「意思決定」を課すこと、さらにそれを貫くことは経営維持にとって重要だろう。しかし、コミットメントした方針に賛同や理解ができず、ついていけず辞めた人もいるのはすでにみたとおりだ。

個人の自由と社会的関係性の間にはある種の緊張関係が存在している。個人の場合は、本人の強い意志で自らに課してそれを貫く人もいるだろうが、むしろ外的要因との関係の中でそれを引き受けることを覚悟させられることもあるだろう。金子は、自らの理想の農場を夢見て新天地に新規就農することも考えたが、父や祖父母の願い、また自分の中にある家族への負い目から、小川町にとどまることを決めた。その後、今に至るまで金子はこの場所で、この条件の中で、最大限生かして何ができるかを模索した。その結果が、酪農は縮小し、消費者と直結する自給区農場につながっていく。

中山は、長男が酒蔵を継がないと宣言したことで、次男の自分に声がかかり、「否応なく」引き戻され、家業を継いでいた。渡邉も、母親亡き後、父親の涙の嘆願によって家に戻ることを決めた。安藤もまた、戦死した父不在の中、好きか嫌いかなど考えたこともないまま、生きるためにひたすらに農業をやってきた。こうした彼らの意思決定は、誰かからの呼び戻しや状況の要請といった外部的要因に、応答した結果の選択である。しかし、それを拒否することも可能であり、他の人生もあり得ただろう。そこには、選択の余地があったのか、なかったのかといえば、あったともいえるだろうけれど、なかったともいえる。

「否応なく」という言葉はある意味の強制を意味している。安藤の選択も自分の意志を超えてそうせざるを得ないという外部からの強制力を伴った要請に近いだろう。金子も家族という「しがらみ」、そして家族が苦労して、３年もの間、自分を大学校に送りだしてくれた「負い目」、そうした自分の意志の外側にある家族の存在や状況とのせめぎ合いの中にいた。人間はそうした状況下においては、悩ましい選択を迫られる。そこに選択の自由はあるようでいて、ないという時もあるだろう。絶対的な強制と、自らの完全な自由意志との間の緊張関係（tension）の中にこうした選択は存在している。各インフォーマントの人生が表わしているのは、人間の生の中における、そうしたコミットメントの強弱や濃淡のようなものでもあり、個人の自由と他者との関係性における自由の緊張関係でもある。

　自分の外側の何者かによって与えられた受動的な選択に対して、人びとは自らに何かを課して遂行していく。そうした意思決定や選択は、その後の人生を作っていくために重要なのだ。タイムスパンを見れば、長期的なコミットメントもあれば、短期的なコミットメントもある。強いコミットメントもあれば、弱いコミットメントもあるだろう。いずれにせよ、それぞれが、自分の置かれた場所に身を埋めながら、選択の結果を引き受けながら自らの生の営みを最適化していることがわかるだろう。興味深いことに、こうした人間の生き方は、有機的農法にも非常に似通っている。まかれた種が、その土地の自然の固有性、地質や気候など所与の条件下の中で最適化していく有機農業のように、人びとの関係性もまた、置かれた場所で他者関係の中で、自らの自由意志との緊張関係を計りながら、生の在り方を順応させ、最適化させながら、形作られていくのではないだろうか。

　インフォーマントの人生が示唆しているのは、かならずしも人間は主体的に、能動的に選びとった選択のみによって生きているのではなく、状況によってひっぱられ、あるいは誰かに請われて、または時には「否が応でも」という半ば強制的な力によって受動的な選択を課せられる中においても、自らの生きる意味や、役割、生きがいを見つけ出し、生を充実させていく存在であるということではなかろうか。

## 4　ヴァルネラビリティ――不確実性を抱えて生きる

これまでみてきたように関係者たちのそれぞれのきっかけや動機には共通項が浮かび上がる。それは、経営上の行き詰まり、挫折、離婚、先の見えない閉そく感、そのような一見、不利でマイナスとれる状況に置かれているということである。

人びとが出会う瞬間に注目してみると、興味深いことにそれぞれの「生存」を賭けた必死の状況にあった時であることが見えてくる。それぞれの人が、生の営みの避けがたいヴァルネラビリティにさらされ、その中でもがき、模索し、活路を求めて、互いが出会っているということができるだろう。

### 立場に固定されないヴァルネラビリティ

前述したヴァン・スタヴェレンは、経済学と倫理学との接合について挑戦的に考察し、経済学の内部から合理的経済人の構図を批判し、「アリストテレス的経済学」を打ち立てる試みをしている。経済に不可欠な構成要素としての「自由」「正義」「ケア」という三領域の価値の存在との相互関係性を論じながら、このバランスの重要性を説いている。その議論の中で、ケアの倫理に言及して、ケアは自由主義にあるような個人的・主観的価値ではなく、社会契約にあるような公共的・普遍的価値でもない。むしろ、ケアは人間のヴァルネラビリティ[56]から生じる偶発的なニーズを基礎とした、具体的な諸個人の間で発達する文脈依存的価値を表す」（van Staveren 2001：38-39；藤田 2014：153　傍点は引用者）としている。

ヴァルネラビリティとは、傷つきやすさ、攻撃や傷つけられてしまうことに対する無防備で、露呈した状態を意味している。災害時における障害者のヴァルネラビリティを論じた似田貝（2008）においては、「〈弱い存在〉、〈受動的主体〉という概念に深くつなげ、人間が誰でも受難者たり得ることから、誰もが、いつでも、どこでも〈可傷性 vulnérabilité〉を身に被ること」が指摘されている。そのうえで、一般的にはより弱い立場、不利な状況に置かれていると想定される「支援される側」ではなく、震災ボランティアという「支援する側」が感じる「自分のふがいなさ、啞然さ、自失さ、もどかしさ、無力さ、さらに自分の居心地の悪さ、不快さ等から傷つき易さ」を意味する言葉としてこの言葉が使われている。当事者といわれる被災者の側だけではなく、支援する「寄り添う側」にもヴァルネラビリティという言葉が使われており、単に相手を「弱い」存在として自分が「強い」立場に立つことではなく、同じ場所に立って、もしくはより低い場所に立って共に苦しみ、その苦しみを享受することを受け入れる姿勢である。そこには実際は被災した側、被害にあって傷ついた側ではないかもしれないが、傷つくことに対して自らをも差し出すこと、その意味において、〈可傷性 vulnérabilité〉であるとしている。災害時という非常事態において、さらに弱い立場に置かれる障害をもつ人びとは当然のことながらヴァルネラブルな存在であることは理解できるが、似田貝の議論では、支援する側も実は、等しく、時にはそれ以下にヴァルネラブルである可能性さえも含めて論じているのは興味深い点である。

## つながる契機としてのヴァルネラビリティ

日本国内では、金子郁容（1992：1998：1999）が次の時代のキーワードに「弱さ」をあげながら、ネットワーク組織論のなかで、弱さとつながり、コミュニティ、さらにボランティア経済などを論じた。[57]この議論をより実証的に研究したのは、ブラウン（Brown 2012）である。ブラウンは、ヴァルネラビリティをソーシャルワークの分野において、人間の内面に起こる感情に焦点を当て、12年間にわたり膨大なインフォーマントのインタビュー調査を通じて人間の生にとっての「ヴァルネラビリティ」と「恥」の意味を明らかにしようとした。彼女が調査対象としたのは普通の「人びと」である。インタビュー調査の結果をもとに、ブラウンは意外な結論を導き出している。ブラウン（Brown 2012：34）では、「ヴァルネラビリティ（vulnerability）とは不確かさ（uncertainty）、リスク（risk）、そして感情的露呈（emotional exposure）」と定義されているが、決して私たちが通常イメージするような「弱さ」（weakness）とは同義ではないという。[58]彼女が研究を通して発見し、明らかにしたのは、ヴァルネラビリティが人びとの語りにおける物語のなかでは「愛（love）、帰属感（belonging）、喜び（joy）、勇気（courage）、共感（empathy）、創造性（creativity）が生まれる場」になっているという結果である。さらには、人間の人生において、ヴァルネラビリティが「希望（hope）、勇気（courage）、責任（accountability）、純粋さ（authenticity）の源」となるという結論を導き出している（Brown 2012：34）。

ヴァルネラビリティは通常、人間感情にとっては決して心地よいものではなく、かえって不快なものである。生存を脅かされる恐怖を伴う。そして弱さの中に晒されるという体験は何より人を不安にさせる。できれば避けたい感情であり、可能な限り解消したい状況がヴァルネラビリティであるといえる。にもかかわらず、なぜそのような逆転したような結論が導き出されるのだろうか。ブラウンの研究においては、ヴァルネラビリティこそが、人間の中に他者との「つながり」を求めるその契機となり、そして人とのつながりがもたらすものは、その人間の全人性（Wholeheartedness）を与えることになるからだという。ブラウンは、このWholeheartednessという言葉を定義する際に、最も中心にあるのはヴァルネラビリティ（Vulnerability）とそれぞれの固有性にふさわしく備わっている価値（Worthiness）、そして不確実性や感情的なリスクや露呈に曝されても、自分の存在が十分であると知っていることだと述べている。

一人ひとりの人間が悩んだり、考えた末に、それぞれのきっかけや出会いの中でのヒントを手繰り寄せながら、一歩を踏み出す。それが関係性を取り結ぶ原動力になっていった。切迫の度合いはそれぞれに濃淡はあれども、置かれた状況の中で必ずしも順風満帆ではなく、むしろ辛い状況、苦しい体験、この状況をなんとか良い方向にもっていきたい、何とかして今置かれている状況から抜け出したいというもがきのような必死さに共通点がある。さらにいえば、自らの置かれている状況をけっして恵まれたものとして認識してはいない。自分の弱点、弱さ、欠け、不利な状況や条件といったものを意識しながら、それをどう克服するのかという点に、それぞれがエネルギーを注いでおり、そこに知恵が生み出されていく。そしてそこに新たな発想や関係性がつくり出されている。その社会関係の中に、各人の生計、暮らし、生業を成立させるための経済が織り込まれていることが見える。小川町の小さな地域自給圏を築くことになった酒屋も豆腐屋も在来農家、そして県内のリフォーム会社にとっても、それぞれの人にとっては重要な経済的関係でもある。しかし、それが単なる経済関係のみにとどまらず、その他の多様な要素も含みこみながら成立していることがわかるだろう。

## 強さと弱さの二分法を超えて

近代という時代は、強さを信奉した時代であったが、実は強い人間がいて、弱い人間がいるのではなく、人間は強い反応に出るか、弱い反応に出るかという違いでしかないといったのは、精神科の医者であったトゥルニエ（Tournier 1948=2008）である。臨床医として精神の病をみつめながら「強い人」と「弱い人」といった観念があることに気づき、それは、人間の不安に対する反応の仕方の違いであることを理解するようになった。すべての人間は恐れをもっているがゆえに弱く、人はどこかで、他人を、神を、自分自身を生や死を恐れているという点において非常に似通っている（前掲書：24）。近代の自立した個人という人間像は、強さを暗黙裡に信奉し、そうした人間を近代人として、そして経済合理人の前提に据えてきたのではなかろうか。しかし、人びとはそうした近代的個人として生きることに疲れ始め、精神を病み、トゥルニエのような精神科のもとを訪れる。しかし、「強い人」がいて「弱い人」がいるのではなく、「人間というものは自分たちが考えているよりももっとお互いによく似ているのが本当なのだ」というのが、近代人のこころの病を見続けてきたこの臨床医の結論であった。

そして、先述のヴァルネラビリティの研究をしたブラウンの研究が明らかにしたように、人間のヴァルネラビリティが新たな他者とのつながりを生み出す起点となり、そして物質的な側面も、非物質的な側面も含めて生の全体性（wholeheartedness）を培っていくという逆説は、人間存在は弱さと強さを二項対立的に分けられるものでもなく、その両者が複雑に織り成されたなかでその生を紡ぐものだということを示しているのではなかろうか。

このヴァルネラビリティこそ、実は、私たちの「強さ」にもなりうる。前近代的な共同体や、宗教組織の大きな権力組織から自由になった個人は、近代的な強い個人という前提に立ちながら、自由を希求した。しかし、その強いはずの個人は、いったんバラバラにされると、再度有機的なつながりをつくりにくく、団粒構造ではなく、砂のような個人がばらまかれた状態になる。それが、全体主義のような巨大システムの中に吸収されていく素地を作る。

人間は強くて、同時に弱い。何をもって強さとするのか、何をもって弱さとするのか、そうした価値の一元化も本当に意味のあることなのかに疑問を投げかけているのは、以上みてきたような、ヴァルネラビリティの議論であろう。私たちの存在の強さ弱さの価値判断は、多分に文脈依存的であり、時間の経過や状況の変化にともなって変化するのだ。

## 5　地域に根差すこと、ふたたび埋め込まれること

ポランニーがウィリアム・ブレイクの詩から引用した「悪魔のひき臼」という言葉は、自己調整市

場が人間や自然にもたらした悲惨な社会の事実を表現したものであった。資本主義の原型としてのイギリス社会における「悪魔のひき臼」は、宇野弘蔵によって「縄跳び」に例えられているというのは興味深い。玉野井は、商品経済を縄跳びのくり返しと宇野が表現していたことを紹介しているので、やや長いが引用する[59]。

> そのときに、宇野先生曰く、ある哲学者に聞いたんだがということで、縄跳びをやっていて、縄跳びのなかにスッと入るようなものだよと。入った途端、人間は跳ねながら縄が回っているでしょう。商品経済という縄跳びのくり返しが形式的に完成するわけです。そこが本源的蓄積の方法上の一番おもしろいところなのです。近経にはそういうような問題意識はぜんぜんない。近代経済学は最初からこのくり返しに乗って、その形式を当然自明のものとみなしている。［中略］だから縄跳びで人間がスッと入って永遠に飛び続けられるかどうかが問題なんで、もう一度なんとかしてそこから出てきて、全人的存在を獲得するはずだ。それがポランニーの言葉で言えば、いっぺん地域社会の外に離床して、ふたたびうまく「埋めこむ」ことができるかどうか、という問題にとなる。元のあるべき普遍的人間に戻ってくるという考え方につながるわけです。（玉野井 1985：29　傍点引用者）

範囲を拡張し続け、かつまわり続ける大長縄跳びにいったん入ったとしても、すべての人が飛び続けることができるとは限らない。縄跳びの回転が加速する現在、そこから抜け出ていく人、振り落とされる人、転んで怪我した人たちは、飛ぶことをやめていく。時には、まだ飛び続けたいと思っている人でも、企業が労働市場の効率化により、派遣社員を増やし、四半期ごとの決算報告によって短期間の経済効率に準じて、商品化された労働力の調整をこまめにする今日的経営の中で長縄から追い出されてしまい、労働市場から放り出されてしまう場合もある。人生の早くから「勝ち組」、「負け組」に分類され、回転が加速した長縄的社会で、人びとは飛び続けることに疲れてきているのではないだろうか。

しかし、私たちは現在の世界を生きるにあたり、そこから完全に抜け出ることもできないこともどこかでは承知している。インフォーマントたちの生き様が見せるものは、それぞれの関係性が、市場原理を否定するのでも、離脱するのでもなく、むしろ、その規模と距離を縮小して、地域の中での資源や資本を循環させること、つまり比較的狭い範囲にふたたび関係性を埋め戻しているということができるだろう。そこでは、取引関係は互いに顔が見え、相手の履歴や家族、暮らしぶりや生業、商いが想像できるだけの距離にある。

各人が、互いに調整可能なペースで自分たちの体力に見合った別の小さな縄跳びを作り出しているとも言える。さらに言えば、各人は、自らの置かれた場所に身を埋めながら、責任を担える範囲、距離の中でそれぞれの生の営みを最適化している。その際に経済関係はふたたび社会関係の中に埋め戻されていき、その関係性の範囲は、結果として互いの責任が担える距離に収まっていく。

「お礼制」の関係は、霜里農場の地力の向上や生活基盤の安定化と連動しながら、個別の消費者との提携から、小川町や近隣に小さな地域経済のネットワークを広げていったものであった。このネットワークの中で、一旦は、バラバラになっていたつながりをふたたび結び直し、互いの関係性の中に経済関係が再構築されてきたといえよう。霜里農場の「お礼制」は単なる都会の消費者との提携を増やしていく方法を取らず、常時30～40軒の間で常に推移させてきた。その規模のゆえに、相手の生活世界を把握できる程度の関係性の質が保たれ、金子さん、尾崎さん、という名前で呼び合いながら、自らの作物を贈与する相手に責任をもてる範囲におさめてきた。結果として、金子の営農を理解し共に責任を担ってくれる人たちだけが最後に残って継続しているのだ。

互いの生活の中に一歩踏み込みながら、小さな生活圏を基盤にしたネットワークをつくり、前近代的な〝しがらみ〟とはまた異なる、新たな関係性を構築しながら等身大の暮らしの経済を模索したものが、「お礼制」であり、そして「全人的存在」という玉野井の表現した言葉が意味するものをそれぞれの人生の中で模索し、取り戻しているといっていいだろう。「顔が見える関係」の中で、生の実体や充実を取り戻すことを可能にし、切り離された経済関係を社会関係の中にふたたび埋め込むこと、これがまさに、この「お礼制」という小さな社会実験でなされたことだったのではなかろうか。

# 第3部　「お礼制」に埋め込まれた「もろとも」の関係性

# 第８章　ポランニーの「埋め込み命題」と「もろとも」

第２部では、現場の人々のライフストーリーの分析と、カール・ポランニーや玉野井芳郎などをはじめとする経済学、歴史学、民俗学、社会学、哲学等の議論を手がかりにして「お礼制」を解明した。第３部では「お礼制」に埋め込まれた「もろとも」の関係性の理論化を試みる。その前に、本章では市場経済についてこれまで経済学はどのような批判を展開してきたのかを振り返るとともに、「もろとも」の関係性を論ずるにあたって拠りどころとしてきたポランニーの思想について簡単に押さえておきたい。

## １　環境と経済の相互作用をめぐる経済学的アプローチ

市場経済に対する研究や批判は経済学の分野はもとより、社会学、政治学、人類学、フェミニズム研究、倫理学、哲学などのあらゆる学問領域に及んで行われてきた。そのことは、「資本主義とは経済よりも大きい」ということを意味しているだろうし、「資本主義は単なる経済システムとして考えることはできない」（Fraiser 2014：66：2015：16）ということの証左でもあるだろう。

１９７０年代は、日本国内において、水俣病事件など四大公害に象徴される「公害問題」が社会問題として吹き出し、産業化と工業化が牽引してきた高度経済発展の歪みがすでに現われていた。世界規模の産業経済システムの行き詰まりも、ローマクラブの『成長の限界』によって指摘され、「環境問題」がクローズアップされた。この時期は、経済至上主義、産業主義に対する根本的な問い直しや包括的な生産様式の見直し、労働、階級、ジェンダー、技術、文明、進歩批判などの幅広い議論の展開がみられた。こうした議論に連なる形で、同時代的に日本国内でも公害問題を一つの大きな契機として既存の学問や社会、経済制度を支えている思想の問い直しが図られていく。既存の経済理論の限界を認識し、新たな経済学の枠組みを志向せざるを得ない壁に突き当たったのであるが、そこには、公害問題、環境破壊といった現実問題、地球上の生命を脅かす悲惨な現実が引き起こされていたからであった。

しかし、１９８０年代から勢力を増した新自由主義によって市場メカニズムがグローバルに展開し、その原理は次第に社会の隅々にまで浸透を始め、近代文明を支えてきた経済成長、発展、進歩の物語の問い直しの議論は、こうして「『前に逃げる』ことで急場を切り抜ける」だけの「一時的な延命策」でやり過ごしながら、危機を先延ばし、繰り返しこの物語の焼き直しをはかろうという論調によって今に至っている（西谷 2011：9）。ここでは、公害や環境問題が深刻化した１９７０年代前後に経済学の中から、現実の世界に起こる悲惨な現状を認識した論者たちによって展開された議論を簡単に紹介する。

環境と経済の相互作用をめぐる経済学的アプローチを諸富（2003：6-15）は大きく三つに分類している。すなわち①新古典派経済学、②マルクス経済学と制度学派、③物質代謝論である。仮にこの分類を前提として概観してみる。

まず、新古典派経済学ではピグーの厚生経済学から、環境を外部性概念でとらえようとしてきたが、この市場の「外」を「外部」としてとらえようとした外部性概念は、市場を通さない負の影響を指しているだけであり、環境とは何かということを規定している視点ではない。すなわち、新古典派の外部性概念においては、環境を規定しえないという限界がある。これが諸富の指摘であるが、それ以外にも例えば、制度学派からの新古典派理論に対する批判は次のように展開されている。もともと新古典派の理論では「人びとが自分の利益のためにどのように行動するか」を説明することはできる。つまり、すべての人間が1円でも多くの利益を得たいと望み、そのための手段を考慮しているという前提に立った時にのみ、人間が自分の利益のためにどう行動するかを説明することはできる。しかし、「損得勘定が動機ではない行為はうまく説明できない」し、新古典派の理論を突き詰めれば、そこに現出する世界は「無法地帯でありどのような社会も存在しえない」（North 1981=2013：29-30）という見方は妥当だろう。

マルクス経済学と制度学派は、資本主義経済システムに対して、根源的に批判的視点を打ち出している点で共通している（諸富 2003：8）。マルクス経済学と環境の関係に着目すれば、第一に「マルクス主義や社会主義が産業化イデオロギーの強力な推進者であったこと」（関根 1990：345）は、まぎれもない事実であり、こうしたマルクス主義を国是とした国家の下で、最も深甚な環境破壊が行われたということは多くの研究によって明らかにされている。つまり、資本主義を批判しながらも、生産主義的価値により牽引されていたマルクス主義経済学は、結果として環境破壊を招いた。

環境問題に対するこうしたマルクス主義経済学の死角を自覚的に土台に据えながら、環境経済の枠組みを独自に構築したのは、宮本憲一の「社会資本」という概念であった。宇沢弘文の「社会的共通資本」は、新古典派から制度学派へと移行しながら、現実の環境問題に対峙するために導き出された概念であり、医療、教育といった制度分野にまで応用できる汎用可能性の高い概念として打ち出された。しかし、この「資本」という言葉の解釈の曖昧さや制度資本の考え方の曖昧性が指摘され、説得力のある議論の展開に結びついていないという限界がある。[1] さらに、「社会的共通資本」の管理のあり方が示唆的にしか示されていないため、ガバナンスのあり方、費用負担者の問題などが指摘されている。[2]

第三の物質代謝論は、ニコラス・ジョージェスク－レーゲン（Nicholas Georgescu-Roegen）によって議論されたエントロピー概念であり、これをもとに玉野井芳郎は市場分析を拡大して、狭義の経済から広義の経済学へ、自然と人間社会の相互作用としての総体として分析する広義の経済学を打ち出した。この流れは物理学との融合がはかられ、室田武、槌田敦らによっても積極的に議論が展開され、丸山真人の地域通貨論もこの流れに位置づけられる。

## 玉野井芳郎とポランニーの問題意識

上記の分類で、物質代謝論として位置づけられている玉野井芳郎の問題意識は、公害問題に対する解の模索としての学説を探っていたなかでポランニーの提示した枠組みをさらに発展させながら展開した。[3]「ポランニーの『市場経済をふたたび社会の中へ埋める（re-embed）』という作業は、まちがいなく現代における最大の社会的実験としての意味をもっている」と述べていた。[4] 玉野井は、マルクス、ポランニー、イリイチが、共通した危機的問題意識をもっていたととらえ、さらにその問題の解決方法としては、異常に突出した市場の形態を「もういっぺん社会のなかに、埋め込む必要がある」（玉野井 1985：27-28　傍点引用者）と考え、それゆえポランニーの「埋め込み直す」という命題を取り入れながら、ふたたび埋め込まれることにより、「おそらく人間生活の普遍的側面に向けて、もっと高次元で戻ることが可能ではないか」と考えていた[5]（前掲書：29-30　傍点引用者）。

玉野井は、マルクス経済を基盤にして、ポランニーやイリイチの問題意識を手繰り寄せながら、従来の主流派経済学を「狭義」とし、独自の「広義の経済学」[6]の確立を目指した。[7]「狭義の経済学」の終わるところに、またはそれと同時並行しながら「広義の経済学」がはじまると考えており、「広義の経済学」は市場経済だけではなく非市場的な社会関係の中に埋め込まれた経済も分析対象として含みこんだものであった。

環境問題が深刻化する時代を背景に、玉野井は、自然科学における熱力学エントロピーの概念を経済に応用する理論を発展させて生命系エコノミーという経済を打ち立てていく。[8] ジョージェスクーレーゲンのエントロピー論は開放定常系としての地球系の範囲内においてのみ経済系は存続しうるという考え方がその根底にあり、それは、デイリー（Daly & Farley 2010）のエコロジー経済学とも通底するものであり、玉野井、槌田、室田らによって１９７０年代にすでに提唱されていた生命系の経済学は、デイリーと比較すれば早い段階でこうした環境と経済の関係に着目した議論として評価されるべきだろう。[9]

しかしながら、玉野井の研究においては「人間の普遍性に向けて高次元に戻る」ということが、実際に現実社会でどのように実現されるのか、その具体的な方策が提示されることはなかった。玉野井経済学は、近代経済学を批判しつつも、[10]自然科学の方向、[11]つまりエントロピーという概念の方へその研究が進んでいったがゆえに、玉野井自身が語っていたような現実の社会の中で、「人間生活の普遍的側面に向けて、もっと高次元で戻ること」の可能性という問題について、その具体的な見取図を示すことはできなかった。[12]「埋め戻す」ことはいかにして可能なのか、というより具体的な人間の生の具体性は一向に見えてこなかったという点が玉野井の研究の限界であろう。[13]

玉野井自身はポランニーの問題意識に共鳴しつつも、ポランニーの議論においては、埋め込まれる社会のイメージが必ずしも確定していないことを指摘している。さらにポランニーの埋め込まれる社会が「共同体回帰」をその基調としていると読み取っていた。それについて、「もしそうであるならばデカルトの近代世界を超えた地平に現れる共同体の再生のイメージが理論的にもっと明らかにされなければならない」と述べている。[14]

玉野井は晩年の「地域主義」という概念にその方向性を見出していた（丸山 2001a）。玉野井が「地域」をとらえてそれを学問として扱おうとした意図は、「等身大の社会」、「地域の生活空間をあらわすヒューマンスケールの発見」の大切さに対する認識と、「社会大、国家大ではなくて等身大の生活空間の中に現れるもの、その実在性を学問として確かめなければならない」という問題意識からであった。その際に、地域を「人間だけではなく、人間以外の動物・植物・微生物も含めた生命の維持と生産を可能にする、自立した生活空間の単位」であるとし、地域主義を「一定地域の住民が、その地域の風土的個性を背景に、その地域の共同体に対して一体感をもち、地域の行政的・経済的自立性と文化的独立性とを追求することをいう」と定義していた[15]。玉野井の「地域主義」は、優位の「中央」と劣位の「地方」という二項対立でとらえるような図式ではなく、「この図式を超えてこれらの諸地域に自分をアイデンティファイする定住市民の、自主と基盤としてつくりあげる経済、行政、文化の独立性をめざし」、その上で「既存の集権的システムに大きく軌道修正をもちこむためのもの」として打ち出されたものであった。そしてそれは閉じられた狭い地域主義ではなく、「〝自閉〟どころか、中央や上に向かって、この意味でも〝開かれた〟地域主義の可能性を追求するもの」であり、「地域主義が構築する経済は、いきなり中央へとつながる効率本位の従来の市場経済ではない。行政も中央から出発する既存のシステムではない」という、開いていく可能性を秘めた地域主義、「開かれた」共同体、「開かれた」地域主義というものを構想していた。そしてそれは、自然環境などの深刻化という問題系への懸念と相まって、産業主義を問い直し、転換を促す意味合いをもった「地域主義」であった[16]。

　しかしながら、「地域主義」という概念に裏打ちされた「生命系エコノミー」という生命のつながりと循環を中心に据えた「広義の経済学」は、残念ながら、具体的な人間社会のリアリティを描き出すことがないままであったといえる。本書では、こうした玉野井の問題意識を継承しつつ、「地域」のより具体的な実体を現場の事象から描き出し、さらに、ふたたび埋め戻すこと、そして、人間の生の全体性がどう回復されるのかについて検証した。

## 2　宇沢弘文とポランニーの共通点

宇沢弘文とポランニーの議論の近似については、多く論じられてこなかったが、この両者の共通点を論じている間宮（2015：76-87）、室田（2015：204-214）を参考に両者の共通した問題意識を確認していきたい。経済学者としての前半を、数理経済学者として、自己完結的市場の経済分析を行ってきた宇沢が、アメリカから帰国後に、公害問題という日本の悲惨な現実を前に、新たな経済学理論を模索して到達したのが、「社会的共通資本」の概念であり、市場と非市場の総体としての市場経済と、現場の世界における経済理論の実践が後半生の学究である。「社会的共通資本」とは、「一つの国ないしは社会が、自然環境と調和し、優れた文化的水準を維持しながら持続的な形で経済活動を営み、安定的な社会を具現化するための社会安定装置」であるとされる。それは、「一人一人の市民の人間的尊厳を守り、魂の自立を保ち、市民的自由が最大限に確保できるような社会の形成」という視点に立った概念であった（宇沢　2016：54）。

「社会的共通資本」は「市場と非市場の境に存在し、これらの二つの領域をむすぶ結節点」であり、社会的共通資本論では、「市場経済は市場と非市場の複合体（市場経済＝市場＋非市場）として認識」されている。そして、「市場経済は市場のみで完結するものではなく、市場経済は非市場の領域がなければ安定的に存立することはできない」ものとしてとらえられている。経済学の市場は、「私的所有権制度の下で企業や消費者が自由に生産・消費活動を行い、そしてまた取引を行って財・サービスの過不足を調整する領域のこと」であるが、社会的共通資本論は、この市場と市場経済を単純なイコールで結んだモデルとして組み立て、さらにそのモデルに基づいて政策提言をして現実の社会を動かしていることを批判していた。新自由主義や新古典派のこうした枠組みに対して、社会的共通資本論では、市場経済は、市場と非市場の両方を内包したものであり、市場は非市場の内部（非市場は市場の外部）、言いかえれば、「市場は社会的共通資本の土台の上で営まれる」ものである（間宮 2015：77）。

この宇沢の市場経済の見方は、言葉は違えども、ポランニーの「経済をふたたび社会に埋め戻す」という視点に共通したものがある。ポランニーの労働（人間）・土地（自然）・貨幣（経済システム）という三つの「商品擬制」は、本来商品でないにもかかわらず、市場の拡大によって商品化したものであるととらえられており、これらが「宇沢の社会的共通資本の三タイプ、すなわち社会資本、自然資本、制度資本に大まかに対応」（前掲書：78）していると考えられる[17]。

ポランニーの再埋め込みの議論も、宇沢の社会的共通資本論も、市場の内部と外部の関係に関しては、非市場を市場から完全に隔離した「無菌状態」（前掲書：80）にあるとするのではなく、また市場とまったく「無縁」なものとして位置づけているのではない。そうではなくて、両者の議論の論点は、どのように、それを元にあった場所に戻すのか、つまりポランニーの概念でいえば、ふたたび埋め戻すのかということ、もしくは、制度原理にしたがって再構成し直すのかという点にあるだろう。

なぜこのことが重要かといえば、宇沢の言葉でいえば、先述のように「社会的紐帯の解体、社会の非倫理化、人間的関係性の崩壊、自然破壊、文化の俗悪化」を食い止めるためであろうし、ポランニーの言葉でいえば「悪魔のひき臼」から、いかに生の全体性を回復するかということであろう[18]。

しかし、先述のように宇沢の社会的共通資本論は、その「資本」という言葉をめぐり概念規定の曖昧さが指摘されているし、宇沢もまた、玉野井と同様に、現実の世界の中でどのように社会的共通資本が生身の人間の具体的な行為として立ち現われてきたのかについてまでは言及していない。それは、室田（2015）が指摘しているように、ポランニーの形式的経済と実体的経済の区分に従えば[19]、宇沢の得意としていたのは、前者、つまり形式的な経済分析であり、「制度化されたプロセスとしての経済」である、「テクノロジーとエコロジーの結合」としての実体的な経済の分析の厳密さには欠けていたということもできるだろう。

ポランニーに関しても同様な指摘がノースによってなされている。ポランニーが「野放図な市場の崩壊作用を最も鮮明に描き」だし、彼の「直観は正しく、理論を組み立てる手がかりは与えてくれる」が、「その華麗な文体とは裏腹に分析は曖昧で、不正確で時に分析自体が存在しない」（North 1981 : 327-328）という批判は免れないだろう。

こうしたポランニー、イリイチ、玉野井、宇沢らがとらえようとしてとらえきれなかった取りこぼしを掬い上げながら、現実の生身の人間たちの生をつぶさに見つめることで、さらに一歩先へと問題意識を深めてきた。第１部、第２部では市場と非市場の関係性が、一人ひとりの生活においてどのように組み合わさり、またどのような意味をもつのか、また非市場と市場を組み合わせるにはどのような具体的な社会関係が必要なのかを現場の事象から解き明かした。

## 3　「もろとも」が意味するもの

### 「もろとも」という言葉の出自

「もろとも」の関係性とはどのようなものであったのかを理論化するにあたって、その言葉の出自についていて、あらためてここで触れておこう。

「心配は心配なんですけどね、金子さんのはね、〝もろとも〟と思いますよ」

福島第一原発の事故から2年目の春、金子さんとの提携の関係において、放射能汚染問題に関してどう思うか、と問うた筆者の言葉に対して、消費者の尾崎はこのような言葉で返してきた。質問者の予想に反した「もろとも」という柔らかな響きのこの言葉は、不思議なニュアンスを伴いながら記憶にとどまり続ける言葉となった。いったいなぜこの言葉を尾崎は使ったのだろうか。日を追うごとに、この言葉のもつ意味は強くなり、その意味するところを変容させていったように思う。

「もろとも」とは一農民と一消費者が構築してきた「提携」の関係性を象徴した言葉である。この

「もろとも」という言葉は、「お礼制」消費者である尾崎の長時間にわたるインタビューの中から出てきた一見何気ない言葉であり、それと同時に一種の所信表明のような覚悟を伴って発せられたようでもあった。食の安全性を脅かした放射能汚染という大災害の後に、消費者の側から出てきた率直な言葉でもある。食と農という互いの生の根源をつなぎ合わせるような両者の関係性の有様を見事に象徴した言葉として、その後も意味をもち続けてきた。

## 「もろとも」の二つの位相と三つの構成概念

霜里農場の実践の歴史をたどるうちに、浮かびあがってきたキー概念、すなわち「もろとも」をさらに深めていく時に、「もろとも」には経済社会的な構造的枠組みと個人的枠組みの二つの位相があることが見えてきた。それは、言いかえれば人間の存在が、個的なものでありながら同時に社会的存在であるということからくる、重層的な存在様式にもとづいている。とりわけ、近代以降の私たち人間は「個人」であることを前提としながら、その上で、「社会」の中に自らの身を置いて、社会的な存在として生を営んでいる。とりあえずここでは構造的枠組みと個人的枠組みという二つの位相を次のように説明しておきたい。

一つ目の位相の構造的枠組みとは、市場経済と非市場経済の関係性である。内部と外部という新古典派経済学が市場を内部と呼び、非市場、特に自然環境を外部として論じてきた環境経済学や自然を経済学で扱うアプローチと関係する枠組みでもある。また先の問題設定ですでにみてきたような論者が探求してきた、市場の内部と外部の接合や分離や、また、経済学の枠組みの拡大といった、市場と非市場の関係性についてである。ポランニーが晩年に人類学の研究に力を注いだ理由としての、人類史における「経済の位置」という問題、とりわけ市場経済の人間の生の全体性における位置づけと意味づけは、この「もろとも」の構造的な位相に関わる視点である。

二つ目の位相は、個人的な枠組みを構成する三つの構成概念の関係性である。すなわち、責任、自由、信頼である。もっともこれら三つの概念は、それぞれ膨大な議論の蓄積があり、本書ではそのすべてを述べることはできないが、これら三つの概念をそれぞれ別々のものとして議論するのではなく、〈自由と責任と信頼〉というように、それぞれを結びつけてその関係性を論じる。ここでもう一度ポランニーの議論を大まかに押さえておく。

## 4　経済を社会関係に埋め戻す――ポランニーの思想

### ポランニーの自由論

個人の自由と社会的存在としての人間の自由のジレンマは、ポランニーが経済史を研究した問題意識の根底にあり、さらにルソー・パラドックス[20]として晩年にいたるまで格闘した近代的な意味における個人の自由と社会的存在である人間の自由の相克という永遠の課題でもあった。こうしたポランニーの社会哲学に焦点を当てて行われた近年の若森（2011）によるポランニー研究によれば、ポランニーの自由論は、初期の自由論から晩年の「複雑な社会における自由」に至るまで、個の存在としての人間の自由と、社会的存在としての人間の自由問題であった。彼が追求したのは、経済思想や、経済の位置、晩年の経済人類学に至るまで、人間の生の在り処を問う社会哲学・倫理的側面を有していた。社会的存在である人間にとっての自由の問題を、「責任を担うことによる自由」という人間の経済との関係性において根源的な視座から問う枠組みであった。

## 「複雑な社会における自由」

現在、世界は技術の進歩とともに、飛躍的にその複雑性を増しているし、今後、その勢いはさらに加速することは明らかだ。その複雑さのなかで、私たちをとりまく世界の関係性の網目はますます見えにくくなっている。[21] ポランニーは自由主義者たちの考えた選択の自由、自由放任（レッセ・フェール）という意味における自由は、むしろ無責任な結果に結びつくことを批判し、そうではなく、「責任を担うことによって自由」を達成できるのかを問うたのである。そのためには、自らの選択、行為の意味や影響が見通せること、把握できることが条件となってくると考えていた。なぜなら、ポランニーが論じた「社会的自由」の問題は、関係性の不透明な状況においては、自らの行為の帰結が把握できず、その結果、責任を担うことができない、それゆえに、真の自由ではないととらえられていたからである。つまり、ポランニーにとっては真の自由とは社会関係の中において、責任を担うことのできる関係性が基盤となった自由であったということができる。

自らの行為の影響や帰結が見通せるためには、現代社会はあまりにも複雑化している。それは社会の構造と共に、技術がその複雑化の主要な部分を担っていることをポランニーは見抜いていた。ますます複雑化していく社会の中で、いかにこの社会的自由、関係的自由は可能なのか、その点こそ、ポランニーが格闘した自由の問題であった。しかし晩年のポランニーはこの問題にその解を見つけることができないまま、未完の課題を残していた。

次章で概念化する「もろとも」とは、このポランニーが問題視したような「複雑な社会」、関係性が見通せず、自らの行為の帰結に対して責任を負えないような状況をどのように乗り越えていけるのかという果てしない課題に対する新たな解の現場からの提示である。

『大転換』（以下、GT新訳と表記）の最終章で論じられた「複雑な社会[22]（Complex Society）」とポランニーが命名した社会とは「分業と人びとの相互依存関係が発達した産業社会において人びとが、それぞれの選択や行為を通して他者の選択や精神的生活に強制力として作用する政府や世論の形態での権力、および他者の経済生活に影響を与える経済価値の創出に不可避的に巻き込まれてしまう、という事態を意味している」と定義される。さらに、この複雑な社会の特徴としては、人間相互の関係が人格的で透明である共同体としてのあり方を失っており、それゆえに「複雑な社会は、私たちの行為の社会的影響を直接的に追跡し明らかにすることができないという点で、家族的または部族的な状態とは決定的に異なって」いることがその特徴である[23]。

若森（2011：220）によれば、「複雑な社会」とは次のようなものだと説明されている。「社会的分業と相互依存関係が増進した複雑な社会」は、「自分の価値判断や欲望をもって自発的に選択したり行為したりすることの社会的帰結として、権力や経済価値の創出に加担」してしまう。それは「避けられない選択」とか「不可避的な選択」という言葉で表現される。複雑な社会においては、「あなたが何を選択しようと、他者の生活に介入してしまい」、「社会の現実は、私たちが日常生活において出会う不可避な選択によって説明され」、私たちは「好むか否かにかかわらず、選択を避けることができないもの」として人間が存在する。[24]ポランニーが提起したこのような「複雑な社会」における「自由の問題」とは、「人びとが他者への共生に無自覚なまま巻き込まれてしまう状況」において、いかに人間は自由でありうるのかということなのである。このような状況下において「複雑な分業関係に基づく産業社会における権力や経済価値の創出過程を分析することは、自由の条件を考察することと表裏一体」であるととらえられており、それゆえに「複雑な社会における権力・経済価値・自由についての『意識改革』が必要」だという主張がなされる（前掲書：221）。

## 自由と覚悟（resignation）

ポランニーの『大転換』の最後の結論部分に使用されているresignationという言葉のニュアンスについて触れておきたい。本書の事例にとってもこの語は放射能問題を生産者と消費者がいかに共に乗り越えることができるのかという問いに対して重要な意味をもつ。丸山（2006）は、この「諦念（resignation）」という言葉は、ポランニーの悲観的な心情と解釈しつつも、「同時にあるがままの現実を回避できないものと見定めて受け入れるという意味もある」言葉であるゆえ、現実の放棄ではないと言明していた。若森（2011：172-173）は野口らによって日本で訳されて出版された『大転換』の日本語訳、「諦念」（旧訳）、「忍従」（新訳）という言葉の原語〝resignation〟という言葉に注目し、その言葉の意味の重要性を論じた。そこでこの言葉をあえて、新しく訳し直し、「覚悟して受け入れること」という日本語に言いかえている。その理由は、ポランニーの社会哲学における、「社会と現実と人間の自由の関連を解く」うえでの鍵となる概念として解釈したからだ。[25] この言葉は従来の日本語訳で訳し出されていた「諦めるといった受動的な意味」と同時に、「『不可避なことをぶつぶつ言わずに受け入れる』という積極的な意味でも用いられる」が、若森は、ポランニーの思想を読み込みながら、明らかに後者の積極的な意味の方で使っているという解釈をほどこした。[26]

覚悟して受け入れること（resignation）はつねに人間の力と新しい希望の源泉であった。人間は死という現実を受け入れて、はじめて己の肉体的生命の意味を獲得した。次に人間は、失わねばならぬ魂というものを己がもっており、それを失うことは肉体的な死よりもいっそう恐ろしいことだという真理を覚悟して受け入れてはじめて、己の自由を打ち立てたのである。近現代の人間は、そうした自由の終焉を意味する社会の現実という真理を覚悟して受け入れるのである。しかし、この場合もまた、生命は究極的に覚悟して受け入れることから生まれるのである。（GT 新訳467-468：Polanyi 2012：197-198）

ポランニー思想におけるresignationという言葉に関して、若森はその意味するところを次のように位置づけている。

> 覚悟して受け入れるとは、現状肯定ではなく、現にある社会をより良い社会に変化させる継続的な努力を含意するものである。ポランニーによれば、現実を認識し、それを覚悟して受け入れることから生まれる「新しい自由」は、「自由への要求（claim to freedom）」（GT新訳：467；Polanyi 2012：268）の形態をとっている。新しい自由は、経済的自由主義に立脚した自由とは異なって、社会の現実に働きかけて権力や経済価値やその悪影響を抑制する制度改革（いっそうの制度的自由の具体化を含む）を要求する。つまり新しい自由は「責任を通しての自由」という宗教的・道徳的（religious and moral）次元における新しい自由として立ち上がってくるものなのである。ただし、人間の社会からすべての諸悪を除去するのは不可能であるし、透明で直接的で共同体的な人間関係に到達するのは永遠の「課題」である。したがって、新しい自由はつねに「課題としての自由」であり続ける。（若森 2011：174）

この「覚悟して受け入れる」という言葉が意味しているのはある種の過酷な状況下において、「にもかかわらず」というような選択、そしてそれは未来に向けて、未来につなげる希望を託した現在の決意を示す姿勢だ[27]。そして、この自由について議論することは、それが現実的に可能かどうかということ以上に、「永遠の課題」として人間が向かい合うべき方向性として存在し続ける「問い」だと位置づける。

このような未来と現在のとらえ方に立つポランニーは、それゆえに「人間の現在の意志や行為や選択は未来に責任を負う」と考えていた。ポランニーの自由論はそれゆえに、「倫理的次元の復権」を訴えるものであり、決定論的思考が排除される。晩年のポランニーの人類学的研究は、自己調整メカニズムに支配される市場経済の歴史的視野に立った相対化を試みながら、「社会の現実」の悲惨に目をそむけず、その現実に制約されながらも、その中においてもなお、人間は自らの意志を通して現実に働きかける可能性を捨てずにいた。未来を単にすでに決定されたものとして受け身で引き受けるのではなく、「未来の形成に対して責任を負う」ことの中に自由は存在すると考えていた。

## ふたたび埋め込むこと――経済学批判の意図

ピアソン（Polanyi 1977）が述べたように、ポランニーの「歴史研究の全体を背後で牽引していたのは、つねにこうした状態があったわけではない、という確信」に支えられたものであった[28]。そのような社会の中で「すべてが自己調整市場という『悪魔のひき臼』に投げ込まれる飼料になってしまったこと」（GT新訳：63）により、苦しむ人びと、破壊されていく自然環境をすでに目にしたポランニーは、その流れが拡大することを予見していたといえる。

市場経済とは「自己調整的なシステムであるということを意味」し、「市場価格によって、そしてただ市場価格によってのみ統制される経済」（GT新訳：77）、「われわれの時代になるまで、経済が、その大枠においてさえ市場によって支配されつつ存在したことは一度もなかった」（前掲書：77）という認識に立っていた。いかなる社会も複数種の多元的な経済を併存させながら存在しているものであるという前提のもと、人類史という歴史的文脈のなかで市場経済が支配するこの時代を相対化しようとした。そして本来、社会に「埋め込まれていた」であろう経済関係が社会関係から「離床」してしまったということを経済史の研究から解き明かそうとした[29]。

そのような問題意識の中から生まれてきたポランニーの「埋め込み命題[30]」は、市場社会が歴史の発展段階の中に〝自然発生的〟に歴史上誕生したのではなく、人為的につくられてきたという見解に基づいていた。膨大な経済史の研究は、人間が経済をどのように位置づけて生きてきたのか、つまり「経済の位置」を明らかにする作業であった。「社会がつくりあげる人間活動としての労働や、社会がそこに実在する自然環境としての土地がすべて市場メカニズムの中に組みこまれて、いわば社会の実体(substance of society)が市場の諸法則に従属させられる」状況に置かれている。それゆえに、「市場において行われる交換はすべて手段の希少性にもとづく選択の決定を必要」とするのだ。またポランニーは、こうした「二つの経済が重なってあらわれた」ことを偶然的なことだととらえ、またこの「偶然の一致」の上に成立した西欧資本主義経済を特殊な歴史的体制として相対化していた。ポランニーはこのような研究を方向づけていた目的は、「今日われわれが直面しているのは、技術的には効率が落ちることになっても、生の充足を個人に取り戻させるというきわめて重大な任務[31]」であるという認識であった。

経済を社会関係の中に埋め戻す必要性、その意義を見出していた。なぜならば、経済が離床してしまうことによって、失われていくものは、経済における物質的なニーズにとどまらず、人間の内面にある無形で、精神的なものの、目に見えない充足、動機といったものを多分に含んでいるからである[32]。そしてこのような内面的な側面、つまり「生の充足」や「動機の統一性の回復」が、結果として人間の経済における「実体」を生み出す重要な要素として考慮されていたのである。

# 第9章　責任・自由・信頼

## 1　非対称的関係性を乗り越えるための「もろとも」

「もろとも」という言葉がもつニュアンスには、「分かちがたく結ばれている」、「否が応でもつながってしまっている」という側面がある。どことなく私たちを束縛し、不自由にさせる否定的な趣のある言葉だ。例えば、「死なば、もろとも」という言葉に象徴されるような、死をも覚悟させるようなイメージもあれば、また石牟礼道子の能、『不知火』の中にでてくる「生類みなもろともに」という言葉は、生きとし生けるもの、命ある、あらゆるものの「つながり」の深さを端的に表現している。この「もろとも」という言葉は、「運命」を共にする、言いかえれば、「命の運ばれる先を共にする」ことを意味する言葉だといっていいだろう。

本章では「お礼制」の中に埋め込まれていた、人と自然の関係性、そして人と人の関係性を表す言葉として「もろともの関係性」を提示し、人と自然、人と人が「共に善く生きる」ための概念として論じる。「いかに生きるのか」、「より善く生きるとは」について考えることは、倫理学の領域である。そして倫理とは、「人としてのあるべき道についての掟のようなもの」（野崎 2015：49）である。[33]

２０１１年3月に起こった東日本大震災・福島第一原発事故後という大惨事をきっかけに、大きな混乱が社会の中に生じたが、ここでは提携の生産者と消費者の間の関係性の揺らぎから見ていくことにする。[34] 原発事故に起因する放射能汚染問題が発生し、その直後から、生産者と消費者の非対称的立場が顕在化した。その点について、自由と責任と信頼という観点から、どのように乗り越えることができるのかという深刻な課題に対して、「お礼制」の消費者尾崎の「もろとも」という言葉を手がかりとして、この難題に対する解を探りたい。

## 危機が顕在化させる他者との非対称性

災害時の非常時経済において、常時経済とは異なる人間の行動や、経済のあり方が現われるその現場において、似田貝は「災害時経済」を現代版モラル・エコノミーとして論じている（2012：2015）。危機的状況下において、人と人が「『実践規範』を動機とする広義の社会的経済活動」、ここでは、阪神淡路大震災、そして東日本大震災の後のボランティア実践の中から出現した「ボランティア経済圏」の中でモラル・エコノミーが連帯経済を支える内的根拠としても位置づけられている（2012：10-11）。歴史家のトンプソンが18世紀のイギリスの貧民、群衆たちを論じたモラル・エコノミーや、スコットが論じてきた東南アジアにおける農民のモラル・エコノミーの概念である「前資本主義的経済における道徳規範として理解されてきた」ものを、似田貝は、「災害時のように自立困難な場合、人びとの受難、苦しみ（pathos）からの解放、自立への支援を、『そのつど』、『人として当たり前』、社会の構成員としては『当然の義務』という、規範・原理に動機づけられる経済活動や実践」と「現代的に再定義」し、私たちが生きる現代における都市住民や市民、そして災害時におけるモラル・エコノミーの概念を拡大して論じている[35]。

危機に際しては、日常的には隠れている事象が顕在化するということがよく起こる。2011年3月に発生した福島第一原発事故後、私たちは、五感で感じられない放射能汚染をめぐって大きな不安を経験した。恐怖におびえ、不確実な情報に翻弄され、確実なことは何一つわからない中で、身近な家族や友人たちとのコミュニケーションさえも困難となるといった状況が生まれた。放射能の危険性をめぐる感覚の違いから葛藤、衝突や疑心、また逆に感覚を共有できる人とのつながりなどが生じ、家族や近しい人びとが分断されたり、または幼い子どもをもつ母親たちが感覚を共有して行動するためにつながったりするネットワークも新たに生まれた[36]。

有機農業関係者の間では、放射能問題は震災直後から生産者、消費者、流通業者など立場の違いを浮き彫りにしながら、この放射能問題への対処がとられていった。個人差もまた大きかったが、それと同時に、生産者、消費者、流通業者といった立ち位置によっても、反応や対応はまったく異なった。その中でもつらい立場に置かれたのは、自然循環にもとづいて生業を成立させていた農民であった。山の落ち葉や水、堆肥など物質循環をその農法の根幹に据えていたために、自然の恵みの好循環が汚染によって悪循環に一気に追いやられたということもあったが、そうした被害者としての農民としての立場と、汚染された農産物を出荷することにより加害者になってしまうという狭間に立たされることになった[37]。

福島の有機農家、大内信一は、40年以上の有機農業の営みと提携の中で、信頼関係を築いてきたと思っていたが、「信頼関係があったと思った人でも、割合熱心な人ほど、安全なものを求めていたため」そのような人たちから先に震災後離れていったことを語った。

相手をね、消費者を責めることは絶対にできないんだ。うん。それはもう辛いですが。もう放射能におびえたら福島の野菜は絶対に食べません。うろたえちゃったらダメです。やっぱりストレスが一番悪いよね、我々の作った野菜や米を食べてストレスを抱えてもらうんではまったく食べてもらわない方がいいから……。うちらの野菜は安全だからって言って食べてもらっていたのが、それが言えないわけだから、これは切ない。辛いですよねぇ。［中略］福島で農業生産してナンセンスだって、ちょっと間違っているっていう人もいる。でもうちらは、転勤族ではないし、土地までもっていくわけにはいかないから……[38]。

こう語りながら、直接に提携でつながっていた消費者が事故直後に6割にまで減ってしまったと嘆いていた。天変地異のように、今までの農の営みがひっくり返ってしまった農家たちは大きな苦悩を背負い込むことになった。長年つき合ってきた消費者たちは安全性や健康に意識が高い人びとだったゆえに、放射能汚染に関しては反応が早かった。もともと公害問題、チェルノブイリ原発事故などの経験を通じて有機農産物をあえて手に入れようとした消費者たちだけに、その知識や意識の高さゆえに、今回の事態では、単なるパニックではなく、ある程度の現実把握に対して「正しく恐れる」ことにつながったといってよい。

放射能問題という災害は決定的に大きな人災であり、国際的なレベル、国家的なレベルそして、企業レベル等さまざまな位相において責任が問われる複雑な問題である。ここでは、この放射能問題の国家的責任や技術の問題に深入りして論じることはしないが、現実の世界においては、人間関係の亀裂や軋轢、不信や混乱が非常に個別的な人間の関係性の地平において引き起こされた。影浦（2012：514-515）は、「信頼の問題が消費者と生産者の相互不信や、汚染の激しい地域と汚染の少ない地域の意識の差、家庭や学校での人間関係をめぐる軋轢などとして、個人化されやすい理由が現実にある」といい、今回の原発事故をめぐる政府などに対する信頼の失墜が責任を取る形では現れずに、「個人化」、「有標化」の語りに対応して、不当に作りだされる形で市民の中に相互不信を生んでいったことを指摘している。こうした問題が、生産者と消費者という関係性においては、立場の違いを先鋭化させ、この問題に対しての向き合い方を大きく違えていった。そして結果として両者の間には、一時期深い溝ができてしまった。

### 放射能問題に対する「もろとも」という言葉

霜里農場の事例に立ちもどってみると今回の危機のみならず、金子の45年にわたる営農の中では自然災害、火事といった災害も経験してきた。例えば自然災害による冷害の時には「お見舞金」が消費者から生産者に届けられたし、１９８０年代後半に村を流れる川の上流域にゴルフ場建設の話がもち上がった際は、消費者たちも共に関わりながら署名を集めて、反対運動をしてきた経緯がある。尾崎の下記の言葉からは、当時、金子達の側に立ってともにこの建設反対運動に関わったことがわかる。

あの時だって、私の友達なんか、農薬の川が流れてくるところね、野菜で有機農業なんて（やっているのでは安全性が疑わしい）って悪口いう人がいました。ゴルフ場の時は本当にどうしようかと思いましたね。だから一生懸命こちらでも協力してもらって署名とりました。金子さんも本腰入れてやらないとダメだって思ったと思いますよ。だって自分が一生懸命努力して有機農業の種まいたってね、農薬が上から降りかかってくるんじゃねえ……。

また、２００３年11月22日には農場が大火災に見舞われ、母屋が全焼するという大惨事も経験したが、焼け焦げた跡の中、その翌日からの出荷作業は変わらずに行われ、消費者には農産物が届けられた。そして消費者たちは、火事の直後から直ちに、お見舞いと片づけ、炊き出しの手伝いに駆けつけ、焼失した家具や衣服の多くも寄付として届けられた。日常的に続いてきた長年の関係の積みかさねの上で、災害や被害という出来事も、共に担う経験を繰り返してきた。

今回の原発事故後間もない頃、放射能問題に関して質問した際に、尾崎は次のように答えた。

心配は心配なんですけどね、**金子さんのはね、もろともと思いますよ**。生産者が食べているんだもの。あえて「放射能どう？」とも聞かない。もうそうじゃなくても傷ついているんだから、実際に農業やっている人はどれだけ心を痛めたかしれない。

金子とは「もろとも」と思うというのが、「お礼制」によって「おつきあい」を続けてきた尾崎の口から出てきた言葉であった。今回の原発事故による放射能汚染の事態を尾崎は今までのさまざまな災害の延長線上に位置づけながら、収穫という自然の恵みに与る（あずか）だけではなく、災害の時の労苦も共に自分のこととして引き受ける姿勢を「もろとも」という言葉で表現した。

## 「もろとも」と他者性

「もろとも」とは、端的にいえば「不可分性」を表す言葉である。不可分であるということは、あるものとあるものがつながっている状態を表しているが、「もろとも」とは、一体化、統一、統合ではなく、それぞれのかけがえのない唯一無二の「個」がまず存在し、それらは決して同質なものになることではないということを前提にしている。それゆえ、この「もろとも」の前提には、そもそも、一体化しえない、絶対的な外部、他者の存在が認識されなければならない。「もろとも」とは、言いかえれば別個のものが「つながりあい」、「重なりあう」状態を示しており、異なるものが融解し一つの物質のようになっている状態を表しているのではない。むしろ、決して混じりあうことのないもの同士が、その混じりあわない状態のまま、しかし、必要とされる者同士が「いかに共存するのか」ということを意味している。その意味において、「もろとも」とは「不可分性と相互補完性」の両方を併せもつ概念である。

他者という絶対に交わらない相手、理解できない相手を前提にしながら、相手をどう認識し、受け入れながら生きるのか。絶対的な他者の存在、その他者といかなる関係性を構築するのか、そのような関係性の構築のあり方が、本書が論じる「もろとものの関係性」なのである。

時間においても、存在においても、他者とは絶対に内部化されない何か、もっと言えば決して内部化されてはならず、また私たちが容易に抹殺したり、消し去ったりすることができないなにものかとして、そこに「ある」。そして、その他者が「ある」こと（存在すること）によってのみ、自己は初めて成立できるという相互補完関係性が「もろとも」であり、その分かちがたい関係性は「もろとも」の不可分性である。この関係においては、他者は自己の存在の理由であり、条件となる。

それゆえ「もろとも」とは、まずは、絶対的な〈他者＝外部〉の存在の認識を前提とし、その〈他者＝外部〉の存在を肯定することから始まる。ここでいう肯定するとは必ずしも、それを歓待、歓迎するような感情を伴うかどうかは条件とはならない。しかもその他者は、自分にとって必ずしも心地よい存在とは限らない。ただ、その他者の存在を無視するのではなく、少なくとも存在を認めるところから始める必要がある。その他者に対してどのような心構え、気持ちを抱くかという感情の問題はその後の関係性の構築の有様でいかようにも変わってくる。

## さまざまな他者

「もろとも」において、まずは〈他者＝外部〉は、「私」以外の、人、自然（微生物から動植物なども含む自然、あるいは神）といった存在が挙げられる。つまり「私」の認識を超えたところに存在し、

「私」がコントロールできない存在、外部にあるもの、それが他者である。明らかに配偶者、家族、友人、そうした私たちを取り巻く人間たちは、私たちの他者である。また、私たちの外的な環境、自然も他者である。動物、植物、微生物に至るまで他者であるといえる。また神や仏という宗教的な絶対的存在もまた私たちにとっては他者である。そのような存在を信じる人にとっては、信仰の対象となるものも他者といえるだろう。

**身体という他者**

その意味で、自らの言うことをきかない「私の身体・肉体」も他者としてとらえられるだろう。肉体を鍛え、働きかけ、健康に保つことはできる、しかし完全にコントロールができないために、私たちは病気にもなる。そういう自らの完全な支配下に抑えきることが不可能な存在として他者はある。「体の声を聴く」という言葉があるが、これは、身体は脳の働きに対して他者として存在していることを意味する言葉であり、脳の中にある自覚と身体の状態の認識の乖離した状態を指している。たとえ、どれほど忙しくて頑張って勉強や仕事に勤しみたくても、身体が悲鳴を上げるということがある。自らの意志や想い、自覚とは別のところで、自らの身体が動いているため、疲れや、病によって、時に私たちは自らの身体が他者として私たちの認識の外部にあることを知らされることがある。

**時間という他者**

「今」現在という時間を中心に据えれば、過去と未来は「他者」と認識される。私たちが「今」しかないと思って存在するのではなく、過去と未来との関係性の中で「今」を生きること、「今」を認識することは、現在を生きる中で決定的な意味をもつ。過去のない人、過去との関係をもたないで今を生きること、さらに未来を意識しないで今を生きることは、過去や未来を認識して選ぶのと選択を異にすることがある。明日（未来）がないと思って生きること、昨日（過去）のことを忘れて生きること、そうした時間性の認識の有無は確実に今の現実をどう生きるかという選択肢に大きな影響を与える。現在の選択や今の状況を決定するのは、過去と未来との関係の中に規定される。

それゆえ、「過去と未来」という今現在の私たちにとってコントロール不可能の時間性、それが絶対的な他者として存在することを認めたうえで、その他者（過去と未来）とどういう関係性を取り結ぶのかということ、それが「もろとも」の概念の中には含まれている。

## 市場における他者

市場経済を内部とし、非市場を外部とする経済学の認識的枠組みの中で考えるならば、市場経済にとって、非市場経済は外部つまり他者として存在することになる。本書の事例、「お礼制」に即していうならば、「お礼制」は市場経済にとっての外部であり、他者であるということができるであろう。ここではこの深淵な議論を展開することはできないが、宇野理論のさまざまな解釈がされてきた中で、青木（2016）の解釈は、本書で「もろとも」を論じるにあたり非常に示唆に富んでいるので、ここで若干触れておきたい。

青木は、「科学としての経済学」を貫いた宇野理論と一見相反するかに見える、宇野自身の「強い倫理観」の出自に着目して、他者の倫理学の思想の系譜の中に、レヴィナス、親鸞と並べて宇野をとりあげている。青木のユニークな解釈によれば、その倫理観の源は、宇野自身が分析対象とした「資本主義の内部で生活する自らを含む人間に対して根源的に抱いていた深いアパシーに根差していた」という推測にある。言いかえれば、資本主義という経済システムの「内性」にとどまる近代的な「自我」の存在であり、その自我は、「閉じた全体性」という閉鎖的なシステムに外部を取り込みながら全体性に吸収していってしまうメカニズムである。そこに、レヴィナスが論じた、「全体性と無限」の議論と認識論的に重ねて議論している。

宇野にとって、「労働力の商品化」が「資本論の南無阿弥陀仏である」と説明されていたのは、単なるメタファーではなく、むしろ「資本主義のもつ物心的イデオロギーから片時も逃れられない人間(自己)の宿業をいみじくも一言でいい表わしたものではなかったか」という時に、市場社会においては、たとえそれが意識的であっても無意識的であっても「安く買って高く売る」という発想があらゆる人間の思考様式となり、「資本の人格化」として現われてくる自我の病理現象としてとらえた宇野の資本主義理解の表れと解釈されうる。

宇野の「原理論」、「段階論」は第一次世界大戦以前の資本主義をカバーすることができても、それ以降は「現状分析」の対象となり、この「現状分析」の課題とは、「絶対的他者」との対抗に置かれた資本主義の分析にあったと青木は説明する。つまり、資本主義にとっての「絶対的他者」つまり「外部」は「現状分析」によってしか解明されることはない。

ここではこれ以上、難解かつ膨大な宇野理論の解釈論の領域に立ち入ることはできないが、宇野自身が「農業問題は資本主義にとっての苦手である」という非常に象徴的な言葉で示していたことは、いみじくも、この青木の解釈にヒントがあるのではないかと思われる。つまり、自然を相手にする領域である農業においては、完全に資本主義によって扱いきれず、経済学の理論的な整理をすることが困難であることを暗示し、さらに市場の外側、外部にあるものこそが、その本質的な部分を担うことを理解していたのではなかろうか。そして、その部分を学問的に扱うとしたら、それが実践の中にしか存在しないために「現状分析」としての枠組みにしか収めることができないと考えたのではないだろうか。

## 2　技術と時間

技術とは、さまざまな利点をもっているが、その一つは端的に生産効率化、時間の短縮にあるだろう。例えば、有機農業においてもいえることだが、自然農に比べて、人間の技術的関与が大きく、堆肥づくりは、山の自然の土が数十年、あるいは数百年かけて行っていることを、短縮し、数年で行うために人間の技術が関与している。しかし、慣行農法に較べれば、生産効率はやや落ちるということになると通常認識されている。[39]技術と時間の観点からふたたびポランニーの複雑な社会における自由の問題の中に織り込まれた技術の問題を考えてみたい。

## ポランニーの懸念

ポランニーの最晩年のテーマは、第二次世界大戦後1950年代の「産業文明と自由」の問題であった。[40] 大戦後の原爆の開発と投下を経て、その後、1953年の原子力の平和利用を提唱したアイゼンハワー米大統領の国連演説以降、ポランニーが書き留めた「自由と技術」(1955)、「複雑な社会における自由」(1957)は、「核の脅威、原子力の『平和利用』といった時代の局面の中で、市場社会の限界と人間の自由の可能性について考察し続けた彼の知的格闘の軌跡」であり、産業社会において自由はどのように可能かという新たな問いへの格闘である。[41]「巨大な技術に依存する産業社会に生きる人類の存続にとって、そのような『幻想的な自由』に浸ることはあまりにも危険」であると語っていた[42]ポランニーは、巨大な破壊力をもった新しいこの技術を手にした人類の自由の問題に新たに向かい合うことになったが、この問題は未解決のままに人生を終えている。[43]

「産業革命」を「人類史の分水嶺」ととらえていた彼は、晩年において「自由と技術」というタイトルの論考で「経済至上主義や科学、技術への信仰が地球における人間生活の存在そのものを脅かすのではないかという懸念」を表現していた。また、「新しい西洋のために」と題された論稿の中では、「三つの力――工業技術・経済組織・科学」をとりあげて、この三つがこの順番で同じ系譜の中から別々に誕生し、そしてさらにそれらが絡み合いながら、(ただし当初は目立たずに)、百年も経たぬ間に、社会の激変をもたらしたことを指摘した。[44] この「工業技術、経済組織、科学」という三つの力は相互に結びつき、「社会的大変動を形成」し、「今なおこの大変動によって新たに何百万人もの人びとが次々と抵抗できない慌ただしさの中に巻き込まれている」とポランニーの娘、ポランニー＝レヴィットは解説している。[45]

1964年にこの世を去ったポランニーは、世界初の核爆弾の投下という人類史の事実を経験したが、その後「平和利用」されてきたこの技術による地球規模の原子力発電所の事故、1986年の「チェルノブイリ」事故も、ましてや2011年の「フクシマ」事故をも知ることはなかった。しかし、このような科学技術の存在が私たちの社会の中で人間の生の意味にどのような課題をもたらすのか、とりわけ環境への影響を深く見通していたかのようである。[46] 技術革新が進む社会の中では私たちはより自覚的に「人生の意味と統合を回復させる課題に向かい合わなくてはならない」と考えていた。若森（2011：227）は、ポランニーの「『技術的に複雑な社会』あるいは『技術的社会』、『機械社会』と呼ぶ第二次世界大戦後の新しい産業社会は、責任に基づく自由を抑圧することで発展した一九世紀の市場社会とは違った意味で、人びとの良心に基づく精神的生活を極度に委縮させ、自由をかつてないほど脅かしている」と説明している。ポランニーが生きていた時代に比べ、私たちはさらに複雑な社会を生きている。そしてその技術は、私たちの自覚できる範囲を超えて、私たちの生活の時間感覚を変化させている。

原発という技術は、時間を先取りした技術でもあったといえる。巨大なエネルギーを生み出したがゆえに、産業革新を劇的に加速し、それは奇跡のような魔法の技術であり、「ついに人類は太陽を手に入れた」という謳い文句に表現されたように、この技術の恩恵で、私たちの生活は飛躍的に便利になった。そうした多大な恩恵は多大なリスクと表裏一体であり、私たちは、そのことを今回の災害でいやというほど思い知らされた。こうした時間の先取りを極度にした結果、爆発の後、私たちが生きる世界において、それまでの時間性の攪乱を経験することとなった。

## 原子力災害による時間の攪乱

農業や漁業など、自然との関わりを生業にしている人びとは、自然との関係性が自分たちの生活や命を大きく左右していることを意識しながら生きざるを得ない人びとである。そのような生業の中で、彼らは、自分の存在を自然という他者に対してどのようにふるまうべきなのか、また自然からみたら他者である人間としての「私」とは、どのような存在なのかを意識しながら生きている。

農民や漁民は、生業の中から、否が応でも自らの命、存在を自然に負っているという感覚を感じながら生きる存在である。その証として、原発事故直後、まだ汚染状況が把握できない段階において、農民たちの中には、「食べるか食べないかというよりも未来に残すために作るっていう、未来の息子か孫かその先の世代かわからないけれども、未来に残せるような農業、土づくり、農業を残すためにやっている[47]」という言葉や、「今私ができなくても、私の子どもたちができなくてもその何代もの先で福島の土地で絶対農業を再生できる。その位の長いスパンで考えてやっている[48]」といった発言が見られた。こうした発言にも、農民たちの意識と身体の中に流れている時間の感覚が表れているといってよいだろう。

放射能汚染という実際的な被害において、屋外の農作業の中で外部被ばくを受け、また自らの食べ物を食べる行為により内部被ばくを避けがたい立場に置かれたのは農民自身である。だからこそ、「直ちに影響はない」といわれながらも、早急に決断をして新天地に移住した農家もいた。移住した人たちの中には、「未来」という時間軸が意識され、その「未来」を判断基準に決断をしたと思われる。彼らは、それ以前にチェルノブイリやスリーマイル事故から学び、原発問題、放射能問題に対して比較的詳しく、こうした事態に際して準備がしてあったというケースも見られる。[49] その土地にとどまるのか、移住するのかという極限の状態での判断基準の裏側に、どちらの選択にも自分だけではなく、家族の健康、子どもの未来、地域社会といった人びとの空間的、時間的関係性が織り込まれていた。

そうした人びとの判断の中にあったそれぞれの時間、そしてそれぞれのつながりの違いが、結果的に不幸な分断をも生んでいった。しかし、事例分析でもみてきたように、選択の自由は、命に関わるかぎり人間に心理的な苦痛をもたらすという側面があることを鑑みれば、こうした選択の自由を個々人に与えた今回の事態は、「制度化された不作為による『構造災』」（松本 2013）という議論を参照すると、良し悪しは表裏一体の問題であり、都合よく制度側からの責任回避として利用されながら「自己責任」論に回収されてしまいかねないことも指摘しておかなければならないだろう。

放射能汚染の決定的な側面は他の津波や地震といった自然災害と異なり、時間が経つにつれ修復され、回復するという質の被害ではなく、むしろ時間の経過とともに蓄積、拡大する被害であるという点にある。[50] 放射能汚染がもたらした被害は、福島の農民、菅野正寿の「とりかえしのつかなさ」という言葉[51]はこの事態の不可逆性を端的に表現し、農の営みの中にあった時間性の喪失を物語っている。[52]

放射能汚染に対して農民たちの意識の中にある、この過去と未来に対するつながり、その時間との関係性は、現在において自らその責任を引き受けようとする姿勢につながっている。なぜならば責任という行為は過去の上に存在している人間が、未来に対して行う現在の判断という行為であるからである。だからこそ、放射能汚染という問題が自然の営みに対して犯した罪は大きいといわねばならない。

「過去と現在と未来」の時間における不可分性を含みこむのが、この「もろとも」の概念である。福島から避難して移住した人は、将来世代（孫）との「もろとも」を選び、とどまった人は過去（子孫、土地）との「もろとも」を選んだ。過去と未来と現在は「もろとも」であるが、放射能問題が突きつけたものは、この時間的な「もろとも」を破壊し、どちらかを選択するように人びとに仕向けた。ここで重要なのは、どちらの選択が正しいという議論によって、人びとが分断されることではなく、「どちらかを選択せざるを得ない状況を生み出したこと」が、人間の生の全体性という観点において、非常に不幸なことになったという認識であろう。放射能問題がもたらした時間の攪乱と分断は、本来「もろとも」であった地域の共同体的な関係性や、自然から恵みを得ていた暮らし、先祖からの土地との関係性であった。人間存在は、他者（自然と人）とも「もろとも」であり、その存在のなかに埋め込まれた時間とも「もろとも」の関係性の中にある。両者の「もろとも」にある時にこそ、人と自然が営む生の営みの全体性は回復され、それが断ち切られる時に、私たちの生の全体性の中に深い悲しみを伴った喪失をもたらすのだ。「できれば、もとに戻してほしい」という福島の人びとの言葉は、この時間の不可逆性という事実の上に、もろともの関係性が破壊された喪失感の現われである。元に戻せないことは十分承知の上で、なおもそうつぶやきたくなるのは、生の全体性を破壊されたその深い喪失感と苦しみを抱えながら生きることを余儀なくされているからにほかならないのだ。

## 時間を関係性の中にふたたび埋め込むということ

ここでふたたび「お礼制」の中にはどのような時間が埋め込まれていたのかに立ち返ってみたい。金子の現在の農的営みは、金子家のこれまでの歴史や霜里農場のこれからの将来の持続性ともつながっている。その意味において、「お礼制」のなかでは、その過去と未来をつないでいるそうした時間性が、農産物と共にやりとりされており、農産物は時間性を加味した糧として農家から食べる人へ贈与されている。その時に、返ってくるものがお金であろうとモノであろうと、それもまた単なる貨幣や物質の移動ではなく、その貨幣が金子の生活の必要を満たし、また農の営みを持続させていくことができるためのものとして返礼される。

市場経済の営みが疎外してきたものは、労働＝人間存在でもあり、その労働における、人間疎外という問題も、時間の均質化と効率化によって引き起こされた、時間の疎外であるともいえる。金子が「お礼制」に切り替えたことによって獲得した解放は、この労働の中にある時間との関係性によるものでもあった。人間の身体の刻む時間、森や海などの自然の営みがそれぞれに刻む時間、そうした固有の時間性を市場の時間に均質化し、さらに効率化するのが、市場システムであるともいえる。「お礼制」はそうしたシステムとは別の時間を背負った者同士がつながって始まった。

金子が「会費制」の消費者たちとの間で苦労したのは、「会費制」の消費者たちが、金子の農的営みの時間のスパンを理解できていなかったからである。いま目の前に届いたものだけを見て、市場を介して流通していた八百屋の野菜と比較し、高いか安いかと判断する評価に、金子が苦痛を感じた理由は、「切り取られた今」という「その時」だけしか見えていない人たちの時間感覚のズレのようなものだ。「最低でも1年を通してみてもらいたい」と金子がいう時間の感覚や、「たった2年程」のつきあいでしかない「会費制」の消費者に「土地を11等分しろ」と迫られた際に、百姓は先祖から受け継いだ土地であり、金子家は300年程の時間を経て、今があるという時間の感覚の違いやズレをよく表している。

リフォーム会社の山本が、「課題」として挙げていたのは、まさにこのタイムスケールの違いからくるものでもあった。そのことに山本が気づいていくのは、下里集落の農民たちと山や森に入る際であった。地元の人びとの「20年後」には良くなるだろう、という何げない言葉や、この場所が「2万年前」には海だったからという「過去」とのつながりを表す言葉も、企業人としての山本が生きている世界の時間軸、例えば、1年、半年、四半期で結果を出す、物事を判断するタイムスケールとは、圧倒的に違うということを山本はとらえており、その生きる世界の時間感覚の違いに折り合いをつけ、そこに歩み寄りがなければ、自然時間の中に生きる農家と営利企業とが良好な関係を築くことは難しいことを述べていた。

「お礼制」の関係性において、双方が歩み寄り、そして関係性の中に埋め込まれていくのは、こうした時間感覚の調節でもあった。互いが互いの生きる世界の時間性を認識し、歩み寄ること、それが「お礼制」の中に埋め込まれた「もろともの関係性」の時間性であるといえるだろう。

## 3　「もろとも」の関係性における責任をめぐって

### 社会的な存在としての人間のジレンマ

人間存在は、個人としての存在様式と社会的存在の両方を同時に併せもつ。すでに述べたようにポランニーの「社会哲学の核心には、社会の限界と社会的存在としての人間についての命題」があり、これは個人における自由との相克として、人間に課せられた永遠の課題でもある（若森 2011：259）。人間とは、肉体的には有限の存在であり、何人も死を免れることはできない。しかし、人間は単なる、個の肉体存在としての生存という目的のみにしたがって生きているのではないことは、事例分析によってすでに明らかになった。私たちは、他者との関係性を必要不可欠としている社会的存在なのである。個的な存在としての人間と社会的存在としての人間は、現実の世界においては、同時にその両方の存在様式を重ねあわせ、バランスを取りながら生を営んでいる。

ポランニーの自由論は、個的な存在としての人間の自由と社会的人間としての自由の関係性を問うたものであり、すでに述べた通り、ここにはルソー・パラドックスと彼が呼ぶものが横たわっている[53]。私たちの個的な自由の追求は、無自覚に、本人の意図に反して他者の利害を傷つけ、他者の自由を奪う可能性を多分に含んでいるからだ。社会が複雑になればなるほど、この傾向は加速していく。

各々の自由の追求は、結果としてその個人の意図を超えた帰結を引き起こすことを免れない。その時に、そのような自由は真の自由といえるのかということを問うたのである。それゆえ、社会的存在としての人間が抱えるジレンマは、この自己の自由の追求と同時に、他者を認識し、他者に配慮することなしには獲得できないという事実を受け入れざるを得ないことだ。私たちは、個的な存在と社会的な存在の不可分性の中に存在し、人間存在自体が個的存在と社会的存在の「もろとも」の関係性の中にあるということがいえよう。「個人の唯一性の発見とそれを失うことによる永遠の死を覚悟して受け入れることが個人的自由という新しい生の創造の源泉になった」。この言葉の解釈は非常に難しいが、他者との社会的関係性における個人の自由の放棄は、逆説的ではあるが、結果として個人的自由という新しい生の創造をもたらすというふうに考えていいのではないだろうか。これは、「もろとも」の関係性の中に埋め込まれている〈自由・責任・信頼〉につながっていく視点であると考えられる。

ポランニーのいう「責任を通しての自由」は、「社会的結びつきの基本形態」、あるいは人間の「社会的被制約性」が人びとにとって目に見え実際に体験されることを、不可欠の条件としている。しかし、「透明な直接的人間関係からなる共同体とは違って、社会においては、交換価値や資本、市場や国家、法といった個々の人間の意志から独立して見える客体化を個々の人間の行為の結果として把握することは容易ではない。人びとは、自分の行為や選択が他の人びとに及ぼす社会的負荷や人間相互の実在的な関係を正しく認識することができず、その結果、「責任を通しての自由」という社会的自由を達成できないのである。[54]

なぜ「お礼制」の関係性の中で尾崎が「もろとも」という言葉を口にすることになったのかという

点について、ポランニーの社会的関係性による自由の考え方は示唆的である[55]。

「市場で示される価格を支払って財・サービスを手に入れる消費者は、人間の社会的存在としての『全面的な被制約性』、すなわち各人のすべてのものがもっと内奥の自我に至るまで、他者に由来し、他者に負うもの、借りているもの」を認識する機会が奪われてしまっているために、その事実が見えなくなってしまうのである。それゆえに、市場経済においては、「自分の行為や選択が他者に与える結果に対して責任をとることができない」ために「責任を通しての自由」を獲得することが制限される。ポランニーの言葉では、「人間相互の社会的関わりの透明性を高める」ことによって、「人間の存在と消費が無数の他者の労苦、生命、過労による病気といった犠牲に依存していることが見えてくる」と表現される[56]。

ここで、なぜ尾崎が「お礼制」を続けてきたことで、放射能問題が起こった際に「もろとも」ということができたのかが理解できる。つまり、「お礼制」という仕組みは、尾崎自身の消費が金子の苦労、生命といったものに負っているという、他者が見える距離に尾崎を置き続けていたのである。「お礼制」とは商品化、数値化によって、比較可能な市場的交換価値ではなく、多数の中の単なる選択肢の一つ（one of them）でしかない関係性ではなく、野菜でいえば、高い安いという価値でしか評価されない世界ではなく、関わる人が固有名詞で呼び合いながらつながり、固有性（唯一無二性）を保持しながら、互いのかけがえのなさを感じられる関係性であり、その関係性の束が「お礼制」である。そこには、アトミックな個人の集まりや塊ではなく、まさに相手の顔が見える「すがすがしい甘えのない親戚のような関係性」が作られていたのである。

## 互いに課された責任を自分のものとして引き受ける

「お礼制」を通じて概念化を試みる「もろとも」の関係性の中には、〈自由・責任・信頼〉という概念が不可分に埋め込まれている。本書の事例に即して考えると、母親、尾崎や農夫、金子が応答した（response）相手は、決して同じような言葉を話す相手ではなかった。農夫は牛や、土地や、虫に対して応答した（response）。またある母親は自分の生まれてきた子どもの健康、乳飲み子の命に対し応答した（response）。そしてその両者が結びついた時、乳飲み子の命や健康は、その延長線上にある農夫の責任（response-ability）として課された。農夫にとってその生存の基盤となる自然環境は、そこにその野菜を子どもに食べさせる母親の責任として課された。両者はその関係性によって、互いが互いに課された責任を自分のものとして引き受けることになったのだ。「他人の責任に対しても私は責任があるのです」（Lévinas 1984 = 2010）という関係性がここにあるといえるだろう。

さらに興味深い点は、「顔」である。尾崎が野菜の御代は「お礼」でと思い立ったきっかけは、金子の母親の姿を見てということであった。農家の苦労、農作業の大変さを理解していた尾崎が、その姿つまり「顔」を見たことで、自ら一歩踏み出すことを要請されてそれに自発的に応じている。また野菜がたとえ不出来であっても、虫食いによって葉物がレース状態で来ようとも、それにクレームを申し立てることをしないということの理由に、畑と金子が苦労している姿が「目に浮かぶから」だと答えていた。つまり他者の「顔」が見える、つまり金子の姿が思い浮かぶことが、尾崎にこうした応答を促す原動力になっているということがわかる。

ヨナス（Jonas 1979=2010）が『責任という原理——科学技術文明のための倫理学の試み』で論じた時代背景から今に至るまでの自然環境問題を鑑みれば、責任の議論は、決して同等にはなりえない「他者」、唯一無二の存在としてこの地上に存在する他者、それが生物である人間、動物、植物であれ、命あるすべての生命体を含めて考慮せざるを得ない時代になったことは確かだろう。そう考えた時に、やはり、責任の前提に双方向的コミュニケーションを想定した「相互性」を据えることはますます困難になってきている。例えば、もの言わぬ者、声を発することのできない者、声を出すことができても、まだ言葉を話すことのできない乳飲み子、そして牛や動物たち。そうした他者たちから呼びかけられた側の私たちが、その他者からの呼びかけに応答することを課せられているのだ。そしてその課せられた呼びかけと、向けられた「顔」に応えるのか否か、どのように応えるのかは、まさに「私」の側に委ねられた責任だといえるだろう。

大庭（2005：28-29）による責任の議論を援用しながら、責任と信頼について考えてみると、責任とは「間柄の特質」であり、その response-ability つまり応答可能性をささえ、「信頼関係を引き受け、自分の出方についてのコミットメントを引き受けていく」ことである。そして、責任という概念は「過去と未来の両方に対して向いている」時間軸を伴った概念であるということができる。時間軸が過去に対して向かう責任は、「過去の行為を問う／問われる時」であり、「本質的なのは、その行為の理由であり、相手との共生の可能性」である。そして、「関係修復へのコミットメントの引受けが責任を取るということ。そこには相手の許しがなくてはならない」。また、逆に、未来に向かう責任も「本質的には共生への相互的なコミットメント。未来へ向かう責任の核は、相手への気遣い、見守り、呼びかけ、応えるのをやめない事」つまりそこには継続性が横たわる。その意味で、「責任とは、根底的には、共生を模索し、より善き共生を求めるがゆえの呼びかけ」であるということができる。

## ポランニーが考えた責任の次元

責任には法的な次元から、宗教的な次元までの幅があると考えていいだろう。ここで論じる「もろとも」はこの両者のちょうど中間に存在する「倫理的」次元の責任である。

法的な次元においては、そこにはサンクションが伴い、法令や条例、判例といった法律的な文脈の中に位置づく。法と犯罪の中で問われる責任は、このような法的な次元のものである。ここでは、国家権力による処罰というシステムの中において責任が議論される。

一方、宗教的、形而上学的な次元の責任に関しては、あらゆるシステムを超越した、限定をつけない責任が問われる。こうした責任は、相手の如何にかかわらず、その人物と絶対的な超越者である神との間で問われるものである。人間が負うことが不可能であるという責任を取ることの不可能性を突きつけるような位相の責任は、形而上学的な意味における責任であり、このレベルにおいては究極的には人間には責任を取ることなど不可能であるという結論に導かれる。[57] レヴィナス研究者の吉永(2016)は、レヴィナスの責任と絶対的な他者が限りなく形而上学的な超越者の位相に近いことを指摘して、レヴィナスの哲学と宗教の境界のきわどさを指摘しており、確かにこの線引きは非常に難しいと思われるが、ここではこれ以上この議論に立ち入ることはできない[58]。

しかし、ここで重要なのは、「責任をすべて法的な責任へと還元することではなく、責任概念の広袤（広さ）をみきわめ、その襞をのばしながら、法システムにとっては差し当たりノイズでしかないかもしれないコミュニケーションの可能性を追求すること」（吉永 2016：32）である。

ここではいったん、大庭の倫理的な責任という次元を次のようにとらえてみたい。すなわち、「もろとも」の関係性が射程とする責任とは、法的な次元と形而上学的な次元の責任のあいだに位置し、「配慮や弁済の義務にも還元できず、さりとて遂行不能な超越的な賦課でもない」ものであり、なおかつ「呼びかけ・応じることがなお可能だ、という喜ばしいおとずれ」であるという意味における責任である（吉永 2016：36）。責任において重要なのは、「過去の行い・態度の責任が問われる時にも、責任を論じることとの倫理的なポイントは、『他のようにもありえた』という地平の上で、ありうべき未来・ありうる未来を共に構想し、新たにコミットメントを負い合う」という意味においてであり、責任が問題になるのは、その人の行為は他者に対して必ず、なんらかの影響を及ぼすという帰結を引き起こすからにほかならない（吉永 2016：37-38）。ポランニーが議論した責任と自由の問題は、この位相における責任ではなかったか。

> 未来というのは今も後にも存在しない。未来とは、現在に生きる人びとによって絶えず作り直されるものなのである。現在だけが現実である。現在のわれわれの行為に対して影響力をもつ未来など、どこにも存在しないのである。（若森 2011：51）

つまり、ポランニーは未来がおのずから決定されてしまうような決定論的思考を排除し、人間の意志、現在の目の前の現実に働きかける余地を放棄していない。こうした考え方に基づいて、ポランニーは「自由の倫理的次元の復権を訴えるが、このような自由の認識はその後の彼の社会科学的思考における不変の特徴を成していくもの」（若森 2015：51-52）となっていったという。ポランニーはそれゆえ、人間の積極性、人間存在の未来に対する影響力を過小評価してはいなかった。

　意志を持つ自由な存在であるからこそ人間は、自己の行為が非意図的結果としてつくり出す社会法則に対して責任を持っていること、そのような法則が疎遠な意志として彼の自由な意志を支配する社会の現実に立ち向かえる存在であること、したがって人間は、必然性の法則を自明のものとして受け入れる受動的な存在ではなく、未来の社会的現実の構築に影響を及ぼしうる積極的な存在である。（若森 2015：54）

## 〈選択の自由〉がもたらす苦しさ

フランス革命が掲げた近代的意味での「自由」は、「～からの自由」という表現であらわされる自由である。その象徴は、ニューヨークの自由の女神、〝the statue of Liberty〟であろう。厳格な階級社会、家父長制的な親族関係、男女、血縁、地縁、世襲制、宗教といった、生まれながらに与えられた条件を背負って生きる人間たちの〈選択の自由〉の希求がこの自由のもつ意味であった。日本語では「しがらみ」という言葉はそれを象徴しているが、逃れられない縛りをもつ否定的なニュアンスを表している。「世間のしがらみ」といえば、人が感じる不自由さを織り込んだような響きをすでにもっている。近代的自由は、そうした定められた運命や立場を超えて、自らの意志で個人が何かを選択することの自由を人間にもたらすパラダイム転換であった。そしてその自由は、前近代的な既存の階級制度や宗教組織といった確立されていた社会との闘いの中に獲得されたものであった。その自由を享受する主体の範囲が拡大し、権利の概念が拡張していった。

その〈選択の自由〉がもたらした恩恵を享受しながら生きてきた人間たちが、その〈選択の自由〉に対しても、苦しさを覚えるようになる。その状態を文学で表現したのはM・エンデの『自由の牢獄』であり、学術的にその人間の心理的メカニズムを解明したのはE・フロムの『自由からの逃走』であった。この人間の苦しさは、〈責任〉と結びついており、〈選択の自由〉はその結果としての〈責任〉を個人が負うことを課す。〈自由と責任〉のこのような選択と結果の関係として語られる。[59] 近代的個人は、こうした〈選択の自由〉と責任を負うことを両方課せられた存在であり、そのように生きることができる「強さ」を暗黙裡に織り込まれた存在である。しがらみという呪縛から解放された自由な個人が、自由を享受しその結果を自らの責任として引き受けることが生きることの重要な条件となる。

しかし、私たちは個人として常に「強い」存在であることを約束できないばかりか、バラバラに切り離された個人は、「弱く」、不安な存在であることに気がついている。それだけではなく、ふたたびつながる術を知らないまま放り出されているような社会が作られている。またそうした弱く不安定な個人が組み込まれていく巨大なシステムに私たちが吸い込まれていく全体主義を20世紀に人類はすでに経験してきた。〈選択の自由〉という近代的自由の獲得を経て、私たちはその先に新たな自由の意味づけをしなければならない時代に来ている。なぜならば、〈選択の自由〉とその結果としての責任引き起こす帰結の倫理性が求められるようになっているのだ。

選択の自由のその先に、自らの選択がの行為のレベルにおいて倫理が今ふたたび問われ始めている。だからこそ理念としての倫理ではなく、より具体的な日常生活ず、非倫理的にふるまうことになる。だからこそ理念としての倫理ではなく、より具体的な日常生活を負いきれない世界にバラバラに放り出されてしまった人間は、自らの責任に無自覚にならざるをえ

## 責任を担える距離と透明性

産業文明を根底的に批判し、共に生きるためのコンヴィヴィアリズムや相互補完性としてのジェンダーの議論、近代システムの批判としての脱学校、脱病院などを幅広く議論したイリイチは、責任という言葉の意味が変化し始めていることに気がつき、責任という言葉を使うことをやめた。それは責任という言葉が見えない相手に使われる時に、その本質、実態が無化してしまう、空疎になってしまうことに気がついたからだ。一つには、自分の健康を自分で守ることは自己責任であり、自己管理であるという文脈で責任が使われ始めたことと関係がある。[60] イリイチが拒否した「責任」という言葉の使われ方は、本書の冒頭で書いた、福島の牛飼いの話に通じている。吉沢が牛を維持することを決めた時に「自己責任でどうぞ」といわれる「責任」という言葉が権力側の合法性の獲得のための手段として使われている。イリイチが拒否したのはこの「責任」という言葉の使用に対してであった。権力側の責任の放棄（無責任）を弱い立場にある個人に押しつけ、牛を生かすのであればそれはあなたの責任です、自分で努力して何とかしなさい、というような仕方で放り出される時の「責任」は、牛飼いが引き受けられるような質のものでも、引き受けるべきでもないにもかかわらず、命令に背いたも

のとして自らの責任を放棄した権力によって合法化される。牛飼いが牛を殺さないという決断は、牛からの問いかけに応じた彼の牛に対する責任＝response-abilityであったが、その選択の結果の事態を引き受けることは彼の「責任」として課される。吉沢の場合は、それを引き受ける覚悟をし、実行した。しかし、見逃してはいけないのは、「自己責任」という方便は、弱者切り捨ての自らの無責任を正当化するための方便として使われており、それはつねに強者から弱者に向けられるという点であろう（野崎 2015：内田 2015）。

もう一つの理由は、責任という言葉が１９７０年代、地球環境問題が叫ばれるようになった時代において、私たちの「地球に対する責任」ということが論じられるようになったことと関わりがある。「私たちが地球環境に対して責任をもつ」というような言説が、イリイチは陳腐なものと化したと感じていた。なぜならば責任とは自らの行為が何に対して誰に対して担うのかがはっきりしない時に、その実態が曖昧となるからだ[61]。「わたしが責任を負うことができるのは、自分がそれに関して何かをなしうるようなことがらだけ」という彼の言葉は、責任を担うことについての、「見える」ということを示唆している。私たちは、私たちの行為の帰結が見える、わかる、把握できる時に初めて責任を担うことができるのだ。

すでに述べたことの繰り返しになるが、ポランニーが展開した社会的自由の問題において、人間と人間の関係性の透明性、社会的関係性における透明性は、責任において条件となっている。ポランニーは、責任を担うことの自由の問題を論じたが、それは、自由主義者たちの選択の自由や、～の自由を意味するlibertyの意味ではなく、責任を担うことによってもたらされる、関係的自由、freedom

を意味した。ポランニーにおいて、この「責任を担うことによる自由」の前提条件には「見通せる」、「透明性」が重要なカギとなっている。埋め込みとは、この距離感を近づけた関係性にふたたびつなぎ直すということであるだろう。

本人が選択したか否かにかかわらず、埋め込まれた関係性の中で繰り返される日々の営みという、どこか修行にも似た学習プロセスを通じて倫理的に成熟していく可能性をもち、そのような日常的実践の積み重ねがもたらす関係性が、「お礼制」にはある。その関係性は、コミットメントから始まることもある。ＯＫＵＴＡの事例がそうであったように、そのような方向に自らの経営を方向づけていくこと、そして自らのミッションステートメントに忠実に遂行して、努力し続けることが、ＯＫＵＴＡという法人の「人となり」を作っていく。自らにあえて責任を課すことで、自らの進むべき方向性を位置づけ、市場社会の中での経営であっても、法人としての倫理的な成熟に挑戦しようとすることができるという貴重な実例でもある。

## 信頼に応ずる能力

信頼は、他者とどう共に生きるのかという問いにとって不可欠な要素であり、複雑な社会の中でどう生きるのか、複雑な社会の中で他者とどう生きるのかの作法である「もろとも」は信頼を抜きには成立しない。複雑性を複雑なまま生きることは、人間にとって大変な苦痛をもたらす。未知なものに囲まれすべてが不確実な状況下において、人間は存在することさえ苦痛であろう。その苦痛を軽減するために、人類は不確実性をいかに軽減できるのかという点に、知性とエネルギーを割いてきたといっても過言ではないだろう。すべてを完全に把握し、コントロールしたいと思う人間の欲求は技術の進化を促してきたし、人類の進歩はそうした不確実性の縮減という形で実現されてきた。複雑さを縮減するためには、「信頼」が鍵となる。信じるという行為は、賭けのようなものであり、冒険であり、ある種の恐怖も伴う。しかし人間は信頼せずには単純な日々の暮らしを送ることさえできない。例えば、自分の家の構造を信頼していなければうかうか夜寝ていることはできないし、今目の前にある食べ物に毒が入っていないことを「信頼」しなければそれを口の中に入れることもできない。非常に小さいレベルから大きなレベルまで私たちは生きる中で信頼という行為を積み重ねている。待ち合わせに相手が現われるということを信頼しているから、その場所に行く、そうした他者への信頼があって、社会生活も成り立っているといえる。こうした信頼は文化や個人差によっても大きく異なることは当然あるのだが、多種多様なレベルの信頼が日常生活を支えている。また私たちの信頼を裏切って、想定外の事柄も起こる。安全だと信頼していた原発が爆発したという事態は、そうした私たちの信頼が壊れた瞬間でもあった。私たちは、信頼した相手に裏切られることを積み重ねることで信頼することをやめることもある。しかし、信頼すること自体を完全に放棄して生きることは不可能なのだ。「信頼は相変わらず冒険なのである」(Luhman 1973 = 1990) というように、私たちの生は、信頼という冒険を常に経験し、それをやりくりしながら営まれているのだ。

「信頼」は他者に対して、自らの不確実性を引き受けて一歩、歩み寄ることでしか始まらない。万が一、信頼した結果、裏切られる可能性があるとしてもである。まずその他者を信頼することから始めなければならない。その他者を知ることは信頼することに寄与する場合もあるが、つまり知ることによって信頼しやすくなることもあろうが、知ることは信頼することの絶対条件ではない。信頼は知ること、もっといえば信頼は、理解することに先行する。また信頼するところからしか関係性は始まらない。関係性の構築には、まず、自らを一歩相手の側に差し出す、信頼を寄せることから始まる。だから「信頼は責任という概念が意味をもちうるための根本的な条件である」（大庭 2005：21）。もしも相手が先んじてこちら側に一歩踏み出してきた時、私たちはどうするだろうか。それに応答すること、応答する能力のことを「責任」という。

贈与と責任は、この応答の反覆という意味で共通している。この反覆と継続する運動性が修行のように、学習プロセスとなって、いつしか変容を遂げる。これは責任も同様であり、責任が遂行概念であるというのは、責任もまた、他者への応答、他者からの応答のくり返しの中に存在し、その運動を遂行することでしか実体をもたない。贈与と信頼もまた結びついている。責任、贈与、信頼はこうした他者との関係性の中に存在している概念なのだ。贈与と信頼もまた結びついている。あらかじめ相手を信頼するから贈与するのだ。言いかえれば贈与は相手に先んじて信頼して差し出すことから始まる。「相手に贈り物をする時に何らかの形でかえってくる」（Sarthou-Lajus 2012=2014：58）ことに信頼を寄せるのだ。このように見てくると、お礼制の中にあった、責任、自由、信頼、そして贈与という要素はどれも不可分につながっている。それゆえに「お礼制」を解明する目的の本書では、それをすべて含みこんだものを議論するためにも「もろとも」という新しい概念として提示するしかないことが理解されるだろう。

## 4　「覚悟して受け入れること」と自由

ポランニーの「覚悟して受け入れる」という概念は、本書の「お礼制」においてはどのように立ち現われてきただろうか。第8章で触れたように、この「覚悟」は、人間の成熟という問題とセットに論じられるものである。事例の中の人びとを見てみると、単なる一介の人間の意志と選択としてのみではなく、ある時は外的要因によって、受動的に引き受けざるを得ない境地に立たされた人間が、どこかで自分の意志を保留にしながら、向けられた顔に、応えていったという事実にあったといえるだろう。そこには、やはり、諦めというニュアンスも含まれている。しかしなおかつ、時にはしぶしぶとであっても、それは、自らをその方向に差し出していく、応じていく態度である。

若き金子が、理想の牧場を夢見た時期に、祖母と父の手紙によって、自らの理想を断念して、小川町の下里地区にとどまるという決断をする。そこには苦悩があった。農家の長男として否が応でも家を継がなくてはいけないという家制度の強い縛りに言及もしていた。しかし、そのあきらめの先に、とどまることを決意したからこそ、不利な地理的条件を、どう最大限生かすのかという方向に全身全霊を注いで知恵を絞っていく。その形が、現在の霜里農場であった。酒蔵の中山もまた、長男が家を継がないということによって引き戻され、豆腐屋の渡邉も父に泣かれて戻ってくる。それぞれは夢をもって一度は外に出ていったが、戻された場所で、最大限の知恵を注ぎ込んでいる。安藤もまた、自分の選択ではない農業をただ無我夢中に、一生懸命やり続けた。決して好条件ではない中で、いや好条件でないからこそ、人間は知恵を絞り出すのかもしれない。インフォーマントたちの人生が示唆するのは、それぞれが、そのような諦めと、責任を担うと覚悟を決めたその先にもたらされた現実の世界である。ここにあるのは、選択可能性がもたらす自由ではなく、たとえ自らの意志に１００％そぐわない現実であっても、それを覚悟して受け入れた人びとが、その先に新たな展開を生み出していく人間の中に備わった力である。

ポランニーの『大転換』の最後で語られる、この「覚悟して受け入れる」という言葉が意味しているのは、ある種の過酷な状況下において、「にもかかわらず」というような選択、そしてそれは未来に向けて、未来につなげる希望を託した現在の決意を示す姿勢だ。そして、この自由について議論することは、それが現実的に可能かどうかということ以上に、「永遠の課題」として人間が向かい合うべき方向性として存在し続ける「問い」だと位置づけていた。未来はあらかじめ決定されたものではなく、「予定説[62]」的な未来から現在が規定されると考えることの拒否はそれゆえだ[63]。どのような未来であろうとも、それをあたかも決定されているかのように認識すること、または未来は予定調和的に設定されていると認識し、それによって現在の選択が左右されるということに対して否をつきつけることでもあるのだ。

resignation（覚悟して受け入れる）ということは、いかんともしがたいこの世の悲惨や社会の状況、例えば放射能汚染を単に受け身で受け入れて諦めてしまうことでもなければ、それに順応し、何ごともなかったかのように思考停止して生きる道でもない。そのように私たち自身が何かを放棄してしまうこととは異なるのだ。その社会の現実を認識したうえで、受け入れなくてはいけないと一旦あきらめにも似た境地を通りながらも、なおかつ悪に対しては、否と言い続ける力をもち続け、より善き生き方を模索する人間の姿勢をいうのだろう。そこには、絶望ではなく、希望がなくてはいけない。ポランニーが「希望の源泉」という言葉を使ったのは、希望なきところには、そのような方向へ舵を切り、一歩を踏み出すことができないことを自らの第一次世界大戦の苦悩、そして第二次世界大戦の悲劇の中から学び取ったからであろう。覚悟して受け入れるとは、決して飼いならされて長いものに巻かれることではなく、絶望的な現実を認識しつつ、にもかかわらず、かすかであっても希望を捨てずに前進するという積極的な力の源泉となるのである。

## 5
## 「埋め込み」から「もろとも」へ

以上みてきたように、「お礼制」は、一度バラバラになっていた人びとの経済関係を社会関係の中にふたたび埋め戻した仕組みであり、相手の生きる世界が見通せる、把握できる距離に双方が収まることで、互いが倫理的に振る舞うことを可能にしたのだといえるだろう。

人間は埋め込まれることで、倫理的に振る舞うことを要請される。経済をふたたび社会関係の中に埋め込むことで、そのような倫理的な次元の関係性を可能にする。市場経済の巨大な大海原にあっても、埋め込まれた関係性の中にある倫理は錨のように人びとを辛うじて、つなぎとめる役割を果たす。

その意味において、「もろとも」とは、他者と共に生きるための、作法であるともいえるだろう。人は、自然を含めた他者と埋め込まれたそのただ中で、贈与運動のシーソーを繰り返しながら、まるで修行のようなプロセスを経て、いつしか相互変容を遂げていく。その中で、いかに他者と共に「善く生きるのか」を少しずつ体得していく。

その際に、「もろとも」は、決して交わることのない他者、決して完全には理解することができない他者と関わることを余儀なくされる。人間にとっては不快であり、ストレスフルな関係性でもあるだろう。時に相手を疎ましく思うこともあるだろう。そのような時の距離の取り方、コミュニケーションのあり方を「もろともの関係性」は学ぶプロセスでもある。尾崎の言葉にあるように、相手の姿が常に「目に浮かぶ」という関係と、同時に相手の「すべてが見えすぎてもダメ」という一見矛盾したような言葉は、このもろともの関係性から彼女が会得した距離感である。自己を認識するために私たちは他者を必要とする。自己存在の存続にも他者を必要とする。しかし決して自己と他者とは交わることがないし、同化することはない。それはまるで贈与と交換の限りなく近づきつつ、しかし完全には統合しえないという事象にもどこか似ている。両者のあいだには、厚い壁で仕切られた距離感、または、薄い皮膜のような距離感までさまざまな仕切りが設けられているのだろう。近すぎず、遠すぎずのその距離感を計りながら、そのころあいを学んでいくほかない。

ふたたび埋め込むとは、決して前近代的な血縁、地縁の強い社会に戻るということではなく、玉野井の言葉でいえば、「より高次の次元」で戻り、さらにそれは、それぞれの生の全体性をふたたび回復することを可能にする。「お礼制」の中に埋め込まれていた「もろともの関係性」とはまさに、そのような全人性の回復の可能性を示唆した関係性であったといえよう。「お礼制」はふたたび埋め込まれた関係性の社会実験の結果である。そして、それは倫理的次元における社会関係の再構築であり、その埋め込まれた社会関係は「もろともの関係性」であったということがいえるのではないだろうか。

# おわりに

有機農業における提携は、人びとが日常的実践を通じて構築した「顔」の見える関係性である。それは、単なる、安全なものを手に入れるためだけの手段ではなく、ましてや生産者が農産物に高付加価値を付して生存を追求しただけの仕組みでもなかっただろう。それらは当然のことながら条件の一つではあっても、提携が志向していたものは、より深い次元での人間と自然の関係性の構築と、人間と人間の社会的自由と責任、信頼関係にもとづく経済倫理的行為であっただろう。加速的に複雑化する社会の現実のなかで、バラバラに切り離された人びとがどのようにしてふたたびつながることが可能なのかという視点を内包しながら、食と農という人間の生存の基盤において希求されたものが、有機農業運動の提携であったということがいえるだろう。

かつてナチスによって採用された政策としての有機農業は、優生思想との親和性が指摘されている（藤原 2012）。自然の摂理と人間社会の安易な類比や同視は危険であり、避けるべきであることはいうまでもないが、しかしここで敢えて例えてみるならば、「お礼制」という世界が作り出してきたのは、有機農業の土の「団粒構造」のような人間関係であったということができるだろう。アトミックな個人の集まりという「砂のような」社会のあり方ではなく、また砂が固められた「セメントのような」全体主義的な社会でもなく、有機農法で作られたふかふかの生きた土のような、空気や水の吸収や排出が常時行われ、何億、何兆もの微生物が住みついた、生きた土、その団粒構造のような関係性であったのではなかろうか。

「益虫・害虫・ただの虫」がバランスよく住み着く生態系のバランスが望ましいとされる有機農業においては、慣行農法のような害虫を一匹残らず抹殺してしまうようなありかたはそぐわない。なぜならば、害虫を抹殺しようとしても、必ずといっていいほどスーパー害虫が、更なる進化の末に登場したり（本野 2011）、病気を根絶しようとして科学技術を駆使しても、スーパーウイルスが登場したり、所謂「いたちごっこ」に終わることを、有機農家たちは経験上学んできた。その上で、私たちと「もろとも」の関係性にある自然の生態系をどう守り、どう活かし、どう持続させていくのかは、私たち自身の生存と不可分であり、遠い世界の絵空事ではないのだ。本書が論じてきた、「お礼制」という仕組みと、そして「もろともの関係性」は、これからの未来に対する「いかに善く生きるか」という倫理的問いに対する可能性を提示してくれただろう。

本書では論じ切れなかったが、今後の研究課題として述べておきたい。日本の有機農業運動における提携が停滞しているといわれて久しいが、この運動が、ある特定の時代背景と社会的構造の中にあったことを鑑みれば、いま新たな提携の形が模索されるべきであろうことは想像に難くない。専業主婦と正規および終身雇用の夫たちの核家族というモデルが大量にいた時代はもう終わりに近づいている。その最も顕著な例として、本書のインフォーマントの1人である、尾崎のようなシングルマザーも格差社会が広がる今日の日本社会の中で増えつつある。富裕層と貧困層の格差はますます拡大し、近代の標榜した平等社会は今、中世とは異なる新たな階級社会へと移行しつつあるようにも見える。

そのような「社会の現実」を前に、「もろとも」の関係性はどのような意味をもちうるだろうか。序章でも取り上げた、今現在世界中で起こっているさまざまな名前がついた多種多様な人びとの運動は、「もろとも」の関係性が作り出す世界と問題意識を共有しているといえるだろう。巨大システムの中で個が一括管理されていくような世界で、自然と不可分につながっている人間たちの尊厳をかけた運動は、私たちの生存と生きがい、生産と再生産、自由、責任、信頼にとってなくてはならない不可欠な要素なのである。その意味において、たとえすべての人が、生活全体を「もろとも」の関係性で構築することは不可能であったとしても、このような関係性のない世界では、私たちは生きることができないといっても過言ではないだろう。

提携にとって重要なのは、その時々の経済社会の構造に合わせながら、関係性の質を保持していくこと、言いかえれば、「お礼制」の中にあったこの「もろとも」の関係性をどのように構築していくことが可能なのかということに尽きるだろう。外側から見える形は、インターネットやSNSといった新しいテクノロジーを導入したものであってもいい。提携が提携である所以は、関係性の質、まさに「もろとも」の関係性にあるのだから。

日本の有機農業の父、一楽照雄の座右の銘であった「自立互助」の思想に基づいた提携運動とは、互いに責任を担うことによる自由の獲得、人間の尊厳を取り戻す関係性を希求して、人びとが田畑に立ち、台所に立ち、共に生きようとする営為ではなかったか。経済関係がふたたび社会関係のなかに埋め込まれることにより人間の全人性の回復がもたらされること、それが「物の売り買いではなく、友好的つきあいにもとづく相扶けあう関係性」の真の意味するところなのだ。繰り返しになるが、その関係性は、本書で論じてきた「もろともの関係性」であり、その関係性が埋め込まれていたものが「お礼制」であった。

本書の一部は、次の四つの論考に加筆したものである。

（1）「放射能汚染に向き合う農の現場から――なぜ農民は耕すのか」「『農』の哲学の構築」研究成果報告書、2013年、東京大学

（2）L'agriculture biologique suite á la catastrophe du Tōhoku. Le devenir des teikei aprés le 11 mars 2011. Géographie et cultures, 86, 2013（「東日本大震災から見る日本の有機農業――3・11以降の提携のゆくえ」ソルボンヌ・自然と文化研究所発行『地理と文化』86号、特集号）

（3）「『提携』における〝もろとも〟の関係性に埋め込まれた『農的合理性』――霜里農場の『お礼制』を事例として」環境社会学会編集委員会『環境社会学研究』(20)、2014年、有斐閣

（4）「有機農業がつむぐ地域経済――多様な農のあり方を受容する小川町」『農村と都市をむすぶ』2015年10月号、全農林労働組合

# 注

## はじめに

1　レヴィナスの「顔」に関しては膨大な研究と言及があるので立ち入らないが、レヴィナス自身の言葉では、「顔において絶対的に他なるものが、現前する。［中略］顔において他者が現前することは、際だって非暴力なできごとである。私の自由を傷つけるのではなく、私の自由を責任へと呼び戻し、私の自由をむしろ創設するからである。それは非暴力的なものでありながら、〈同〉と〈他〉の多元性を維持する。顔において他者が現前することが平和なのである」と述べている。『全体性と無限』下巻、51頁。

2　環境倫理の分野においては、これまでも世代間倫理、世代間の責任、異種間の責任などとして既に活発に議論されてきたし、環境思想・哲学において篠原（2016）は『複数性のエコロジー――人間ならざるものの環境哲学』として、空間、建築物、雰囲気、モノの「他者性」に議論を広げている。さらに「人間的なるもの」を研究してきた「人類学」においても、近年その枠組みを超えたコーン（Korn 2013=2016）の『森は考える』がある。これは、「森が思考する」という視点や私に向けられる「ジャガーのまなざし」という視点など、異種間の関係性や、共同体のあり方を志向する研究である。レヴィナスは必ずしも人間以外のものに言及して積極的な議論を展開していなかったといわれるが、その点に言及して、「障碍者、動物、胎児」を含めた議論を試みた研究として小手川正二郎（2015）『甦るレヴィナス――「全体性と無限」読解』がある。

3　ヨナス（Jonas 1979＝2000：223）が未来世代に対する責任を議論する中で取り上げている「乳飲み子」の存在も責任の非対称性の例の一つである。「赤ん坊が息をしているだけで、否応なく『世話をせよ』という一つの『べし』（当為）が周囲に向けられる。見てみれば分かるだろう。私は『否応なく』とはいうが『抵抗なく』とはいわない。どんな『べし』でもそうだが、この『べし』も、当然抵抗を受けるからである。この『べし』の叫び声は、無視されうるし、［中略］かき消されてしまうこともありうる。しかし、子どもの世話をすべしという要求そのものの否応なさと直接的自明さは、これによって何ら変わりはしない」。

4　動物に関しての、近年の研究では、金森（2012）『動物に魂はあるのか』、金森（2016）「動物哲学から動物の哲学へ」（『談』）などの議論がある。植物に関しても従来の農民が野菜に話しかけるなどというと、どこか迷信じみた前近代的な非科学的行為のように語られてきたが、近年さまざまな研究が進んでいる。例えば、『植物は〈知性〉をもっている――20の感覚で思考する生命システム』（Mancuso & viola 2013=2015）。
5　2015年8月22日の吉沢正巳氏の東京都文京区においての講演の言葉より。
6　ここでは正義と責任の問題について立ち入ることはできないが、response-ability はなぜ正義とセットになって語られるのかということを論じた福永（2010）によれば、「呼びかけられた」状態において、「それをなかったものとして見過ごさないこと」、「呼びかけに応答することが求められる」、これが、応答責任としての response-ability であり、その責任に応えることこそが正義と考えられるからだ（福永 2010：179）。

## 序章

1　近年こうした書籍や雑誌が増刊されている。例えば『儲かる農業――「ど素人集団」の農業革命』嶋崎秀樹（2012）、竹書房新書、『週刊東洋経済　特集　農業で稼ぐ！　高齢化、TPPどんとこい』2012年7月28日号。
2　『週刊東洋経済　世界で勝つためのヒント　強い農業』2014年2月8日号など他。内橋克人は、これを「ネオリベラリズム循環」あるいは「市場原理主義の循環運動」という視点に立ち詳しく分析し、この思想的なうねりがどこに向かっていくのかを考察している（宇沢 2016：38）。
3　1986年にイタリアの農村ブラで起こった運動。カルロ・ペトリーニによって提唱されて国際的な社会運動に発展した。いわゆる〝ファストフード〟に対抗させた考え方であり、食を取り巻くグローバル資本への対抗運動が秘められている。その土地の伝統的な食文化、多様性、食材を見直す運動、または、その食品自体を指す。（島村・辻 2008）参照。
4　イタリアで起こったスローフード・スローライフ運動から発展した地域文化顕彰活動のことであり、カタツムリをそのシンボルマークとしている。人口が5万人未満で有機農業や食育を実践しているなど、加盟審査には55の指標を設けているが、日本では気仙沼市と前橋市が加盟している。
5　例えば、野家啓一（2013）は、人文学不要論に対して、速度、効率優先といった市場価値に還元しない、別次元の価値をもつものとして「スローサイエンス」を位置づけている。「人文学の使命――スローサイエンスの行方」菅裕明他『研究する大学――何のための知識か』岩波書店、１６５－１９５頁。

6　Slow Science manifesto：http://www.petities24.com/slow_science_manifesto（２０１７年1月3日取得）。トランジションタウンとは、ピークオイルと気候変動という危機を受け、市民の創意と工夫、および地域の資源を最大限に活用しながら脱石油型社会へ移行していくための草の根運動のこと。パーマカルチャーおよび自然建築の講師をしていたイギリス人のロブ・ホプキンスが、２００５年秋、イギリス南部デボン州の小さな町トットネスで立ち上げ、イギリス全土、欧州各国、北南米、オセアニア、そして日本でも広がりつつある。http://www.transition-japan.net/what/（２０１７年1月2日取得）

7　ブエン・ビビール（buen vivir）は、アンデス諸国の民衆運動が市場経済への対案として提起している共同体倫理を基礎とした対抗経済。エクアドル、ボリビア憲法の柱となっている。

8　パチャママ（pachamama）はアンデスの原住民に信仰させる大地母神、自然との共生、環境保全を重視する思考のこと。

9　２００１年以来ブラジルのポルトアレグレ市他世界各地で開催されている世界社会フォーラム等のグローバリゼーション批判運動のこと。

10　indignadosはスペイン語で怒れる人びとを指す。２０１１年にスペインで始まった政治の民主化を訴える市民の非暴力抗議運動のこと。

11　ウォール街占拠運動、（Occupy Wall Street）は、２０１１年にニューヨーク金融街で起こった若者たちの草の根デモのこと。

12　これらの具体的な運動が、２０１６年1月22日に明治学院大学で行われた「共生主義」をテーマとした会合における中野佳裕の配布資料1頁に列挙されており、こうした問題群の共通性が指摘されている。

13　フレイザーが指摘しているように、一見反資本主義に分類されるような「文化フェミニスト、ディープエコロジー、ネオ・アナーキスト」といった思想家や活動家たち、さらに「複数経済、ポスト成長経済、連帯経済、ポピュラー・エコノミー」といった潮流も、実は、資本主義の外部にあるものではなく、「資本主義的秩序にとっては不可分な部分」であり、「経済と共生関係」にあるという認識論的転換は、この現実を生き抜くためには必要かもしれない（Fraiser 2014=2015：18）。

1　国内での有機農業の面積比が0・2％にとどまっている現状と比較すればこの比率がいかに高いかがわかる。

2　小口広太（2013）「地域社会における有機農業の展開要因に関する一考察：埼玉県小川町下里一区を事例として」『有機農業研究』日本有機農業学会編を参照。

3　霜里農場の研修制度について、稲泉・下口・安江・大室（2014）「有機農法の先駆者による青年農業者の育成方法――埼玉県小川町霜里農場40年の取り組みから」日本農業経済学会論文集、184-189頁。本研究では霜里農場の金子を第一世代として、その研修生を第二世代、またその次の世代を第三世代として研修制度の学びの分析を行っている。また、下口ニナ・稲泉博己・大室健治（2015）「有機農業による地域振興策に関わる制度的・組織支援の実際――有機農業推進法制定後の埼玉県小川町の事例から」（『開発学研究』26（2）、日本国際地域開発学会）は有機農業の地域的な視点からの研究である。

4　埼玉県農業政策課調書より。

5　江戸期の小川町には、1920年ごろから芸者街が生まれ、置屋が13軒あったことから、町場の活況と旦那衆、芸者たちの賑わいがうかがえる。

6　神話によると岩殿山に大蛇が住みついて毎日のように村に降りて畑の作物を荒らして困っていたが、その頃天皇の命令で坂上田村麻呂という将軍が東北へ向かう途中に、この地で一夜を明かすことになった。そこで、村びとたちから大蛇退治を懇願される。6月1日というのに寒い晩で麦わらを燃やして温まりながら野宿して夜を明かした。翌朝辺りは一面霜が降りていて、そこには大蛇が通った痕跡がみられた。その痕跡を追って田村麻呂は大蛇を退治した。そしてこの地を「霜の里」というようになった。新田文子（2011）「小川町に残された民話　民話から歴史をさぐる」出前講座、歴史の寺小屋資料44号。

7　中世では、主に信仰と結びついた板碑の材料として切り出されていた。板碑とは中世の石塔であり、卒塔婆の一種である。仏教の信仰の中心、信仰の対象として尊重されてきた塔に使われた石がこの下里地区の山から切り出され、日本各地に板碑の原料として使われている。下里地区では板碑以外にも生垣に利用されてきた。

8　1905年建立の馬頭観世音には下里地区の5名の石工の名前が刻まれているが、その中の1人に「金子喜三郎」というのがあり、下里地区の金子家のルーツであると推測される。

9 板碑作成は、永らく途絶えていたが、下里地区の三つの丁場のうち、1961年（昭和36年）頃に金子石材店がこの青石の販売を始めたのがこの地区の石材業の始まりだともいわれている。

10 それを物語るエピソードとして、富岡製糸所の最初の女工が入所の際には小川町から女工たちが入り、その中に小川町出身の青木てるという後に富岡製糸所の取締役になった人物の存在をあげることができる。当時女性が家を出て働くというのは、貧しい家庭の口減らしであり、良家の子女が外に出て働くということがなかったこともあり、大事な娘を差し出すということは考えられない時代であった。そのような時代背景の中、小川村の青木てるという当時59歳の女性が自分と孫、そして小川村から25名の女性集団を引き連れて、富岡製糸所へ出向いて近代養蚕に従事することになった。小川町の町史編者、新田の研究によれば、当時の小川の地場産業であった紙漉きと養蚕を営む豪農であった青木家では、座繰りで糸車を回して生糸を紡いでいたが糸質が安定せず、すぐ切れてしまうことに、てるは悩み、良質な生糸をとるために苦労していた。西洋式の新しい機械で糸をとれば切れずにきれいな糸がとれるということ、その技術を習得したいという思いから、孫娘を連れて入所することを決意したという。1872年に入所し、てるはのちに取締役に就任し、1874年まで富岡にいた（新田 2014）。

11 その部屋には安岡の直筆の書「霜節堂」という字がかけてあったという。

12 政府は、酪農三法と呼ばれる酪農振興の法的整備も同時に進め、1954年には「酪農振興法」、1961年「畜産物価格安定法」、そして1967年「加工原乳生産者補給金暫定措置法」が整備された。濃厚飼料の輸入、畜舎の近代化、冷蔵技術の革新、チルド流通の整備、常温保存可能なパッケージ素材の発明など一連の技術革新が牛乳普及には大きく影響している（藤原 2014：270）。

13 1955年から1968年にかけて牛乳の生産量と消費量は急激に増加し、1956年から1962年のあいだでは、1人当たりの年間牛乳・乳製品の消費量は104・3%に増加した。この数字は、池田勇人内閣の「所得倍増計画」のプロトタイプ第二部「計画内容」第九章「食糧構成の変化と農水産業の発展」の中で、挙げられた牛乳の消費量増加に関する今後の見込み数字、77%の数値をはるかに上回る増加率であった（前掲書：268-269）。

14 母親は普通高校への進学を希望していたが父と祖母が農家を継いでほしいという要望が強かったという。

15 農業者大学校は1968年に設立され、これからの日本の農業を見据えて、農業分野だけではなく幅広く現場の実践家や研究者を集めて農林省が作った農業者育成のための大学校であった。初代校長は、国際協力事業団副総裁を務めた久宗高であり、講師には、東京農業大学で農業思想論の講義をしていた内山政照や、のちに日本有機農業研究会を立ち上げた一楽照雄も「協同組合論」を担当し教壇に立った。金子は、埼玉県立熊谷農業高校を卒業後、この大学校の1期生として入学した。高校卒業後2年間、実家の酪農を軸とした農業の手伝いを経て、全寮制の農業者大学校で3年間学んだ。

16　減反政策に疑問をもち反対表明をした山形県長井市の百姓、菅野芳秀氏も同様な批判をして、次のように述べている。「食糧管理法が制定された戦時中以来、農民は自由に米を売れず、売り先は国に限られていたわけです。国が買い取ってくれないとなると、闇米として流通させるしかない。でも、みつかると法律違反でしょっぴかれてしまった。減反政策も仕組みは同じ。国の姿勢としては、減反に従ったらご褒美としてお金をあげるけれど、拒むならお金はあげないし、米も買わないよと。要するに、農民にとってのここ20、30年は、（国から）アメをもらって縛られて、またアメをもらって縛られ、最後には足を切られる、みたいな感じだったわけです。いずれにしても確かなのは、減反政策は農民の心をいたく傷つけてゆくものだったということ。実際、それを機に農家を辞めていった人は全国にたくさんいたんじゃないかな」（２０１５年6月26日インタビュー記事）http://lifestory-gallery.com/archives/1109/2（２０１7年2月7日取得）。

17　この対談が収録されている有吉佐和子の『複合汚染その後』（1977）は、当時一般人の公害問題や環境問題の関心に火をつけ、話題を呼んだ『複合汚染』の後に出版された本である。有吉が『複合汚染』執筆後に金子のところへ電話をよこし、「ぜひ一度見学に行かせてほしい」と言って、１９７５年の初めに農場を訪れた。司馬遼太郎が自費出版した『土地と日本人』を読みその内容に興味をもった金子から、「司馬先生に会わせてほしい」とお願いされた有吉が座談会を企画することになる。この本には座談会と対談と2回に分けて金子が登場する。当時29歳の若い金子である。座談会は、司馬遼太郎、有吉佐和子に加え、金子の農業理論及び実践の指導者である、久宗高、内山政照も同席している（金子 1992：221-225）。

18　金子は、のちにも地価と農業問題に言及し、「農業がなりわいとして成りたっていくためには、農産物価格と農地価格、地代が関連し、バランスがとれていなければおかしいはず。農業生産以外の経済的な要因で農地価格が上昇していくことはおかしなことで、農業を始めた当初は、このことに大きな疑問を持ちました」（金子 1992：220）と述べ、日本の基本的問題は地価にあると指摘している。

19　現実的に岩手県遠野で理想に近い形態の牧場を共にやらないかという誘いがあり、一度はその誘いに乗るという決心もして、家族にそれを伝えたこともあった。

20 『複合汚染』が、新聞小説として出たことで、当時「勝手に本が買えない主婦」たちが、家事の合間に新聞で読むことができたことは主婦たちに一気に広がった大きな要因であった。また選挙の話で始まり、女性を描いていたことも支持された理由であった。また「公害問題、一番ショックやったのは、母乳から出たこと。あれは女性にとってはショック。当時そうしたセンセーショナル的な記事がブオーっと新聞に出た。背骨が曲がった魚とか、豚に胃潰瘍でたとか。そういうのが次々出てきて、お母さん、お父さんは何も考えてなかったかもしれんけれど、お母さんたちは、純粋にそういうたべものが欲しかった。それで自分だけではわからないから、のちに言う運動団体が出てくる。その前に勉強会をした。勉強会をするから、自分たちだけではどうしようもないよね、っていうから、団体作っていったりして、本当に子育てをしながらや。その子供を誰かにあずけながら勉強会に出てくる」。こうして、子育てを協力しながら勉強会を続けていき、この流れの中でグループ形成が行われた。2015年6月3日OR氏の聞き取りより。

21 農業者向けの講演会での講演記録が『食べものと健康』という日本有機農業研究会の会報に掲載されている（1973年、11号、1・2月合併号)。1972年8月20日、一楽照雄が活動拠点として作った財団法人協同組合経営研究所が主催する第Ⅱ回夏期大学の講話で宇井が講師として招かれた際の記録より。

22 『食べものと健康』1973年、11号、1・2月合併号、34頁。

23 公害問題で対症療法的に行われてきた対策のなかに、「希釈の原理」と丸山（2009：75）が呼ぶものがある。「毒性のある液体も気体も、川や海の水によって、また大気によって、希釈され消滅する、という理屈」である。丸山は水俣病の事例から、「この希釈の原理」は破綻したと述べている。そして、その破綻の末に出てきたものが、1993年に制定された環境基本法の中に登場する「環境への負荷」という概念だとしている。

24 これに関しては、農業者大学校時代に直接的に接触があった、農村医療に携わり研究を重ねていた長野県佐久病院の医師若月俊一や、奈良県五條の梁瀬義亮、東京の漢方医の河内省一などから学んだ知見が金子の理解のもとになっていると思われる。

25 世界における環境倫理学の最初期の議論に、ドイツはじめ各国で「驚異的な影響」を与えたハンス・ヨナスの『責任という原理』が出版されたのは1979年であるが、金子が1971年に自問したこの真摯な問いはヨナスのとりかえしのつかなさ、つまり不可逆性という概念を先取りしている。

26 椎野秀蔵（1962）によれば、アメリカで発達していた航空機利用は、日本では1953年の夏に「セスナ170型飛行機や、ヒラーLX－1型ヘリコプタなどを使って農薬を散布した」のが始まりである。しかしこの時にはまだ、

「散布装置が不完全で、試験というより薬をまいてみた程度」であった。翌年の1954年から「文部省の科学試験研究費の助成を受けて、3か年間本格的研究が推進」され、「その結果、水稲の病害虫防除にはヘリコプタの空中散布が有効であることが分った」という。1962年に発表されている、本報告書では、「現在用いられている薬剤は、いもち病に対して有機水銀剤、いもち病と紋枯病の同時防除に有機水銀および有機砒素剤の混合剤、ニカメイチュウ1化期防除に対しデイプ粉剤またはBHC粉剤、稲ウイルス病の媒介昆虫のウンカ・ヨ・コバイ類に対しマラソン粉剤などの低毒性の薬剤が用いられる」とし「農薬は登録済の農薬で、試験の場合を除き粉剤に限られ、地上散布試験で効果のあった農薬で、特定毒物指定の農薬は使用しない」と説明されている。神奈川県下で「いもち病」防除のため1040haの空中散布を実施して、「すぐれた効果を挙げた」といわれる。翌年の1959年には「4県で4247ha、1960年には13県で1万7915ha、1961年には24県下で10万13haの防除が行なわれた」(椎野 1962)と報告されており、実施された面積が一気に拡大していることがわかる。「特別報告　農薬の空中散布の現状と問題点」北日本病害虫研究会年報、第13号、1-2頁。

27　この技術がこれから実用化に向けて本格化していく時期に書かれている同報告の「問題点と課題」の結論は次のようなものであった。「ヘリコプタ利用には季節性があるため、ある時期には農家の需要に対し、ヘリコプタとその操縦者が不足し、ある時期には過剰となっているので、季節性を解消して平均した需要を造成するため未利用分を開発することが先決である。また現在のヘリコプタの基地は大都市に集中しており、東北・北陸・南九州地区の諸県の需要に対しては大空輸費に相当高額の経費の負担を必要とする」。

28　当時研修生でこの寄合に同席していたKC氏への聞き取りによると、「当時、村の農家は農薬・化学肥料の使用と機械化のおかげで、それ以前の苦労をしなくてよくなった。時間に余裕ができて、働きに出て現金収入を得ることもできるようになった。自分の山から落ち葉を掃く必要もないし、木も高く売れないところで、ゴルフ場建設の計画ができて、価値のなくなった山が売れるかもしれない。それなのに、ゴルフ場建設の反対をする。楽に散布できた空散に反対する」金子は、「村の人びとにとって目の上のたんこぶのような存在」のはずだと述べた(2016年11月6日)。

29　この金子の自給区構想は、金子独自の発想であるというよりは、岡田米雄氏の影響が大きいと思われる。

30　以上4点に関して、金子(1986 = 1994：61,63)及び、2015年2月1日、日仏会館講演記録を参考にした。

31　尾崎史苗氏に関するインタビューは2013年4月19日。

32　71年11月に岡田米雄氏が栃木県河内養鶏場から、ブロイラー種卵の不合格卵を「ホンモノで安全な卵」といって東京の消費者グループに運んでくれるようになる。72年4月からA氏・M氏が養鶏場に住みこみ、U氏から技術の習得を始める。東京の主婦らが養鶏場を訪れ、餌を調べてみると、完全配合飼料で抗生物質やフラゾリドンも含まれていた。そこで安全性への疑問を岡田氏に質問したことを契機に、卵の運搬が途絶える。72年9月、W氏の呼びかけで、消費者グループの中心メンバーと養鶏場の担当者が新宿消費者センターで初会合をもつ。その後も毎月会合をもつようになり、たまごの会の「世話人会」の原形となる。

33　この会に参加した人びとはさまざまであったが、社会運動家、大学教授、またその妻たち、都会の主婦、学生運動に参加した学生たちなど知的エリート層も多く含まれている。

34　「1979年9月　たまごの会　映画委員会編集・発行」のチラシより。

35　『土と健康』125号、1983年2-17頁、日本有機農業研究会。16ページにわたり、両派の言いぶん、考え方の相違などや分裂の経緯が掲載されている。たまごの会については、『たまご革命』(1979) 三一書房、『たまごの会の本』(1979) 自主出版、『場の力、人の力、農の力――たまごの会から暮らしの実験室へ』(2015) コモンズなどに詳しい。

36　この尾崎の側のエピソードに関しては、筆者が尾崎をインタビューして聞くまでは、金子は一切知らなかったという。

37　この部分の語りは森本和美氏の聞き取りにより書き起こされたものを、許可を得て採用している。

38　『地域学入門――〈つながり〉をとりもどす』(2011) においては、近年「地域」ということばがマジックワードのように使われている現状がありつつ、その「地域」という言葉がもつ曖昧さや概念のゆらぎを指摘しながらも、「地域に着目するということはどういう知的営為なのか」、地域という枠組みの設定によって「何がどのようにみえてくるか」という問いかけがなされている。その問いかけから地域に着目することは「現代の諸課題の根底にある問題性」を探り出し、未来を考えることを射程に入れる可能性が提示されている。

39　玉野井芳郎『科学文明の負荷』Ⅳエコロジーと地域主義と生活空間：81-82頁。

40　近年の小川町フェスタや環境省の小川町との関係には、「持続可能な社会」の実現という地球規模の課題や、環境問題への関心などといった視点から、ライフスタイル改革を志向する人びとや行政組織などが小川町に積極的に関わり、小川町のあり方を一つの起爆剤と見て、そうした運動を展開する人びととの意図がある(2017年5月14日、下里地区における聞き取り調査より)。

41　注3参照。下口ニナ・稲泉博己（2016）『地域デザイン』地域デザイン学会誌第7号。

42　中山氏のインタビューは、2015年5月2日小川町晴雲酒造で行われたものを中心に構成されている。

43　日本酒の国内出荷量は、ピーク時には170万haを超えていたが、他のアルコール飲料との競合などにより、現在は60万haを割り込む水準まで減少（http://www.maff.go.jp/j/seisaku_tokatu/kikaku/pdf/07shiryo_04.pdf農水省の資料2016年3月22日）。また、国税庁の清酒消費量推移データによれば、日本酒の消費量のピークは1975年であり、167・5万haである。2014年の消費量はピーク時の3分の1である（https://www.nta.go.jp/shiraberu/senmonjoho/sake/shiori-gaikyo/shiori/2016/pdf/006.pdf#page=1）。

44　蔭山公雄（1985：227）によれば酒造業では昭和35〜40年に各工程の機械化が実現するようになり、同時に機械類を効率よく使用するための長期醸造、工場大型化が開始され、酒造も手作業的産業の酒造蔵と機械装置産業に変貌した大工場とが併立することになったという。

45　この点に関しては、ポランニーの『大転換』第4章では、次のような言及がある。部族社会や伝統的な共同体における行動原理の考察に関して、「値切りのための交渉は非難され、気前よく施しをすることは美徳として称揚される」という例をあげ「経済システムは社会組織の単なる一機能にすぎない」ことが指摘されている。また生存の観点から、「共同体の社会的紐帯の維持は、災害などに際しても決定的に重要であり、個人の経済的利益よりも優先される。さらに長期的にみれば、社会的義務は互恵的なものであるので、個々人の経済的利益を優先する利己的意識に歯止めをかける圧力となって作用する」と考えられている。81、86頁参照。

46　ナジタがここで取り上げている事例は、半田商人であり、長野県小布施町の商人たちの例である。

47　結婚30周年記念誌『一粒万倍』より抜粋。

48　渡邉一美氏に関しては、別途記載のない場合には、2010年1月19日のインタビューを基本として構成している。

49　下口・稲泉（2016：112）によれば、父親は1946年に兵役を終えて地元の小川町に戻ってきた時、駅の近くのコンニャク屋に行列ができているのをみたことを契機にコンニャク屋をまずは手掛けたが、その後コンニャクは夏には販売が低迷することがわかり、豆腐屋に切り換えている。また小口（2016：132）では、最初は農家が桑の木の根元で栽培していたコンニャク芋を買い取って加工販売を始めたという。

50　ヤオコーについての研究には小川孔輔（2011）『しまむらとヤオコー　小さな町が生んだ2大小売チェーン』（小学館）がある。

51　南（2011：11）の調査研究によれば、１９６０、70年代に食料品スーパーおよび総合スーパーの商店数が急速に増加しており、80年代以降については、中小小売店などの専門店・中心店の減少が急激に起こり、また総合スーパーも減少へと転じている。代わってコンビニエンスストア、ホームセンター、ドラッグストアの商店数が大幅に増加するといった変化がみられた。小売業販売額に占める各業態の構成比の推移からも、80年代以降に大きな構造変化が起きたという。

52　１９７９年当時、年間売り上げは１０００万~１５００万円で、利益率は80％であった。２００６年時点で、売り上げは3億４０００万に伸び（下口・稲泉：112）、国内の小売販売豆腐店の中では売り上げの多い部類に入る。

53　下口・稲泉（2016：115）では、渡邉が、金子に「価格が半分になったら、購入する」という提示をしたという。

54　小川町産15トン、鳩山地区10トン、嵐山町15トン、熊谷市45トン、川越市と狭山市合わせて10トン。そのうち有機栽培での大豆は、小川町産のみ（下口・稲泉 2016：114）。大豆の質や作業効率（機械選別か手よりか）、慣行農法から有機農法への転換などを加味して、キログラム単位でグラデーションのある買い取り価格設定をしている。

55　安藤郁夫に関しては、すでに高齢となり施設で暮らすようになったために直接のインタビューが困難となった。この事情により、筆者自身のフィールドワークに加えて、霜里農場の元研究生である森本和美の厚意により、森本氏が安藤氏にしたインタビューの記録（２０１０年秋ごろ実施、未発表）と、同地区事例として農業経済分野から研究調査を実施している小口広太の論文、小口（2012; 2013）、また両論文のもととなった同氏の学会での自由報告発表資料、日本村落研究学会第59回大会（小口 2011a）、及び日本有機農業学会第12回大会（小口 2011b）、小口（2016）などを合わせて参考にしている。

56　専業農家といっても田畑だけではなく、石材業、炭焼きといったさまざまなことをやってきたため、兼業農家だというふうに彼のことをいう村人もいる。

57　金子美登・ＮＰＯ生活工房「つばさ・游」編著『霜里農場　金子さんと地域づくり――実践40年の現場から』の「安藤郁夫さんの有機農業の取り組み」（小口）48頁。

58　２０１３年11月9日、下里一区にて、安藤武氏、安藤礼子氏のインタビュー、また２０１７年5月14日のフィールドワークによる聞き取りより。

59　小川町には、農村にその家族、一系ごとにつくってはいけない「禁忌作物」があり、互いにつくってはいけない作物を知っているがために、そのうちにないものを余分に作って贈与交換する慣習が残っている。

60　山本拓己氏に関する記述は、特別な記載がない限り、２０１６年3月5日に行ったインタビューによるものである。
61　三芳村生産者グループと安全な食べ物をつくって食べる会の提携が、農水省から高付加価値の有機農産物という評価軸で表彰された際、即座に、食べる会の会長に、「抗議文を農水省に対して出すように」と命じてきたのは有機農業運動の父と呼ばれる一楽照雄である。彼がそこにこだわった理由は、彼の巨大化した農協、金融組織の中で観た腐敗や問題の反省からであったことや、彼の個人的な人生と思想の中からも解き明かすことができる。
62　この発言は岩井克人・橋本努・若田部昌澄、三氏による鼎談（2015）「経済はどこから来て、どこに向かうのか?」14－15頁、鼎談収録は『経済セミナー増刊　これからの経済学――マルクス、ピケティ、その先へ』日本評論社、4－17頁。
63　所沢ダイオキシン問題が１９９８年頃からニュースステーションなどで取り上げられ、話題になった時期にちょうど重なり、ＯＫＵＴＡでは千葉大学の環境ホルモン、化学物質などに詳しい教授などを講師に招き、勉強会などを開いた。
64　インタビュー「奥田イサム」『Lifestyle MEMBERS』(December 2014) 別冊、渡辺パイプ株式会社、3頁。
65　この背景として山本の説明は次のようなものであった。建築資材で内装材としてビニールを使う国は実は世界的には稀であり、日本の高温多湿な気候の中で、ビニールクロスを使って密閉するということは自然の理にも反している。にもかかわらず日本の産業構造のなかで、重油を輸入して付加価値のあるプラスチックに変えていくというのが戦後の産業であったため、国策としてそれを支える形で、住宅政策も内装材が化学加工品の消費先になった。だからこそ、石油化学工業の派生品として「化学屋さん」が建築資材をつくるようになった理由でもある。高温多湿の日本で、それを張って暮らすことはシックハウスの要因となる説もある。こうした住宅政策は、住まう側の論理でやっているのか、売り手側の論理といえば後者になる。密閉性がよくなることで逆説的に新建材という工業化製品は、密閉すればするほど室内空気を汚染してしまっている。
66　“1% for the Planet”はパタゴニアとブルー・リボン・フライズ社のオーナーにより企業の環境活動への支援を促進させ、社会全体で環境問題への解決策を見出していこうという目的で設立された組織である。
67　２０１５年４月25日「とことんオーガニックシンポジウム」での発言より。
68　このことに関しての実際の例として山本が挙げたのは、次のようなものであった。「大雪で、サンウエーブの工場が壊れた。モノが動かない、売り上げが激減、その中で一番売り上げが高かったのは、一番雪の被害が多かった熊谷店。理由はカーポートの修理を大量受注したことがあった。大きな工事はすぐできないけれど注文だけはとれる。一番大変な被害があった熊谷で一番大きな利益、不確定要素に対して対応した。ピンチはチャンスというが、何かが起こる時にそれに対してマイナスと受け止めるか、チャンスと受け止めるかということだけだと思う」。

69 「とことんオーガニックシンポジウム」での発言。2015年4月25日。

70 安藤と値段の交渉をした際に、持続可能な価格ということでキロ当たり400円は欲しいと言われたために、400円で5キロのパッケージ、米代が2000円、袋代、精米代、宅配代、全部経費として入れて、600円、合計で2600円で5キロ1パックが毎月17日頃に購入者のところへ届くということになった。こうした交渉の間を取りもったのは、小川町でNPO法人を立ち上げ活動していたコーディネーター髙橋優子氏の力が大きい。

71 山本によれば、この農業体験を取り入れたことは次のような経緯と効果がある。最初は単発の企画としてスタートし、会長の奥田や幹部が子供連れで最初は参加するイベントのようなものであったが、そこから得られるもの、五感で感じられるものがあると判断して会長が、「これはちゃんとカリキュラムに入れなさい」ということになった。そのため、カレッジカリキュラムという必須科目として取り入れることになる。新卒、中途はみんな田んぼに行く。会社では、同じ体験をしたというのは同志の意識が生まれる。やった人とやらない人がいて、好きな人だけが任意で行くとなると何にも意味がない。全員裸足で田んぼに入っているということは、共通言語化されていく。

72 この発言は前出、岩井克人・橋本努・若田部昌澄、三氏による鼎談（2015）「経済はどこから来て、どこに向かうのか？」14頁。鼎談収録は『経済セミナー増刊　これからの経済学――マルクス、ピケティ、その先へ』、4－17頁、日本評論社。

73 OKUTAが参加している下里地区のプロジェクト名のこと。

74 NHK、フジテレビなどでも取り上げられた。他にも、雑誌『LEE』（2016年6月号）「昼寝を許す会社の本当の狙い」や瓦版「働き方と天職を考えるウェブマガジン」などでこの取り組みについて取り上げられている。

75 昼寝を勤務中に取り入れて話題を呼んでいるのだが、この昼寝奨励に関する経緯と理由は次のようなものである。会長奥田は、ストレスやうつの問題から、社員が健やかでいるためにどうすればよいかを考えていた。あるとき昼寝についての文献を調べてみた。NASAやアメリカの軍隊の事例研究などに当たったところ、コーネル大学のジェームス・マースの研究、「15～20分の仮眠をとると、その後の作業効率が上がり、心臓疾患のリスクが低減するという報告」を見つけた。それを実際に実行しているところもアメリカではあると確認して、OKUTAでも導入した。そのような根拠に基づいているので、「眠いから寝ろ、というのではなく、寝ることを奨励する」し、「眠くなったら目をしょぼしょぼさせながら仕事しないで、ちょっと目をつぶって休みなさい。その方がかえって効率がよくなる」と社員に言っているという。昼寝の時間はだいたい20分であるが会社が厳密には管理せず社員にまかせている。この取り組みについて、「昼寝を許す会社の本当の狙い」瓦版「働き方と天職を考えるウェブマガジン」では、社員が雇用主のルールや自己規制にとらわれることなく「自立した人間」として自立心を育成することも同時に見込んでいることと、さらに、社員のワークライフバランス、アフターファイブの家庭生活などを含めてこの制度があることが説明されている。

## 第2部

1　「つけ木」とは、燃やしている火をほかにうつす時に使う薄い木、焚きつけの付け火用の木であるという。これはある種の慣用句でもあり、近所から何かをもらう際、何もお返しのない時はこの「つけ木」を渡したことによるものだという。日本有機農業研究会青年部編（1983）『われら百姓の世界』に収録の対談での発言より。

2　本書では、民俗学研究としての禁忌作物、作物禁忌について立ち入って紙幅を割くことはしないが、金子が「お礼制」の着想を得た、この禁忌作物についての研究には次のようなものがある。禁忌作物とは美甘（2001：65-68）によれば、「ある社会集団が、特定の作物を栽培、食することを禁じ、その禁を犯すと何らかの災厄がふりかかるとする民俗事象である」と定義されている。河上（1968：1979）は、倉田一郎の「禁忌の問題」を参考にしながら作物禁忌に関する考察を行っているが、それによれば、この習俗は北海道を除く日本全体に分布しており、禁忌作物としての事例数の多いものは胡瓜、胡麻、玉蜀黍、黍、南瓜であるという（河上 1979：299）。この禁忌作物にはその伝承集団があり、「自らの由来譚を語ることで、社会的承認を得て、禁忌作物の交換関係など外部とのつながりも形成される」という（美甘：66）。これは自分と他者が違うという主張でもあり、この禁忌の維持伝承が自らの集団と他の集団を区別し、社会秩序を保っているという見解もある（美甘 2001：67）。それゆえ禁忌を侵犯して栽培したり食べたりすることによる集団の社会的、文化的秩序の混乱、崩壊をもたらすという制裁、さらに超自然的存在から受ける制裁も強く意識されることがその特徴でもある。禁忌作物は、大抵信仰と結びついている、またなぜ食べてはいけないか、作ってはいけないのかという契機は、「由来譚」で語られることにある。なぜある特定の作物が、禁忌の対象になるのかについて、安室（1999：191-202）は、生態学的な視点からとらえる試みもあるが、生態学的な観点つまり、その禁忌作物の栽培分布地域だけでは説明できない作物もあり、栽培条件だけで禁忌作物の特定を理由づけるのは限界がある（美甘 2001：71-72）。いずれにせよ、いまだ民俗学的にも学術的にもその解釈が定まっているとはいいがたいが、禁忌作物の存在が食べることを禁じていない場合には、「食べることを避けようとする姿勢はあまり見られず、反対に、積極的に手に入れようとする姿勢がみられ」（美甘：63）、それゆえに活発な交換が行われることにつながっていることがいえる。坪井（1979：1982）は稲作文化と畑作文化との類型化、稲作中心文化の相対化の仮説作業として、「餅なし正月」という餅禁忌を論じている。

3　小川町の禁忌作物については、小川高校の教師であった栗原（2004）が高校の学生たちに聞き取りをさせて記録を残している。「忌の理由については、今では明らかにしがたいものが多いが、トウモロコシや、キュウリを作ってはいけないとするある同族では、先祖が戦争で、それに引っかかって殺されたとか、隠れていたら鶏が鳴いて見つかって殺されたから鶏は飼わないという類がある」。その作物を作りたいということになれば、拝んでもらい禁忌を解くことも可能であり、その家の禁忌作物を紙に書いて、神社にもっていき、神主に拝んでもらったという例もある（栗原 2007：53, 182）と書かれている。今も胡麻とケイトウの花の禁忌を守り続けている下里地区のＴＭさんの話によれば、「なぜだかはわからないけれど」ケイトウの花は自分の家の敷地内で栽培することも、「仏壇に飾ることもできない」という。また胡麻に関して言えば、近所の人、親戚の人が毎年自分たちの家の分までを栽培して持って来てくれるので買ったこともないし、十分間に合う量が来る。しかし万が一、ゴマが土間などにこぼれ落ちた時は、うっかり土の上から芽を出してしまわないように徹底的に掃いてかまどで燃やす。さらに、自分の土地を他人に貸して耕作してもらう時も、この土地では胡麻やケイトウの花は栽培できないことを事前に知らせ、耕作者にも禁忌を守ってもらうようにお願いしている。

4　１９７０年に減反が始まるまで、（はじまって以降でも）稲作部門の規模拡大と、生産性向上に対する政策、土地改良、技術開発研究への集中は他の部門と比較にならないほど稲作に特化した政策がとられてきた。にもかかわらず安室も指摘しているように、日本の農家の生計維持において稲作に単一化されたわけではなかった。

5　安室はこれに対して、突出した生業をもつ社会を「内部的複合生業の社会」と呼び、水田稲作が高度に単一化されている地域の生業の形態と対峙させている（安室 2012：43）。

6　例えば筆者が研修した２００３年～２００４年度は、最年少は10代の中学生、20代の若い男女、30代、40代のカップル、50代、60代まで合わせて10名弱が同時に研修生であるという年であった。

7　ピアソンはポランニーの学究における歴史研究の意図を「歴史研究の全体を背後で牽引していたのは、つねにこうした状態があったわけではない、という確信」に支えられたものであったと説明している。『人間の経済Ⅰ』62－63頁。

8　若森（2011）においては、「ポランニーは誤解されることが多い思想家」（若森 2011：3）と指摘されており、晩年の人類学研究は、過去の理想化と受け止められがちだった。しかし丸山（1998）のポランニー研究において、「たとえ過去の出来事のなかに現代への教訓を提供してくれそうに見えるものがあるとしても、われわれは遅れた世界を理想化することは注意しなければならない」とポランニー自身が戒めていたことを明らかにしている。さらに、ポランニーが研究対象とした歴史的事例は、「『外圧』のない孤立した共同体ではなく、対外交易の大きなうねりのただなかでそれに柔軟に対応し、共同体内部の生活世界を守るべく考案され、実行された制度的工夫の数々」であったし、こうした圧力に対して「自らを適応させ制度的枠組みを柔軟に維持しようとして共同体」を見いだしていた（丸山 1998：72）。

9　網野史学の問題意識を整理している小関（2003：36-37）では、網野の史学における「無縁」の重視は、生産物の商品化は「人間の力の及ばない」次元の世界で行われること、交易（交換行為）も超世俗的行為という側面に着目していたからだという。そして、「定価のない状態で直接交渉によって価格が決まる交易による交易行為」は、共同体内の等価交換とは市場不等価交換の契機であり、それはすなわち「無から有を生み出す」契機を含んでいたために、超世俗的な契機と結合して初めて許容されうる行為であったという見方であった。この両者の結合関係に網野がこだわった理由を、小関はマルクス主義も含めたそれまで支配的な生産力至上主義に対する批判が込められていたからだと指摘している。

10　金子の祖父は「孫の芸者遊びのために森に木を植える」という言い方をしたと伝えられているが、こうした言葉にも、小川町の「町場」にはそのような空間があり、今、森の木を植えることは、将来孫の世代への蓄財を意味し、その木で孫の代に芸者遊びができるくらいの「羽振りの良さ」を願ってやったということなのだ。もちろん、その後の社会経済構造の変化で、森の木が二束三文になり、森が荒れ果てていくことなど祖父が想像することはできなかったに違いない。

11　桜井（2017：17-18）においては、両者が合流できるという見方ができれば楽であるが、事例研究においては、現在もまた今後もそのような確信を引き出す可能性は低いとし、「譲れぬ一線」があることを述べている。桜井は、この贈与と交換（売買）の違いを有袋類と真獣類の生態学的分類のアナロジーで表現し、「見かけ上どれほど接近しようとも、決して溶け合うことができないのではないか」と、現時点での印象として述べている。

12 「プロフェッショナル仕事の流儀」NHK、第132回、2010年1月5日放映のコメントより。

13 雑誌『MOKU』(2015：27)「特集 農――大地の感性」に掲載された「〝時間〟抱く村 近代化政策とは別次元の暮らしと関係性の中で」と題された対談で哲学者内山節の発言より。

14 安室は、「人間の営みは糧を得るための『狭義の生業』と『遊び』を両極とするスペクトルの中に位置づけられ、そうした幅広い生活があるからこそ人と自然の関わり合いが豊かなものになっていたとする」と説明する。

15 「近代をつきぬける描写などと言ったけれど、もちろん右に引用してきたような『ゆき女聞き書』や『天の魚』の生活は、とめどなくやさしい世界である。そこには私たちをほっとさせ、やすらぎを与えてくれるものがある。それはどこから来るのかといえば、何よりもそこに展開されている、海・人・魚・舟のやりとりの妙にあるのだろう。そこでのお互いの関係の仕方は『かけ合い』とでもいうべきもので、独特のおかしみをもっている。自然と人間の交感が根源的なレベルに達する時、そこにはおかしみさえ生まれるような、やさしい関係が成立している。漁師にとって魚をとるということは、確かに生きるための生業にちがいないのだが、それは私たちが知る労働とは相当に違っている。むしろ私たちは、そこに強く遊びの要素をみるのである。そしてそのことによって、自然と人間との一方通行でない関係が成立し、驚くほど自由で柔軟な境地が実現するのである。そういう意味での自由の極致ともいえる、人間の精神がほんとうにのびのびと自然の中で遊んでいる世界が、いまみてきたような石牟礼の世界であった」(高木 1985：203-204)。

16 遊びと労働を分ける近代的労働観は、安室、内山、高木だけではなく、今村(1988：1998)によっても指摘されてきた。今村の場合は、労働とは「人間の本質であり喜びを内在している」という「労働観」に疑問を呈する。「労働を人間の本質とすることで、人間の本質または人間性を社会の中で実現するためには、万人が労働する人間になるような社会をつくればいい」となり、これが「人間が身体をもつかぎり自然の法則に従って、身体を保存して生きていくためには狩猟採集もふくめて広義の物作りをしなくてはならない。このレベルの労働は、身体の保存に必要な、またひいては社会の再生産に必要な労働である。この『必要』または『必然』という用語がいつの間にか『本質』に重ねられて、必要と必然であることは人間の本質になってしまった」と述べている。今村は近代的労働観を相対化するために部族社会であるマエンゲ族の労働を例に挙げているが、マエンゲ族の社会での労働の基本的な価値基準は、「審美的な価値」と「綿密な仕事の配慮」という二つの基準である。つまり畑作を美しく仕上げること。仕事を用意周到に達成することである。この二つの基準は現実の日常生活を方向づけている。

17　２０１３年8月5日聞き取りより。

18　『われら百姓の世界』（1983）16－17頁。

19　ポランニー（Polanyi 1919=2015：323）「カール・ポランニー・アーカイブ」ファイル番号２－９『経済と自由』第16章。

20　原文はハイドの方であり、アイエンガーは引用であるが、日本語訳の方はIyengar 2014（櫻井祐子訳）を採用した。

21　英語の原題は*The Art of Choosing*（直訳すれば、選択の技（Art=芸術的な技を含意）となっているにもかかわず、日本語訳タイトルは『選択の科学』という言葉が当てられているのは非常に興味深い。

22　自らもインド人でシーク教徒である彼女は、選択に関するその人間の文化的影響力などにも着目しながら、人間に与えられる選択の自由や選択肢の数の多さや少なさがどのように心理的な自由や不自由を人間に与えるかについて実証研究を行っている。

23　アイエンガーは実際に米国とフランスの乳幼児医療の現場における実例の違いからこの心理的なストレスや苦痛の度合いを比較研究しているが、ウィリアム・スタイロン『ソフィーの選択』（1979＝1991）という小説もまたそのような選択がもたらす極限のストレスと苦痛を描き出していると分析している。

24　生命倫理の立場から、「効率とかけがえのなさは二律背反」という議論の中で「生命倫理が『経済問題』として現われてくる」ことを指摘している森岡（2000）も例えば、心臓移植の効率性を重視する際には、人はいのちに対する「傍観者」になり、「かけがえのなさ」をひとまず忘れるということが必要になると指摘する。

25　以下のような、彼女らの議論がイリイチの「シャドウ・ワーク」の着想に大きな影響を与えている。ドゥーデン&ヴェールホーフ（Duden& Werlhof 1986）『家事労働と資本主義』（岩波書店）、ミース（Mies 1986=1994=1997）『国際分業と女性――進行する主婦化』、ヴェールホーフ（Werhof 1991=2004）『女性と経済』、Bennholdt-Thomsen & Mies（1999）*The Subsistence Perspective*を参照。また、日本における主婦論争を再検証し、女性の労働に関する近年の研究では、村上（2012）『主婦と労働のもつれ――その争点と運動』（洛北出版）がある。

26　２０１６年5月17日、２０１６年6月27日の聞き取りより。

27　たとえば、「特集　有機農業は広がるか」（家の光協会、１９８３年）の中で「生産者と消費者はどこまで分かり合えるか」という題目の座談会が行われている。その中では、生産者側から本橋が「消費者と話すと『感謝ではなくつるし上げられる』という印象を感じる。生産者にとっては消費者との運営会議が最も嫌なことである」ということが語られている。また登壇者の農民、星寛治は、「作るのは生産者・農民ですから、技術論みたいなものに関しては、生産者は一人一人プライドをもっています。それをいちじるしく傷つけられることになると耐えられないんですよ。『それじゃあ、あなた作ってみてください』と言いたくなるわけですよ」と率直に述べている。

28 「特集　有機農業は広がるか」（家の光協会、１９８３年）の中で「生産者と消費者はどこまで分かり合えるか」の星寛治の発言より。

29 ２０１６年3月4日、ＴＹ氏の聞き取りより。

30 山形県高畠町の有機農業青年農民グループが作成した「消費者は王様ではない」という番組も、そうした消費者と農民の関係性が前提にあったことによるものであった。

31 ２０１５年2月1日、日仏会館講演記録より。

32 「信頼」を機能的に分析したルーマンは「信頼は決して過去からの帰結ではない。そうではなく、信頼は、過去から入手しうる情報を過剰利用して将来を規定するという、リスクを冒すのである」と述べている（Luhmann 1973＝1990：33）。

33 ポランニー（Polanyi 2014=2015）『経済と自由』のジョルジオ・レスタによる編者解説Ⅰ、４４０頁参照。

34 尾崎以外の1人は、埼玉県入間市在住のＨ氏、霜里農場との関係性は41年になり、2番目に長いつきあいであり、現在は70代。もう1人は、埼玉県鶴ヶ島市在住のＵで29年間のつきあいで現在は60代。

35 『市場社会と自由』第12章。

36 人びとのすべての日常活動は、当然ながら、物質的財の生産と大きく関連している。一般に、それらあらゆる活動の排他的動機は、今は飢えの恐怖か利得の誘惑かのどちらかであるために、それらの動機は「経済的」と形容され、他の動機から切り離されて、日常生活における人間の通常のインセンティヴと見なされるようになった。他方で、名誉や自尊心、連帯、市民的義務、道徳的義務といった他のすべてのインセンティヴ、平たくいえば共有の礼儀正しい振る舞いは、日常生活に関係ない「観念的」という言葉で要約される、希少で審美的な性質の動機として考えられるようになった。こうして人間は、二つの要素、すなわち、飢えや利得のような要素と、信仰や義務や名誉のような要素からなっている、と想定されるようになったのである。ポランニー（Polanyi 2012）「経済決定論の信仰」『市場社会と自由』２５１頁。

37　ポランニーは「もっとも重要なのは、人間と社会についての我々の見方がこのようなきわめて人工的な社会環境に急激に適応したことである。ほとんど信じられないくらい短期間のうちに、人間の条件に関する根拠のない見方が通用するようになり、小売りの地位を獲得してしまったのである」（前掲書：251）とも述べている。

38　ポランニー（Polanyi 2012）「経済決定論の信仰」『市場社会と自由』２５０－２５１頁。

39　小川町の駅前商店街、商工会が関わっている現在の「小川の朝市」はこの伝統的な市の延長線上にあると考えられるが、今現在、この「朝市」は活気に欠け、市としての賑わいを失ってしまっている。このことからも、伝統的市場がそのまま、巨大化するということにはつながらないことがわかる。

40　安全なものを作って食べる会と三芳村生産者グループの提携が高付加価値農業として、農水省から表彰を受けた際、日本有機農業研究会を作った一楽照雄は、すぐにこれに対して抗議文を提出させるように指示しており、その記事は『土と健康』にも掲載されている。

41　ダンカンとマルヤマ（Duncan and Maruyama 1990：221）によれば、宇野とポランニーも合理的経済人を「フィクション」であることを共通して指摘している。

42　「経済学批判」について論じた佐藤（2015：36）が指摘する、経済学批判の矛先には「学問の土台である方法論や基本的前提」に対するものだけではなく、理論の規範的含意やその社会的影響といった経済学という学問的「営為」の「意味」に向けられてきたことが特徴である。前者は内部からの経済学批判であり、「異端の経済学」と名づけ、後者は経済学が価値中立的な「科学」ではなく、特定の価値判断や思考習慣と結びついた、結びつきやすい学問だとする批判に当たり、外部の視点をも取り込んだもので「反経済学」の系譜としている。佐藤は、この中でポランニーを「異端の経済学批判」に分類し、シューマッハー、セン、ロールズは「反経済学」の系譜に分類している。「『経済学批判』はどのような歴史的系譜をもつのか——異端派と反経済学の展開」『経済セミナー増刊　これからの経済学』（2015）日本評論社、36－39頁。

43　センは、経済学の基盤というべき効用主義に対して検証し、厚生経済学が何を主題とする学問であるのかと問い、「効用主義が密接に関連している功利主義が人間の多様性を切り詰めてしまうこと」、そして、「行為や社会状態の帰結のみを重んじ、動機や過程を無視すること」への批判を展開した。セン（Sen 1988=2002）は、経済学における二つのアプローチ、工学的アプローチを議論する中で、アリストテレスからアダム・スミスまで、「経済学は倫理学的なアプローチをとりながらも、倫理的思考の範囲内で工学的問題にも深い関心を向けていた学者は多い」と言及している。

44 ここでいう誤読とは、最も好んで引用されてきたスミスの「われわれが夕食を期待できるのは、肉屋や酒屋の慈善心によってなのではなく、かれらがかれら自身の利益を考慮するからである。われわれは人間性にではなく、かれらの自己愛に注意を向けるのであり、われわれがかれらに話すのは、決してわれわれ自身の窮状についてではなく、かれらの利益についてである」(Adam Smith, *An Inquiry into Nature and Causes of the Wealth of Nations*, ed. R.H. Campbell and A.S. Skinner, Oxford University Press, 1976：26-27) という箇所に対する、その後の解釈のこと。

45 パトナム (Putnam 2006：74, 77) は『事実／価値の二分法の崩壊』の中でセンの功績をとりあげて、そのアプローチが経済学にもたらしたものは、「1932年のライオネル・ロビンズがピグーの厚生経済に対して勝利を収めて以来」の「倫理学」と「経済学」と「政治学」とを区別することをやめ、「アダム・スミスが経済学者の仕事にとって本質的だと見なしたところの理に適った人間的な、社会的幸福の評価法へと立ち返ること」だと評価した。彼は厚生経済学が評価すべきだったもの、経済的幸福を評価する能力を結果として衰弱させてしまったのが、この価値と事実の二分法であったという見解に立っている。

46 パトナム (Putnam 2006：65) は、世界で最も影響力のある経済学者の一人であったロビンズが「個人間の効用の比較は『無意味』であるということを経済学者仲間全体に説いたのは、世界恐慌まっただ中」のことであったのは経済行動と社会的幸福を考えるうえで興味深い点だと述べている。

47 「合理的行動」という仮定は、現代経済学で大きな役割を果たしており、「標準的な経済学理論」においては、「合理的行動」に関して、主流の経済学理論における行動の合理性の定義には二つの大きなアプローチがあることを説明している。「一つは合理性を選択間の内部整合性とみなすアプローチ」で、「もう一つは合理性を自己利益の最大化と同一視するアプローチ」だ。また「合理的選択は少なくとも、その人が達成しようとすることとその手段の間に、何らかの一致を伴うものでなければならない」(Sen 2002：28, 31)。

48 センは、多くの論考の中で人びとが主観的「快楽」以外の動機のみならず、多種多様な利己的でない動機によって強く突き動かされることは頻繁にあると論じている (Putnam 2002 = 2006：64)。

49 金子が、土地改良事業の後に、その事業を担ったリーダーたちが、先に他の人に選ばせて、最後に一番条件の悪い田んぼを引き取らざるを得ない、そうしないと村は回らず、村で生きるには欲を捨てなくてはみんながうまく生き延びられないというエピソードを語ったことがある。

50　藤田（2014：143-170）が紹介している。

51　この議論は、"*Review of Political Economy*上でウォルシュ（Walsh 2000）のSmith After Sen、同じくウォルシュ（Walsh 2003）のSen After Putnam、パトナムの（Putnam 2003）"For Ethics and Economics without the Dichotomies"で展開され、その後これらの論考を受けて、ヴァン・スタヴェレン（van Staveren 2007）の"Beyond Utilitarianism and Deontology: Ethics in Economics"が掲載され、ヴァン・スタヴェレンはウォルシュとパトナムらの議論をカントの義務論とアリステレスの徳倫理で再考する議論を展開した。

52　ヴァン・スタヴェレンはアリストテレスの四つの倫理的能力、①道徳的価値へのコミットメント（moral commitment）、②感情（emotion）、③思量（deliberation）、④人間の相互関係の構築（human interaction）をとりあげる。②の感情については、経済合理的な行動をするためには、行為主体の行為目的とそれを遂行するための手段の選択を結びつけるための役割を果たすものだと位置づけている。③の思慮は、効用を最大化するために損益の計算をする合理的経済人の前提に対して、リスクや不確実性の下で人びとのコミットメントは、各人固有の価値に基づいたものであり、全体としては通約不可能なものである。人間は「計算できないし、しないのであって、思量するのであり、その際には、解釈・内省・自由意志が混ぜ合わされて用いられている」（van Staveren 19：藤田 148）。

53　杉原（2015）は小児科医で脳性まひの障害をもつ熊谷晋一郎の一見逆説的に聞こえる「自立とは依存先を増やすこと」であるという言葉を引用しながら、現代の「自立観」は他者との相互関係性や依存関係ではなく、「貨幣への依存」に置きかえられ「貨幣を介した関係に収斂させてきた」ことにこそ問題点があることを指摘している（内山『半市場経済』第三章）。また似田貝（2008：2012）でも「自立とは支え合いである」というこの逆説的な主体のあり方が災害時における障害者の視点から中心的に論じられてきた。

54　「オイコノミア」は「オイコス」（家）と「ノモス」（法）からなり、主人による家の管理運営、すなわち「家政」を意味する。最もここで家は、今でいう家のイメージではなく、家族、奴隷、家畜、農作業用具一切を含む、大きな家族による生産的共同体であった。

55　ナジタの研究領域に近似した「経済」という言葉とまた日本の歴史的文脈における「経済思想」の研究に、坂東洋介（2015）「『経世済民』から『経済』へ」がある（『ニュクス』創刊号、96－107頁）。『ニュクス』創刊号では、特集として哲学、倫理学の分野から「〈エコノミー〉概念の思想史」を古代から現代まで15名の論者が論じている。坂東の論考はその中の一本である。坂東（2015：96）は、このエコノミーという言葉を「経済」と訳すことは「明治人の主体的な解釈」であって、この解釈、選択が近代日本のエコノミーそのものと、エコノミーをめぐる学問のあり方について決定的な影響を与えたと指摘している。

56 この引用に関しては藤田（2014：153）の日本語訳を参考にしているが、「人間の弱さ」と訳されている語が、原文では"human vulnerability"となっているため、ここではこのように表記している。

57 金子郁容（1992）『ボランティア――もうひとつの情報社会』（岩波書店）、金子郁容（1998）『ボランタリー経済の誕生――自発する経済とコミュニティ』（実業之日本社）や中村雄二郎・金子郁容（1999）『弱さ（21世紀へのキーワード インターネット哲学アゴラ 5）』（岩波書店）。

58 ブラウンはここで、愛（Love）を例にとり、「愛は不確かで、とてつもないリスクをもち、人を愛することは、人間にとって感情的露呈を促すものである」と説明している（2012：34）。

59 玉野井（1985）『科学文明の負荷』論創社、29頁。

## 第3部

1 マルクスの資本論を基本に「資本」という言葉を考えていた宮本憲一も、この点については、自然を「資本」としてしまうと問題があり、「資本は利潤追求を目的にしているために、余剰が蓄積されていくから資本になる」と宮本は批判的に宇沢に伝えたというエピソードがある（宮本憲一・西谷修討議「『公害』の時代を生きて」『現代思想　宇沢弘文』2015：120）。柄谷行人も社会的共通資本の資本という言葉に違和感を覚えたと述べており、社会的共通「財」という言葉を使うべきであり、「資本」とすべきでないと指摘している（柄谷行人『現代思想　宇沢弘文』2015：11）。

2 諸富（2003：56）では「社会的共通資本」の再定義を行っており、「社会的共通資本は維持管理されるべき対象としての「社会資本」と「自然資本」だけではなく、これら二種類の資本を維持管理する手段としての「制度」を一体的に規定する概念としている。

3 関根（2001：167-168）によれば、玉野井がポランニーの発想に共鳴した背景に、１９６０年代の公害爆発という事情」があるとし、公害問題を批判する根拠となる学説を探っていたが、何一つ見出すことができずショックを受けたということであった。

4 ポランニー『経済と文明史』20頁。玉野井による訳者解題。

5 イリイチの「ジェンダー」を翻訳した玉野井は、これをジェンダー論としてではなく、経済学の書として理解していた。ジェンダーの相互補完性を、市場と非市場の関係のアナロジーとしてとらえていた。ちなみに、「シャドウ・ワーク」は、非貨幣経済部門、とりわけ主婦労働が貨幣経済に対抗する、もしくは同等な立ち位置にあるのではなく、むしろ貨幣経済を補完し、促進する部門に成り下がっている、そしてかえって産業社会、貨幣経済を陰で支える役割を担っているものとして位置づけられている。

6　エントロピー学会編（2001）『「循環型社会」を問う――生命・技術・経済』においては、「広義の経済学」を次のように定義している。すなわち「狭義の経済学は、資本主義的商品経済ないし、市場経済を分析対象とするのに対して、広義の経済学は市場経済だけではなく非市場的な社会関係の中に埋めこまれた経済も分析対象として含む。［中略］玉野井芳郎は、社会経済関係の根底に生命系を位置づけ、自然と人間との物質代謝それ自体を生態系の一部としてとらえる理論の体系化をめざして、それを広義の経済学と呼んだ。広義の経済学においては、エントロピー、地域主義、ジェンダー概念を導入することによって、既存の自然像、社会像、人間像を問い直すことが可能になる」（エントロピー学会 2001：7）

7　玉野井は、経済学を見直す中で、「このさい思いきって、『経済』という空語の使用を断念して、これを『人間のくらし』または『生活』に置きかえ、そしてそれに広く深い歴史的・社会的意味をもたせるようにするのも一案と思われる」とも語っていた（『エコノミーとエコロジー――広義の経済学への道』１９７８年、vi頁）。

8　玉野井は、『科学文明の負荷』（1985）のなかで、エントロピーに着目した経緯を説明し、ジョージェスク＝レーゲンの『エントロピー法則と経済過程』に影響を受けたと語っている。エントロピーとは熱力学および統計力学において定義される示量性状態量のことをさすが、玉野井の説明によると「生産過程を通して必ず廃熱・廃物が生成する。つまりエネルギーと物質は、時間の経過とともに不断に拡散劣化していく。それらは有用なものから有用でないものへ、available なものから unavailable なものへと変化してゆく。このような拡散・劣化の過程がエントロピーの増大」（70頁）だという。物理学ではサディ・カルノーがエントロピー問題を展開した。エントロピーの法則は、ニュートンの体系（可逆的な時間を前提にした法則性）とは異質な不可逆的時間を初めて問題にした。玉野井のエントロピーに関連した論考は『玉野井芳郎著作集２　生命系の経済に向けて』に収録されている、「エントロピーからの出発」(197-215)、「エントロピーと廃棄物」(216-229)、「熱力学にどうアプローチするか」(230-248) に詳しい。

9　丸山（2014：99）参照。

10　玉野井自身が指摘しているように、近代経済学は、その成立から学問としての確立、形成過程で自然科学との親和性があり、また英米の理論のなかで体系化されたこうした近代経済学は、古典物理学のニュートン力学に影響を受けている。

11 『玉野井芳郎著作集2』(1990：256)参照。松井(2005：126-128)によれば、政治経済学(ポリティカル・エコノミー)の成立過程において、経済学は富国策としての方策を科学的に研究する学問としての要請から、人間の「経済活動の『科学』」を追求され、ニュートン力学になぞらえて経済事象の中に『自然的』法則を探求しようとする方向」に規定されている。

12 山崎(2015：30)によれば「経済学の学徒は概して、自分たちの営為が科学であることを意識的、無意識的に欲した。そしてその模範は物理学や古典力学の類であった(事実、ジェボンズが、経済学は数理科学たるべしと唱えた)。そのために「こうした憧憬」が研究におけるツール選択にも影響を及ぼし、数理的手法の採用と洗練化を促したことを指摘している。「なぜ『主流派経済学』は『主流派』になったのか」『経済学セミナー増刊 これからの経済学』日本評論社、8－31頁参照。

13 玉野井の宇野経済学とポランニー経済学の対比に関しては、「宇野経済学の功績と限界」(『玉野井芳郎著作集2』294－314頁)参照。また、玉野井は、「宇野理論ではなく、ポランニーの感化により広義の経済学へと大きく飛躍している」と関根友彦が指摘している。『玉野井芳郎著作集2』の解説、351頁参照。

14 玉野井『玉野井芳郎著作集2』80頁参照。

15 玉野井他(1978：iv)参照。

16 『玉野井芳郎著作集3』9－12頁、および清成による解説278－292頁参照。

17 間宮はここで、「人間と社会資本の対応には問題があるが」と付け加え、この対比が必ずしも綺麗な対応になっていないことにも言及している(間宮 2015：79)。

18 ポランニーはフレドリック・テンニースの共同体に言及しながら、「人間存在の協力的段階であり、技術進歩と個人の自由という利点を保持しながら、生の全体性を回復するものであった」と述べている。「アリストテレスによる経済の発見」『経済と文明』269頁。

19 ポランニーはそれゆえ経済を実体的経済と形式的経済に区別した。実体的経済は「物質的な欲求の充足に関わる人間とその環境との相互関係を指し、しかもそれが〝制度化された過程〟であったと考えていた。これに対し、後者は「目的と手段との関係、とりわけ手段の希少性を前提として、目的との関連における諸手段の選択を示す」経済を指すとした。ポランニーが「形式的経済学」を乗り越えようとするがためにこだわったこの峻別はこの実体的という意味を人間の「生存」に関わる概念として、人間の生活における経済を議論するためのものであった。宇野とポランニーは形式的経済をまったく別のアプローチではあるが、形式的経済（formal economy）は人為的なものだと言っている。宇野は、このことを直接的に言及せずに、むしろ膨大な言外の意味によってそれを示した。ダンカンとマルヤマ（Duncan & Maruyama 1990）を参照。

20　これは、自由と平等の両立の問題、つまりルソー・パラドックスとして若森（2011：234-238）によって、言及されているが、ポランニーは「利害は二律背反の中にあるもの。複雑な社会においては自由はいかにして可能か。これは自由と平等の二律背反と同じ問題です。それ［解答］は、複雑な社会の圧力の中で自由と平等を維持することにあります」と述べており、ルソーの言葉の中にある、「人間は自由なものとして生まれたにもかかわらず、いたるところで鉄鎖につながれている」という逆説的な言葉を、ここにみられるのは「自由の条件」であると解釈していた。

21　ポランニーの主著『大転換』のキーワードの一つ、「複雑な社会」は、「大転換」の最終章でもはっきりとは定義されないまま使用されているが、その最終章の訂正・加筆の履歴、および最晩年の対話記録から、若森はそのおおよその意味を、「複雑な分業に基づく非人格的諸力によって支配される社会、機械の大規模な使用に基づく産業社会、人びとの意図的行為が強制力や世論といった意図せざる社会的影響をもたらす社会」と整理している（若森 2015）。

22　これは、邦訳『大転換』の中では「複合社会」という訳語が与えられていたが、この用語は市場社会と自由に関する考察を解き明かす重要なキーワードで若森はこの言葉を「複雑な社会」と訳出していることを断っている（Polanyi 1957＝2012：198）。また、ポランニーはこの複雑な社会を特徴づける「複雑さ」について、明確な定義は与えてないという。若森の解釈によれば、「分業の進展や機械化による相互依存関係の増大と意図的行為の非意図的結果としての権力、経済価値の発生」と理解されている（若森 2011：219）。

23　『市場社会と人間の自由』（Polanyi 1957＝2012：198）及び14章（前掲書：293）。「複雑な社会はつまるところ、私たちの行為が及ぼす社会的結果を直接的に追跡することができない点で、家族的もしくは部族的な社会状態と異なっています」。

24　アーカイブNo.45－2、4頁及びアーカイブNo.45－3、5頁参照。

25　ロスシュタイン（Rostein 1990：107-109）においても、ポランニーが使用したResignationという語のニュアンスについて、過酷な現状認識を乗り越え、そしてそれを受け身的に流すのではなく、覚悟をもって立ち向かっていく意味であったことを明確にし、かつ人間としての成熟との関係でとらえられている。

26 若森『カール・ポランニー』173頁、注55参照。ポランニーの社会認識とそれに対する彼の社会哲学の関係を表す言葉であり、「近現代人が生きる社会の現実」は、「死と同じように恐ろしい現実」であり、「自由が失われるような恐怖」を伴っており、そのような社会の現実の中で、自由に生きるという人間の生き方の希求は、「現実に妥協して希望を断念するような受動的な消極的な態度ではなく、現実を積極的に受け入れることを通して新しい希望の可能性を見つけようとする態度という意味で、能動的で創造的な応答」である。

27 ポランニーがマルクス主義の主張する歴史発展法則を認めない理由は、「未来の社会的現実は本来、現在生きている人びとの選択と行為によってたえずつくり直されるから」である（若森 2011：51-52)。

28 ポランニー『人間の経済Ⅰ』62－63頁、傍点引用者。

29 ポランニー『経済の文明史』65頁、265頁及び『市場社会と人間の自由　社会哲学論選』250頁参照。

30 埋め込み命題に関しては、グラノヴェッター（Granovetter 1985）の論文以降、ポランニーの埋め込み概念の再解釈として浮上してきた「弱い埋め込み」という立場をとるグラノヴェッターの経済社会学（渡辺 2002：30）の議論があるが、それについては本論では立ち入らない。この点については、若森（2011）187頁の注やグラノヴェッターとポランニーの埋め込み概念の相違に関する議論を論じたカイエ（Caille 2007=2011）「カール・ポランニーの現代性」西谷編『〝経済〟を審問する』277－281頁を参照。

31 ポランニー『経済の文明史』69頁。

32 「私が願うのは、生産者としての毎日の活動において人間を導くべきあの動機の統一性を回復すること」であると述べている。ポランニー『経済の文明史』68頁。

33 野崎はまた倫理学とは、別名「道徳哲学」（Moral Philosophy）であり、道徳について考え抜くための学問であると述べている。野崎（2015：49)。

34 本論文は、環境社会学者藤川（2012）による福島原発事故における被害構造分析や、国や東京電力、行政の責任の所在を解明し、この事故が制度化された不作為による「構造災」であると論じた松本（2013）が取り上げる位相の責任について論じるものでもない。医学的見地やリスク論、リスクコミュニケーション論の見地から放射能問題を論じるものでもない。さらに除本・堀畑・尾崎・土井・根本（2012）らが行ったような、「福島原発事故による避難住民の被害実態調査」というものでもない。また、すでに震災後6年間が経過しているが、その間に福島を中心に現場の有機農業の農民たちが研究者たちと共同研究に取り組んだ放射能汚染対策の農の現場での取り組みや実証研究（菅野・長谷川 2012：野中 2014）などがある。

35 似田貝はすでに平常時においてヴァルネラブルである障害者が、さらに非常時においてもっともヴァルネラブルに置かれること、そこに立ち現われてくる人間関係、さらに経済関係にまで広げて議論しており、こうした「現代版モラル・エコノミー」において人間は常時における経済とは異なる「つながり」方が存在していることに着目している。そしてその根底にあるのは人間存在のヴァルネラビリティであると見ている。

36 レベッカ・ソルニット（2010）はこうした災害における人間の行動や経済を分析して、日常には見えなくなっている人間の側面が現われることをこう表現した。大惨事に直面した人間は利己的になり、パニックに陥り、退行現象が起きて野蛮になるという一般的なイメージがあるが、実際はそれに反して、地震、爆撃、大嵐などの直後には緊迫した状況の中で誰もが利他的になり、自身や身内のみならず隣人や見も知らぬ人びとに対してさえ、まず思いやりを示すという分析がなされている。また災害時に形作られる即席のコミュニティはディストピアのなかで、むしろ他人とつながりたいという、欲望よりも強い欲求の結果であるという研究結果を提示している。

37 高濃度に汚染されたお茶を地域のごみ焼却所にもっていって燃やすように行政から指示された静岡のお茶農家は、自分は焼却によって汚染を拡大させることに加担しているのではないかと苦悩していた。汚染された干しシイタケを土に埋めれば土壌汚染になり、焼却すれば空気汚染になると憂慮してただ袋に入れて納屋に積んでいる農家もあった（Orito, 2013, L'agriculture biologique suite á la catastrophe du Tōhoku. Le devenir des teikei aprés le 11 mars 2011. *Géographie et cultures, 86*）。

38 ２０１２年3月24日、福島県二本松市の農家大内信一氏の聞き取りより。

39 近年の有機農法の実践、実証研究では、かならずしも、生産効率や収穫量が有機農法は慣行農法に劣らないということも言われている。２０１３年5月8日、バンコクにおけるシンポジウムにて、ＩＦＯＲＭ理事長、Andrei Loi氏の講演記録から。

40 １９５７年には、ロートシュタインとの共著で、『自由と技術』という小さな本を執筆し、出版企画が実際にあったが、未完で終わった。ポランニーにとっては、『人間の経済』と並ぶ最晩年の研究テーマであった（若森 2011：42）。

41 ポランニー『市場社会と人間の自由』訳者解題、３３２頁及び（若森 2011：41-42）参照。

42　ポランニー『市場社会と人間の自由』訳者解題、３３２–３３３頁。

43　ポランニーは第二次世界大戦の悲惨な世界を目の当たりにし、次のような言葉を残していた。「今日、思慮に富む者は誰であれ、人間のおかれた状況が危険にさらされていることを認識しています。人間は単純な存在ではなく、その滅びかたにもさまざまな可能性があるのでしょう。戦争になろうと、戦争のない状態であろうと、人間は物質的条件や精神的（モラル）条件のもとでのみ人間性を育むことができるのですが、今のような技術環境では、われわれはこの先人間らしく生きることはかなわないかもしれません。モスクワ裁判、アウシュヴィッツ、ヒロシマにその兆候が表れています」。これは日付のないポランニーの講演原稿の一部であるが、「ヒロシマ」という言葉から、第二次世界大戦の原爆投下以後に書かれたものであることは明らかである。

44　ポランニー『経済と自由』32頁。

45　ポランニー＝レヴィット『経済と自由』ix参照。

46　「環境をますます高度に人工化しようとする営みを、自分たちの意志で捨て去ることはできない――また、すべきでない――ので、われわれとしては、そうした環境を前提としつつも、人としての内なる声に耳を澄ませ、それにかなうよう、自ら適応していかなくてはなりません。機械文明の中で人の生に対して意味と統合を回復させるという課題と、向き合わなくてはならないのです」（前掲書：38）と述べている。

47　会津の農民、A・H氏（女性）50代、２０１１年12月23日の聞き取りより。

48　川俣町の農民（当時）S・S氏（女性）、２０１２年３月23日郡山市で開かれた有機農業関連のシンポジウムでの発言から。

49　福島県二本松市から上田に移住したT・K氏家族もその一例である。アンベール‐雨宮（2012）「特集1　原発危機の政治学　うららかな日仏交流牧場を夢見て」『ＰＲＩＭＥ』35号51–61頁、アンベール‐雨宮（2013）「フクシマの被災農家たち　極限の選択をしいられて」『震災とヒューマニズム――３・11後の破局をめぐって』明石書店、１７６–１８６頁に詳しい。

50　藤川（2012：48）はこの点について、被害構造論の観点から、時間と共に拡大する被害について論じており、時間の経過とともに緩和する被害とは逆に、年月を経て新たに加わる被害、拡大する被害について言及し、さらにこれを二つに分けて指摘している。すなわち、一つは追加的加害・派生的加害に関わるもの、もう一つは高齢化等のいわば自然の経過に関わるものである。また根本（2012）は浪江町避難住民の聞き取り調査をもとに「金銭換算できない精神的苦痛の考察」を報告している。その中で、金銭換算できない精神的苦痛の根底には事故前の環境に戻せないという不可逆性があると指摘している。ここでは、インタビューから精神的苦痛をもたらしている原因としての「震災前後の生活の変化」、「失ったもの」を7項目に分類し、次のような項目となっている。①物財や所得の損害（家、庭、仕事と収入、植木やペットなど）、②生命・身体的損害（健康状態の悪化、放射能の影響が不安）、③家族形態の変化や子供への影響（家族が離れて暮らしている、子供が精神的に不安定になった、子供へのいじめ、差別への不安、避難中の避難者間でトラブルがあり親子とも心の傷になった）、④平穏、安心、プライバシーの喪失（家でのくつろぎ、仮設住宅でプライバシーがなくなった）、⑤土地や地域・自然に密着した営みの喪失（自宅で農作物を作る、自分で作った農作物を食べたり知人に配ったりする、花を育てる、狩猟や山歩きなど自然とのふれあい）、⑥自分の土地で働く自由の喪失（自分の土地での農業・自営業、知識・ノウハウ、自立した生活、仕事仲間との交流、生きがい）、⑦関係性・コミュニティ・歴史の喪失（長年住み慣れた地域での暮らし、近隣とのつきあい、孫や親戚が遊びに来てくれる環境、思い出のある大切な場所）。こうした「損失、喪失」は、「損害」として何かで補うことができず、時間的空間的にも被害は拡大していくことが指摘されている。

51 福島県二本松市在住の農家菅野正寿氏から送られてきた私信の中に同封してあった講演レジュメより。

52 渡辺慧（2012）は時間を量子力学の分野から考察して不可逆性がなぜ生じるのかという点について論じているが、その解説において大澤真幸が「時間についてのわれわれの体験の最も重要な契機は、不可逆性である」と述べている。またここで「物理法則に従う現象、つまり力学や電磁気学の法則に従う現象は、すべて可逆的なのだ。［中略］その意味で、物理学には固有の意味での時間は存在しない」が、唯一、の例外として「熱力学の第二法則は他との交渉が無いように隔離された物体の集まりにおいてはエントロピーは不可逆的に増大する」（7－8頁）と指摘されているが、この点は、玉野井が広義の経済学を志向する際に、熱力学の第二法則に着目した理由ともつながるだろう。

53 注20を参照。

54 『市場社会と人間の自由』第2章「自由について」の論考をもとにした若森（2011：64-77）。

55 市場経済に埋没した人たちは、市場で適切な価格さえ支払えば入手できる生産物や原料が、目に見えない多数の他者の「労苦や苦悩、不自由や苦難、健康やしばしば命をもってあがなわれなければならない」（Polanyi 2012：152）ことを知らない。市場で示される価格を支払って財・サービスを手に入れる消費者は、人間の社会的存在としての「全面的な非制約性」、すなわち各人の「すべてのものがもっと内奥の自我に至るまで、他者に由来し、他者に負うもの、借りているもの」（前掲書：149）を認識する機会が奪われている。言い換えれば、市場経済の中では各人は、社会から「自分自身のうちに引きこもり」（前掲書：148）、社会的客体化の現実に対して無力であるように強いられているのである。自分の行為や選択が他者に与える結果に対して責任をとることができない市場経済では、責任を通しての自由が厳しく制限されるのである。ポランニーによれば、人間相互の社会的係わりの透明性を高めることによって、人間の存在と消費が無数の他者の労苦、生命、過労による病気といった犠牲に依存していることが見えてくる。資本主義経済の（資本による利潤目的の生産や私的所有のもとでの）社会的分業が覆い隠していたヴェールが剥がれ落ちると、「あらゆる欲求充足が他の人間の労苦や労働の危険、病気や悲劇的な事故という犠牲を払って得られる」（前掲書：152）という、社会的存在としての人間の全面的な非制約性に直面することになる。こうしてはじめて人びとは本格的に自分の行為の社会的結果に対する責任という問題と向かい合うのである。

56　Polanyi Archive, Container 2-16にある初稿と改訂稿を参照して訳された「第2章　自由について」『市場社会と人間の自由』22－69頁所収論文より引用。

57　内田（2015）は、責任を取ることの不可能性を、レヴィナスの責任と倫理の枠組みからわかりやすく説明している。人間にとって責任を取ることはできないという論理を明確にしている。

58　責任をその非対称性によって特徴づけているのはレヴィナスである。レヴィナス研究者の吉永（2016）によれば、倫理学を第一哲学と位置づけているレヴィナスの責任の概念は「自己と他者とが隔絶して、その自己性と他者性を確保しつつ、なお関係をもつという可能性を示唆するもの」とし非対称性こそを倫理学の前提としていた。「従来の哲学・倫理学では、人間はある本質や条件づけによって規定され、その既定のゆえに何らかの共通平面に措定されてきた。人間は、その個別性の尊厳が強調されることはあれ、根本的にその存在は普遍化可能であった。倫理学は、このように普遍的な形で定立される個が相互に対等な関係をもちうる、という前提に基づいて構築されてきたのである（前掲書：32）。しかし、レヴィナスは、自ら生きた経験としての「全体主義」に陥った20世紀の世界を生身の人間として証人する立場に置かれたところから、こうした「個の規定」が「全体化作用」をもたらしたことを理解するようになった。こうした「全体化」を回避するために彼が行きついたのが「自己と他者とが無限に隔絶しており、すなわち他者は自己を無限に超越している」（前掲書：32）という地点であった。ここではこれ以上、難解なレヴィナスの思想に深入りすることはしないが、レヴィナスの責任の概念は、本書のテーマにとって非常に示唆的である。吉永の議論は、レヴィナスの非対称の倫理学と宗教とのかぎりなく接近した近接点を議論の俎上に載せており、それを「非対称性の倫理学の陥穽」としている（吉永　2016：iii：71）。

59　この〈選択の自由〉についての視点は、フロム、エンデ、フェンガレット等を参照しながら経済学のあり方に疑問を投げかけて、現代社会を生きる人間の生きづらさを解明するために展開された安冨（2008）の議論を参照している。

60　ケイリー（Cayley 1992 = 2005：76）によると、１９９０年の「自分自身の責任としての健康――まっぴらごめん」と題する講演の中で責任という言葉を放棄したとある。その理由としては「システムの存在論をありがたがる世界においては、倫理的な責任とは合法性を獲得するための形式的な手続きと化してしまう」ため、「私たちは責任を引き受けることできるのか」と問うたという。

61　イリイチは、ヨナスの責任の議論に対しても批判的であるが、これは当たらないであろう。ヨナスは、自らの子ども、乳飲み子ということをとりあげて未来世代の責任を論じたのであるし、漠然とした地球環境ということではなかった。ケイリー（Cayley）によるイリイチのインタビュー『生きる意味』（2005：425）。

62　近代思想の核となるカルヴィニズムにもこの予定説が存在している（2011：69）。若森はポランニーがカルヴィニズムに現れている市民的倫理のジレンマを超えようとしていたことについて次のように表現している。「責任を通しての自由という社会的自由の理念がカルヴィニズムにおいて典型的に表現された近代の市民的倫理のジレンマを乗り越えるもの」として位置づけられているという。「『他の人びと』の生活、すなわち社会の現実へのわれわれの人格的参加はわれわれの責任であり、それゆえ自由の領域の中にある、という理念は、市民的世界では実現できないものである。しかしまた同様に、この理念を否定し、われわれの責任を否定し、それゆえ我々の自由を恣意的に限定することも不可能である。自由と責任の市民的理念は、市民的世界を超えるものを指示している」。

63　ポランニーがマルクス主義の主張する歴史発展法則を認めない理由は、「未来の社会的現実は本来、現在生きている人びとの選択と行為によってたえずつくり直されるから」である（若森 2011：51-52）。このような未来と現在のとらえ方に立つポランニーは、それゆえに「人間の現在の意志や行為や選択は未来に責任を負う」と考えていた。ポランニーの自由は、「倫理的次元の復権」を訴える。だからこそ、決定論的な見方を排除するのである。必ずしも、安楽とは言えない、むしろ厳しい「社会の現実」に制約されながらも、その中でこそ人間はみずからの意志を通して現実に働きかけることができるし、未来を単にすでに決定されたものとして受け身で引き受けるのではなく、「未来の形成に対して責任を負う」ことの中に自由は存在する。

# 謝辞

本書は、２０１１年９月から東京大学新領域創成科学研究科、社会文化環境学専攻において開始されてから丸６年、立教大学異文化コミュニケーション研究科の博士課程前期（２０１０年度修士論文「『お札制』古くて新しいもの――小川町霜里農場40年のこころみ」）から数えると、足掛け８年かかってようやく完成したものである。

この博士論文の審査委員会の先生方６名には、感謝の言葉がないほどにお世話になった。途中退官されて、現在は星槎大学副学長になられた実質的な指導教官の鬼頭秀一先生は、突然現れたどこの馬の骨ともわからない私を引き受けてくださり、原石を磨くように厳しい圧のかかった指導と忍耐をもってここまで導いてくださった。長い目で人間を見て、育てようとする教育者としての器の大きさと、随時研究内容を的確に把握し、常に最も俯瞰的な形でこの研究の進むべき道筋を見せ続けてくださった。研究とは何か、研究者とは何をすべきなのか、を教えてくださったのも鬼頭先生であり、本論文はその意味で、「もろとも」の関係性によって生まれた研究であり、先生との二人三脚の成果である。何度も途中で転ぶ私が起き上がってくるのを、忍耐強く待っていてくださり、あきらめず、（途中ちょっとあきらめかけたかもしれないが）足に結ばれた紐を切らずにゴールまで一緒に走り続けてくださったことに心より感謝申し上げたい。

鬼頭先生の退官後、鬼頭研「残存部隊」の1人として残った私の存在を受け入れ、見放さずにきちんと対応してくださった、主査の清水亮先生にも心からお礼も申し上げたい。「もろとも」という概念の魅力を私に伝え続けて下さった清水先生の粘りが、この論文をここまで導いてくれたと感じている。主査としてさまざまな事務手続きなど、博士号を取得するに不可欠な作業を、自ら選んだわけではなく、半ば強制的に引き受けさせられてしまった「もろとも」の学生となった私を、学位取得に至るまで責任をもって遂行してくださった先生に改めて深謝したい。

縄文研究者の辻誠一郎先生のご指導は、走りつかれて息切れした私にとっては、あたたかい飲み物（美味しい酒?）であり、ここまで支え、導いてくださった。縄文研究者らしく農という営みがもつ歴史的な文脈、そして悠久の時間の中から農をまなざす視座、とりわけ日本における稲作と権力の関係をはっきりと理解させてくれたのは、先生に引率していただいた東日本大震災直後の陸前高田のフィールドワークだった。辻先生が、これから辻楽師の笛吹という「かけがえのない」仕事、「役割」に戻られるご退官直前に、この論文の仕上がりを間に合わせることができたことは、望外の喜びである。

福永真弓先生には、陰に陽にさまざまな形でお世話になってきた。同世代の女性研究者であり、学部の津田塾大学国際関係学科の同窓でもある福永先生の博士論文『多声性の環境倫理』を立教大学大学院修士課程の指導教授から手渡され、そこから、鬼頭先生の存在を知ることになった。卒業論文で「津田梅子研究」をした私の熱心な墓参りの成果か、梅子先生が特別に導いてくださった深いご縁だと感謝している。福永先生のもつ言語能力の高さによって、私には「見えていて、言語化できなかったもの」を的確に言い当てて、言語化するプロセスを促してくださった。さらに、私が「見えていなかった」現場の事象の中にあるさまざまな重要な視点を明らかにしてくださったのも福永先生のご指導であった。「えとな＝永遠」という時間を意味する名前をもらった私が、学部時代に本当はやりたかったができずに来た「時間」の問題を、この事象の中に読み取れるということを明確に指摘してくださり、拙い時間論であっても、私自身の積年の想いが達成されたことが、何よりもうれしい。このたび、福永先生が唯一の女性研究者としてこの博士論文審査委員の1人として加わってくださったことは、この研究の質を高めることに大きく貢献したことを明記して、ここにお礼申し上げたい。

外部審査委員のお二人の先生方にも心より感謝申し上げたい。駒場の大学院総合文化研究科・教養学部の中西徹先生は、大学内の激務の傍ら、調査地フィリピンと日本を頻繁に行き来する超ご多忙の中、国内の日本の有機農業運動、そして世界の食と農の問題の豊富な知見に基づいて、本研究にとって有益かつ本質的な問いを私に投げかけてくださり、本研究が現場の人々にとって意味ある研究となるようにご指導してくださった。また先生のご専門であるフィリピンの地域研究からも有意義な学びをいただき、フィールドワーカーとしての現場での実践と研究への姿勢は、私自身が今後どのような研究者としてフィールドと関わり、同時に質の高い研究を両立しながら社会貢献が可能かを示唆してくださった。実践する研究者の素晴らしいモデルとして、外部審査委員に入っていただけたことは今後の私の人生にとっても重要な意味をもつと感じている。

本郷の大学院経済学研究科の矢坂雅充先生には、外部審査委員としては、通常では考えられないほどの丁寧なご指導をいただいた。経済についても経済学についてもまったくの門外漢であり、経済学の講義は学部時代にすでに挫折経験のある私が、研究を進めるにつれて図らずも次第に経済の分野に近づいていってしまったがゆえに、必死になって経済学を勉強する羽目になった。経済学という学問について素人の私に、さまざまな観点からわかりやすく指導してくださったのが、矢坂先生である。恐れ多くも、頓珍漢な経済学批判や、宇野弘蔵に大胆に言及した私の無謀な挑戦の意図をきちんと汲んだうえで、適切な指導をしてくださり、論文の再構成のための交通整理をしてくださった。その上で、この論文の意義を認め、評価してくださったことで、どれほど励まされ、感激したかは言葉に言い尽くせない。本当にありがとうございました。

何度も挫折しそうになった長い道のりであったが、ここまでたどり着けたのは、「私の研究ではない」という感覚が常にあったからだったと思う。それと同時に、「私にしかできない研究だ」とも思っていた。唯一無二の存在としての「私」にしか見えない、書けない論文があるはずだ、そしてこの小川町、霜里農場という対象と私の関係性においてでしか、書けないものがあるだろうという何か確信めいたものに突き動かされていたからにほかならない。それと同時に、私の「役割」として書かなくてはいけないという気持ちがあり、それがつまり「私の研究ではない」という感覚であった。かつて「もの言わぬ農民」と東北の農民が言われたが、そうした「もの言わぬ存在」(牛や動物・植物)や人々の言葉を代弁する道具(ツール)として、私はこの論文を書いているのだというのが無意識の中にあったのだろう。

金子美登さんは「もの言える農民」である。農作業をこなしつつ、今は頻繁に講演をし、たくさんの本も書いてこられた〝カリスマ百姓〟である。彼自身は素晴らしい言葉をもっているにもかかわらず、いつも「私は言葉の人ではない」といい、「言葉では野菜は育たない」が口癖だ。そのことの意味を今はすこし理解できるようになった。彼の言葉はやはり、彼の本当に言いたいこと、やってきたことを表現するには、不自由で不十分だということがこの研究をするにしたがって理解できるようになった。この論文の完成を誰よりも心待ちにし、物質的にも精神的にも私を支え続け、御自身の言葉の足りなさを補うためにも若き日の卒業論文をはじめ、未公開のさまざまな資料を提供し、苦しかった過去の経験や、田舎のしがらみの中で言いにくい事柄に対する質問にも真摯に答えてくださった金子美登さんと、妻友子さんには、いかなる感謝の言葉も私の想いに足らない。

尾崎史苗さんの言葉は、読み返すたびに私に新しい光を見せてくれるような言葉であった。しかし尾崎さんもまた、彼女自身の言葉で公に何かを書くことはない人だ。その彼女の「もろとも」という言葉が本研究の中心概念に据えられたことは、もの言わぬ人の代弁者の役割として、これほど光栄なことはないだろう。「お礼制」という金子さんが名づけたこの仕組みと、「もろとも」という尾崎さんの口にした言葉が、この論文のもっとも凝縮されたエッセンスとなった。彼女の存在と、そして彼女の言葉がなかったらこの論文は存在しなかった。本当にありがとうございました。

ご自身の生き様を研究対象として提供してくださった各氏にもここで改めてお礼を申し上げたい。

晴雲酒造の旦那、故中山雅義社長は余命いくばくかという最後の命の力を振り絞って、インタビューに応じてくださった。ご自身の人生を総括し、心の内を語ったここでの貴重な語りは惜しくも遺言となってしまったが、奥様、ご子息の現社長健太郎さんにも原稿の最終チェックをしていただき心より御礼申し上げたい。

わたなべ豆腐の渡邉一美社長にもお忙しい中に、大変お世話になりました。下里一区の大変貴重なお話や事例を提供してくださった安藤郁夫さんの生き様と下里一区の皆さんにも、ここで改めてお礼申し上げたい。ＯＫＵＴＡの山本拓己社長には、長時間にわたるインタビューに応じて下さり、その後、最終段階では丁寧な対応をしていただき、ＯＫＵＴＡの社員の方々にも原稿のチェックでは大変にお世話になりました。本当にありがとうございました。

研究者が嫌いで、物書きも評価しなかったといわれる有機農業運動の父の一楽照雄は、「本など書いている暇があれば、芋の煮っ転がしをつくって援農に行け」と常々言っていたらしい。彼は誰よりも実践を重んじ、金子さんは、その彼の思想の体現者、継承者の1人でもある。彼のこのような「教え」のゆえに、日本の有機農業界では、未だに書くことに後ろめたさを感じる人もいるなかで、私に何かを託すように、インタビューに快く応じてくれた現場の人々がいた。一生墓場までもっていくつもりのことを、お忍びで話に来てくれた人もいた。私は、その都度、料理をし、食を共にしながら時間をかけて話を聞いてきた。語りを聴き始めると、それぞれの人の人生の物語に引き込まれ、自分の姿が消えていくような感覚さえもつほどに、人の話にのめり込んだ。その膨大な聞き取りのごく一部がこの論文の中にちりばめられているといってよいだろう。本研究は、そうした多くの人々の想いが詰まった、彼らの作品でもある。あまりにも多くの人々が関わってくださったゆえに、一人ひとりのお名前をあげることができず心苦しいが、お力添えを下さったお一人ひとりに心よりお礼を申し上げたい。

その中でも、以下の方々については、名前をあげてお礼を申し上げたい。

研究の完成を待ち望み、言い尽くせないほどのさまざまな形でサポートしてくださったのは、日本有機農業の母2人、唐澤とし子さん、戸谷委代さん。唐澤さんには、歯に衣着せぬその言葉とまっすぐに真剣に生きる姿勢、共に生活した経験から「もろとも」とは何か、を最も初期の段階で教えてもらった。戸谷さんには、女性が運動に関わることの意味とその能力の高さと慎ましさの両立のあり方を見せていただいた。また、良き「生活者」とは誰かということを具体的に教えてくれた秋好正子さん、澤田史子さん、境野米子さん、大西道子さん。私の日々の実践と研究に最高の環境を与えてくれたドキュメンタリー作家、および大家さんでもある菊地文代さん。文代さんの存在とその生きるエネルギー、知的関心と情熱、そして彼女が持ち続けてくれたこの研究への期待なくして、この論文は完成しなかったと思っている。日常的実践の現場で、そして先の大戦前、戦中、戦後の苦しい中を生きぬいてきた敬愛する人生の大先輩方から学んだこと、与えられたものはあまりにも大きく、彼女たちの想いや実践を引き継ぐ責任の重さを常に肌身に感じている。

日本有機農業研究会理事長、佐藤喜作さん（と喜作さんのお米）、また農民詩人の星寛治さん（と星さんの林檎）、津南高原農産の社長、鶴巻義夫さん（と脳の活性化に役立ったと思われるエゴマ油）。御三方には、これから増えていくと予測される「農業経営者」ではなく、消えゆく古き良き誇り高き「農民」といえる人間とは、どのような人間であるかをさまざまな位相で教えていただいた。この御三方には、物心両面で大変お世話になったので、心よりお礼申し上げたい。

執筆の過程で常に相談相手になってくれた、フリーライター兼農業研修同期の佐藤和美さん、霜里農場スタッフ、石川宗男さん、千草さんにも大変お世話になった。また我が家の食卓を支えて、私の健康を支えてくれた、有井農円の有井佑希さん、榎本忍さん、漢方薬師の柏崎美恵さん、テルミー療法士の杉山昌子先生、薬膳料理家の「麺覇王」の松岡ご夫妻。最も辛かった時に発酵玄米とおかずをわざわざ本郷まで届けてくださった太極拳教室の原知克さん。そして研究を陰に陽に支え続けてくれた本郷キャンパス正門前の純喫茶「こころ」の皆さん。

鬼頭研究室の先輩お二人、保屋野初子さん、岩佐礼子さんから有益なアドバイスや励ましを随時受けられたことは、私の研究生活をここまでもちこたえさせてくださった。そして、清水研究室の望月美希さん、三枝七都子さんには、論文入手など具体的な研究サポートで大変お世話になった。お礼申し上げたい。

フランスにおられるマルク&裕子アンベール先生ご夫妻には、提携の世界的な視野での理解、また論文の書き方、「家事を丁寧にしながら研究する」スタイルを学んだ。散漫になりがちな私の興味を「霜里農場に絞りなさい」というアドバイスと共に、論文とは無駄ない真を極める「華道」のように書けというご指導は有難かった。そして、私のフランス人の妹であり、提携、贈与研究のカウンターパートである、石原・ルロン・ペネロープさん。駒場の丸山真人研究室の研究生の間、定期的に彼女と研究会がもてたこと、フランス語文献の解説や翻訳、この研究に対する彼女の貢献は大きい。日本大学経済学部の根本志保子先生にも研究の最終盤で温かい励ましと懇切丁寧なご指導、また熊本大学の石原明子先生、早稲田環境塾の吉川成美先生にも温かい励ましをいただき、この若手女性研究者御三方には、エネルギッシュで才気あふれる個性的な女性研究者としてのモデルとして、たくさんのインスピレーションを頂いた。

ご自身も「お礼制」に興味をもって霜里農場で研修し、この研究に関心を持ち続け、定期的に対話を通じて農民の心や自然や農について私の見えない視点を解説してくださったのは北海道厚沢部町に就農して農を営む研修生としての先輩、須賀貞樹さん。アグロエコロジーやこれから世界の動きや可能性、哲学的な視点、また時代の潮流の最先端について常に新しい情報を提供してくれた在野の研究者、吉田太郎さん。私のナイジェリア人の師匠であり、博士課程に進むというモチベーションを与えてくれた、ウティアン・ウグベ博士、10年間、共に地域の子供に英語を教えながら踊って歌って、辛い研究生活の毎週末の心のオアシスを提供してくれたガーナ人ヤオ・アモアベン牧師にも心から感謝している。

改訂稿の最終誤字脱字チェック、構成について有益なアドバイスをくれた津田塾大学以来の親友、米山亜樹さんには、その編集者並みの能力によって最終段階で大いに助けられた。また研究生活に潤いを与えてくれた彼女の娘であり、私の師匠でもある瑞穂ちゃんには大いに救われた。子どものいない私にとって、ヨナスの責任の議論において「存在と当為」の完璧な表現としての「乳飲み子」の理解を最も深いレベルでもたらしてくれた新井佳芳ちゃんとご両親の新井ご夫妻、いつも笑顔で私を受け入れ、さらに最終執筆段階で断乳による夜泣きに起こされたおかげで、原稿執筆が加速したことも申し添えておかなくてはいけない。

最後に、私が研究の道に進むことを喜んでサポートしてくれた両親、この間ずっと祈りと共に伴走し続けてくれた妹るみえと姉こすも家族、そして何よりもわが家の貨幣経済部門を担い恵まれた私の研究生活を可能にしてくれた夫、折戸広志。昼夜別なく吹っかける私の議論につきあい、フィールドワークにかかる経費を快く支出し、必要な膨大な書籍の購入に文句も言わず、厳しい指導で落ち込んでいる私を励まし続け、この研究を全面的に支え続けてくれた彼には、感謝の言葉が見つからない。さまざまな事情で形式的には学位をもつことが叶わなかった彼に、この博士号の実質的な恵みの〝半分〟を〝Half Doctor〟として分かち合いたい。

2017年8月

折戸えとな

Verlag Frauenoffensive（＝2004，伊藤明子・近藤和子訳『女性と経済――主婦化・農民化する世界』日本経済評論社）.
八木紀一郎，2012，「書評：若森みどり著『カール・ポランニー――市場社会・民主主義・人間の自由』」『經濟學論集』78（3），79-81.
山口睦，2012，『贈答の近代――人類学からみた贈与交換と日本社会』東北大学出版会.
山岸俊男，1998，『信頼の構造――こころと社会の進化ゲーム』東京大学出版会.
山脇直司編，2015，『科学・技術と社会倫理――その統合的思考を探る』東京大学出版会.
柳田香織，2001，「市場社会の起源と進化――マクロ経済史の書き換えに向けて」杉浦克己・柴田徳太郎・丸山真人編著『多元的経済社会の構想』185-214.
柳原邦光・家中茂・仲野誠・光多長温，2011，『地域学入門――“つながり”をとりもどす』ミネルヴァ書房.
梁瀬義亮，1978，『生命の医と生命の農を求めて』柏樹社.
安室知，1999，『餅と日本人――「餅正月」と「餅なし正月」の民俗文化論』雄山閣出版.
―――，2012，『日本民俗生業論』慶友社.
安冨歩，2008，『生きるための経済学――〈選択の自由〉からの脱却』日本放送出版協会.
安冨歩，2010，『経済学の船出――創発の海へ』NTT出版.
除本理史・堀畑まなみ・尾崎寛直・土井妙子・根本志保子，2012，『福島原発事故による避難住民の被害実態調査報告書』OCU-GSB Working Paper No.201201.
吉川洋，1992，『日本経済とマクロ経済学』東洋経済新報社.
吉本光宏，1996，「造り酒屋の旦那――酒づくりに育まれた『旦那精神』」岩渕潤子編著，『「旦那」と遊びと日本文化――達人に学ぶ粋な生き方』PHP研究所，51-95.
吉永和加，2016，『〈他者〉の逆説＝Le paradoxe de l'《autre》――レヴィナスとデリダの狭き道』ナカニシヤ出版.

内田樹，2015，『困難な成熟』夜間飛行．

内山節，2006，『「創造的である」ということ（上） 農の営みから』農山漁村文化協会．

―――，2015，『半市場経済――成長だけでない「共創社会」の時代』角川書店．

―――，2015，「“時間”を抱く村――近代化政策とは別次元の暮らしと関係性の中で」『MOKU［特集］農――大地の感性』279，2015年6月号，MOKU出版，14-31．

―――，2015，『内山節著作集9 時間についての十二章』農山漁村文化協会．

内山節・大熊孝・鬼頭秀一・榛村純一編，1999，『市場経済を組み替える』農山漁村文化協会．

梅田一見，2015，「ソーシャル・イノベーション生成過程の研究――徳・卓越性の実践,使用価値の協創，そしてレバレッジング」立教大学大学院21世紀社会デザイン研究科博士論文．

宇根豊，2010，「いま，『農』を問う」『環――歴史・環境・文明』40，藤原書店，98-105．

宇野弘蔵，1969，『社会科学としての経済学』筑摩書房．

―――，[1965] 2014，『増補 農業問題序論』こぶし書房．

宇野弘蔵編，1956，『経済学 上・下』角川書店．

宇沢弘文，2000，『社会的共通資本』岩波書店．

―――，2013，『経済学は人びとを幸福にできるか』東洋経済新報社．

―――，2014，『経済と人間の旅』日本経済新聞出版社．

―――，2015，『宇沢弘文の経済学――社会的共通資本の論理』日本経済新聞．

―――，2016，『宇沢弘文 傑作論文全ファイル』東洋経済新報社．

―――，2017，『人間の経済』新潮社．

宇沢弘文・内橋克人，2009，『始まっている未来――新しい経済学は可能か』岩波書店．

若森みどり，2011，『カール・ポランニー――市場社会・民主主義・人間の自由』NTT出版．

―――，2014，「贈与――私たちはなぜ贈り合うのか」橋本努編『現代の経済思想』勁草書房，87-112．

―――，2015，『カール・ポランニーの経済学入門――ポスト新自由主義時代の思想』平凡社．

若月俊一，1978，『農村医学』勁草書房．

早稲田環境塾編，2011，『高畠学』藤原書店．

渡辺慧，2012，『時=toki』復刻新版，河出書房新社．

渡辺深，2002，『経済社会学のすすめ』八千代出版．

Werlhof, C. v,. 1991, *Was haben die Hühner mit dem Dollar zu tun: Frauen und Oekonomie.*

*Pluralist and Global Perspective*. Routledge, Taylor & Francis Group.
———, 2001, *The Values of Economics: an Aristotelian Perspective*. Routledge.
末原達郎, 2014,「文化としての農業を考える——社会の大転換期に」末原達郎・佐藤洋一郎・岡本信一・山田優著『農業問題の基層とはなにか——いのちと文化としての農業』ミネルヴァ書房, 1-70.
菅豊, 2005,「在地社会における資源をめぐる安全管理～過去から未来に向けて～」松永澄夫編『環境——安全という価値は…』東信堂.
菅野正寿・長谷川浩編, 2012,『放射能に克つ農の営み』コモンズ
杉浦克己・柴田徳太郎・丸山真人, 2001,『多元的経済社会の構想』日本評論社.
多辺田政弘, 2001,「コモンズ論——沖縄で玉野井芳郎が見たもの」『「循環型社会」を問う——生命・技術・経済』エントロピー学会編, 藤原書店, 245-268.
高木仁三郎, 1998,『いま自然をどうみるか　増補新版』白水社.
高橋巌, 2007,「有機農業の地域的展開とその課題——埼玉県小川町の取り組み事例を中心として」『食品経済研究』35, 90-118.
武井弘一, 2015,『江戸日本の転換点——水田の激増は何をもたらしたか』NHK出版.
玉野井芳郎, 1978,『地域主義——新しい思潮への理論と実践の試み』学陽書房.
———, 1985,『科学文明の負荷——等身大の生活世界の発見』論創社.
———, 1990,『玉野井芳郎著作集1　経済学の遺産』学陽書房.
———, 1990,『玉野井芳郎著作集2　生命系の経済に向けて』学陽書房.
———, 1990,『玉野井芳郎著作集3　地域主義からの出発』学陽書房
———, 1990,『玉野井芳郎著作集4　等身大の生活世界』学陽書房.
谷口光吉, 1991,「有機農業運動の地域的展開——山形県高畑町の実践から」松村和則・青木辰司編『高畠有機農業運動の課題と展望——提携消費者グループの高揚と停滞』家の光協会, 213-233.
Thompson, E.P., 1993, *Customs in Common*, New Press.
徳野貞雄, 2007,『農村（ムラ）の幸せ、都会（マチ）の幸せ——家族・食・暮らし』日本放送出版協会.
徳野貞雄, 2011,『生活農業論——現代日本のヒトと「食と農」』学文社.
友澤悠季, 2014,『「問い」としての公害——環境社会学者・飯島伸子の思索』勁草書房.
Tournier, P., 1948, *Les Forts et les Faibles.*（= 2008, 野邉地正之訳『強い人と弱い人』日本キリスト教団出版局).
坪井洋文, 1979,『イモと日本人——民俗文化論の課題』未來社.
———, 1982,『稲を選んだ日本人——民俗的思考の世界』未来社.
蔦谷栄一, 2013,『共生と提携のコミュニティ農業へ』創森社.
内田樹, 2011,『レヴィナスと愛の現象学』文藝春秋.

鈴木麻衣子・中島紀一・長谷川浩，2007，「地域に根ざした安定系としての有機農業の確立——埼玉県小川町霜里農場の実践から」日本有機農業学会編『有機農業研究年報』7，115-133.
鈴村興太郎・後藤玲子，2002，『アマルティア・セン——経済学と倫理学 改装新版』実教出版.
椎名重明，2014，『農学の思想——マルクスとリービヒ 増補新装版』東京大学出版会.
椎野秀蔵，1962，「特別報告　農薬の空中散布の現状と問題点」『北日本病害虫研究会年報』13，1-2.
島村菜津・辻信一，2008，『そろそろスローフード——今、何をどう食べるのか』大月書店.
Shimoguchi, N., Inaizumi, H., Yause, H., Omuro.K., 2015, "Impact of Farm-based Learning Practices on Young Farmers: Case from Organic Farm in Ogawa Town, Saitama Prefecture", Japan. J. ISSAAS 2, 143-167.
下口ニナ・稲泉博己・大室健治，2015，「有機農業による地域振興策に関わる制度的・組織支援の実際——有機農業推進法制定後の埼玉県小川町の事例から」『開発学研究』26（2），1-11.
下口ニナ・稲泉博己，2016，「埼玉県小川町における有機農業を核とした地域デザイン——地場豆腐屋の貢献に注目して（特集 地域デザインと地域創生）」『地域デザイン学会誌』7，107-21.
篠原雅武，2016，『複数性のエコロジー——人間ならざるものの環境哲学』以文社.
篠原徹，1998，『民俗の技術』朝倉書店.
———，1994，「環境民俗学の可能性（日本民俗学の回顧と展望）」『日本民俗学』200，111-125.
生源寺真一，2013，『農業と人間——食と農の未来を考える』岩波書店.
庄司俊作，2003，『近現代日本の農村——農政の原点をさぐる』吉川弘文館.
Smith, A., 1776 = 2003, *An Inquiry into Nature and Causes of the Wealth of Nations*, ed. R.H. Campbell and A.S. Skinner, Oxford University Press.
スミス・A.，1791 = 2007，山岡洋一訳『国富論——国の豊かさの本質と原因についての研究　上・下』日本経済新聞出版社.
Smith, A, 1759 = 2009. *The Theory of Moral Sentiments*. Penguin Books（= 2014，村井章子・北川知子訳『道徳感情論』日経BP社）.
祖田修，2013，『近代農業思想史——21世紀の農業のために』岩波書店.
Solnit, R., 2009, *A Paradise Built in Hell: the Extraordinary Communities that Arise in Aisasters*, Viking.（= 2010，高月園子訳『災害ユートピア——なぜそのとき特別な共同体が立ち上がるのか』亜紀書房）.
Staveren, I.v., 2015, *Economics after the Crisis: an Introduction to Economics from a*

の終焉—— グローバル経済がもたらしたもうひとつの危機』ダイヤモンド社).
Rotstein,A., 1990, "The Reality of Society: Karl Polanyi's Philosophical Perspective". in K. Polanyi-Levitt,ed., *The Life and Work of Karl Polanyi: a Celebration*. Black Rose Books.
齋藤純一, 2005, 『思考のフロンティア　自由』岩波書店.
境野米子・都築美津子編, 1991, 「有機農業運動に生きて」福島土といのちを守る会・十周年記念誌編集委員会.
桜井英治, 2011, 『贈与の歴史学——儀礼と経済のあいだ』中公新書.
———, 2017, 『交換・権力・文化——ひとつの日本中世社会論』みすず書房.
Sarthou-Lajus, N., 2012, *Éloge de la dette*, Puf.（= 2014, 高野優監訳・小林重裕訳『仮の哲学』太田出版).
佐藤光, 2006, 『カール・ポランニーの社会哲学——「大転換」以後』ミネルヴァ書房.
佐藤洋一郎, 2014, 「農業とはそもそも何であったのか——アグロフォレストリ、焼畑、水田漁労が語るもの」末原達郎・佐藤洋一郎,・岡本信一・山田優著『農業問題の基層とはなにか——いのちと文化としての農業』ミネルヴァ書房, 71-174.
セイヤー, A., 2009, 「批判としてのモラル・エコノミー」中島茂樹・中谷義和編『グローバル化と国家の変容「グローバル化の現代——現状と課題」』御茶の水書房.
Scott, J. C., 1976, *The Moral Economy of the Peasant: Rebellion and Subsistence in Southeast Asia*. Yale University Press.（= 1999, 高橋彰訳『モーラル・エコノミー——東南アジアの農民叛乱と生存維持』勁草書房).
———, 2009, *The Art of Not Being Governed: an Anarchist History of Up and Southeast Asia*. Yale University Press.（= 2013, 佐藤仁監訳『ゾミア——脱国家の世界史』みすず書房).
関礼子, 2013, 「強制された避難と『生活（life）の復興』」(〈特集〉複合過酷災害への応答——加害・被害の観点から）『環境社会学研究』19, 45-60.
関根友彦, 1990, 「経済学におけるパラダイム転換——宇野理論から玉野井理論へ」『玉野井芳郎著作集１　経済学の遺産』学陽書房, 343-359.
———, 2000, 「二〇世紀はヘーゲルとマルクスをどう超えたか——資本の弁証法」『マルクス理論の再構築——宇野経済学をどう活かすか』社会評論社, 59-82.
———, 2001, 「広義の経済学——脱資本主義過程の環境問題」エントロピー学会編,『「循環型社会」を問う——生命・技術・経済』藤原書店, 165-198.
Sen, A, K., 1982, *Choice, Welfare and Measurement*, Basil Blackwell.（= 1989, 大庭健・川本隆史訳『合理的な愚か者——経済学＝倫理学的探究』勁草書房).
———, 1987, *On Ethics & Economics*. Blackwell.（= 2002, 徳永澄憲・松本保美・青山治城訳『経済学の再生——道徳哲学への回帰』麗澤大学出版会).
司馬遼太郎, 1976, 『土地と日本人——司馬遼太郎対談集』中央公論社.

大倉季久，2017，「『個人化社会』と農業と環境の持続可能性のゆくえ——クオリティ・ターン以後」『環境社会学研究』22，25-40.

小関素明，2003，「網野史学の問題系列」小路田泰直編『網野史学の超え方——新しい歴史像を求めて』ゆまに書房，29-57.

Ploeg, J D. van der. 2008. *The New Peasantries: Struggles for Autonomy and Sustainability in an Era of Empire and Globalization*. Earthscan.

Polanyi, K., 1947, "Our Obsolete Market Mentality", *Commentary*, Feb.3, in Polanyi 1968（= 2003，「時代遅れの市場志向」玉野井芳郎・平野健一郎編訳『経済の文明史』筑摩書房）.

———, 1957a, "The Economy as Instituted Process", in C. Arensberg, K. Polanyi, and H. Pearson. eds., *Trade and Market in the Early Empires,* The Free Press.（= 2003，「制度化された過程としての経済」，玉野井芳郎・平野健一郎編訳『経済の文明史』筑摩書房）.

———, 1957b, "Aristotle Discovers Economy", in C. Arensberg, K. Polanyi, and H. Pearson. eds., *Trade and Market in the Early Empires*, The Free Press.（= 2003，「アリストテレスによる経済の発見」，玉野井芳郎・平野健一郎編訳『経済の文明史』筑摩書房）.

———, 1977, *The Livelihood of Man*, eds. H. Pearson, Academic Press.（= 1980 = 2005，玉野井芳郎・栗本慎一郎訳『人間の経済Ｉ——市場社会の虚構性』，玉野井芳郎・中野忠訳『人間の経済Ⅱ——交易・貨幣および市場の出現』岩波書店）.

———，2001, *The Great Transformation: the Political and Economic Origins of Our Time*. Beacon Press.（= 2009，野口建彦・栖原学訳『「新訳」大転換——市場社会の形成と崩壊』東洋経済新報社）.

———，2004，『経済と文明』栗本慎一郎・端信行編訳，筑摩書房.

———，2012，若森みどり・植村邦彦・若森章孝編訳『市場社会と人間の自由——社会哲学論選』大月書店.

———, 2014, *For a New West: Essays, 1919-1958,* Polity Press.（= 2015，福田邦夫・池田昭光・東風谷太一・佐久間寛訳『経済と自由——文明の転換 ポランニー・コレクション』筑摩書房）.

Polanyi-Levitt, K., ed., 1990, *The Life and Work of Karl Polanyi: a Celebration*. Black Rose Books.

Putnam, H., 2002, *The Collapse of the Fact/Value Dichotomy and Other Essays*. Harvard University Press.（= 2006，藤田晋吾・中村正利訳『事実／価値二分法の崩壊』，法政大学出版局）.

Robbins, L., 1935, *An Essay on the Nature and Significance of Economic Science*. Macmillan.（= 2016，小峯敦・大槻忠史訳『経済学の本質と意義』京都大学学術出版会）.

Roberts, P., 2008, *The End of Food*, Houghton Mifflin Company.（= 2012，神保哲生訳『食

似田貝香門，2012，「〈災害時経済〉とモラル・エコノミー試論（特集 東日本大震災と福祉社会の課題――〈交響〉と〈公共〉の臨界）」『福祉社会学研究』9，11-25.
似田貝香門編，2008，『自立支援の実践知――阪神・淡路大震災と共同・市民社会』東信堂.
似田貝香門・吉原直樹編，2015，『震災と市民』東京大学出版会.
―――，2015，『連帯経済とコミュニティ再生』東京大学出版会.
新田文子，2014，『青木てる物語――官営富岡製糸場工女取締：養蚕と蚕糸』（自費出版）
野家啓一，2013，「人文学の使命――スローサイエンスの行方」菅裕明他『研究する大学――何のための知識か』岩波書店，165-195.
North,D., 1981, *Structure and Change in Economic History*, WW Norton & Co Inc.（＝2013，大野一訳『経済史の構造と変化』日経BPクラシックス）.
野崎泰伸，2015，『「共倒れ」社会を超えて――生の無条件の肯定へ！』筑摩書房.
小川孔輔，2011，『しまむらとヤオコー――小さな町が生んだ2大小売チェーン』小学館.
小川町編，1998，『小川町の歴史　絵図で見る小川町』小川町.
―――，2000，『小川町の歴史　別編　民俗編』小川町.
―――，2003，『小川町の歴史　通史編　上・下』小川町.
小口広太，2011a，「むらと有機農業の受容――埼玉県比企郡小川町下里地区を事例として」日本村落研究学会第59回大会個別報告.
―――，2011b，「有機農業の展開と農家の対応――埼玉県比企郡小川町下里一区を事例として」日本有機農業学会第12回大会個別報告.
―――，2012，「有機農業への転換参入は何を意味するのか――埼玉県比企郡小川町下里地区を事例として」日本村落研究学会第60回大会個別報告.
―――，2013，「地域社会における有機農業の展開要因に関する一考察――埼玉県小川町下里一区を事例として」『有機農業研究』5（2），14-25.
―――，2016，「有機農業の地域的展開に関する実証的研究――埼玉県比企郡小川町を事例として」明治大学大学院農学研究科博士論文.
岡田米雄，1964，『私の農村日記――新しい共同経営の試み』筑摩書房.
―――，1969，『農民志願』現代評論社.
―――，1970，「農業哲学序説」『思想の科学』109，別冊増刊号（2），2-13. 岡本雅美監修・寺西俊一・井上真・山下英俊編，2014，『自立と連携の農村再生論』東京大学出版会.
大庭健，1989，『他者とは誰のことか――自己組織システムの倫理学』勁草書房.
―――，2005，『「責任」ってなに？』講談社.
大熊信行，1974，『生命再生産の理論――人間中心の思想』東洋経済新報社.

G.A.S. フランスのAMAP、そして日本の提携」『季刊　くらしと協同』第9号，くらしと協同の研究所，43-51.
本野一郎，2011，『有機農業による社会デザイン――文明・風土・地域・共同体から考える』現代書館.
村上潔，2012，『主婦と労働のもつれ――その争点と運動』洛北出版.
室田武，2015，「宇沢理論における経済の形式と実在」『現代思想　3月臨時増刊号総特集　宇沢弘文』Vol.43-4，青土社，204-213.
Najita, T., 2009, *Ordinary Economies in Japan: A Historical Perspective, 1750-1950*, The University of California Press.（＝2015，五十嵐暁郎監訳『相互扶助の経済――無尽講・報徳の民衆思想史』みすず書房）.
中村尚司，1998，『地域自立の済学〔第2版〕』日本評論社.
―――，2001，「循環と多様から関係へ――女と男の火遊び」『「循環型社会」を問う――　生命・技術・経済』エントロピー学会編，藤原書店，235-236.
中村修，1995，『なぜ経済学は自然を無限ととらえたか』日本経済評論社.
中村雄二郎・金子郁容，1999，『弱さ（21世紀へのキーワード インターネット哲学アゴラ5)』岩波書店.
中西徹，2015，「『弱者』の戦略」『現代社会と人間への問い――いかにして現在を流動化するのか』内田隆三 編著，せりか書房，43-70.
中沢新一・國分功一郎，2013，『哲学の自然』太田出版.
根本志保子，2012「金銭換算できない精神的苦痛――浪江町避難住民からの聞き取り調査より」除本理史・堀畑まなみ・尾崎寛直・土井妙子・根本志保子『福島原発事故による避難住民の被害実態調査報告書』OCU-GSB Working Paper No.201201.
―――，2014a「第7章　産消提携による食の安全・安心と環境配慮――生産を支える仕組みと原発事故への対応」『自律と連携の農村再生論』東京大学出版会，67-201.
―――，2014b，「消費――消費者は環境に責任があるのか」橋本努編『現代の経済思想』勁草書房，315-339.
―――，2016，「フード・アクティヴィズムにおける協働と消費者の自主的参加メカニズムの検討（社会経済活動における『協働』と自主的参加メカニズムの検討――食料市場，エネルギー市場，対人社会サービス市場を素材にして)」『日本大学経済学部経済科学研究所紀要』46，77-97.
西川潤・Humbert, M., 2017，『共生主義宣言――経済成長なき時代をどう生きるか』コモンズ.
西谷修編，2011，『“経済”を審問する――人間社会は“経済的”なのか？』せりか書房.
日本有機農業研究会青年部，1983，『われら百姓の世界』野草社.

———，2008，『有機農業運動と「提携」のネットワーク』新曜社.
———，2017，「有機農業運動の展開にみる〈持続可能な本来農業〉の探求」『環境社会学研究』22，5-24.
桝潟俊子・松村和則，2002，『食・農・からだの社会学』新曜社.
桝潟俊子・谷口吉光・立川雅司，2014，『食と農の社会学——生命と地域の視点から』ミネルヴァ書房.
松井健一，1998，「マイナー・サブシステンスの世界」篠原徹編『民俗の技術』朝倉書房.
松村和則，1995，「有機農業の論理と実践——『身体』のフィールドワークへの希求」『社会学評論』45（4），437-451.
松村和則・青木辰司・谷口吉光・桝潟俊子，1991，『有機農業運動の地域的展開——山形県高畠町の実践から』家の光協会.
Mauss, M., 1925, *Essai sur le don: Forme et Raison de L'échange Dans les Sociétés Archaïques*.（= 2009, 吉田禎吾・江川純一訳『贈与論』筑摩書房）.
McRobbie, K., 1994, *Humanity, Society and Commitment: on Karl Polanyi*, Black Rose Books.
Mies, M., Bennholdt-Thomsen,V.,1999, *The Subsistence Perspective: Beyond the Globalised Economy*, Zed Books.
Mies, M., 1986, *Patriarchy and Accumulation on a World Scale*, Zed Books.（=1997, 奥田暁子訳『国際分業と女性——進行する主婦化』日本経済評論社）.
美甘由紀子，2001，「作物禁忌論の再検討——由来譚の分析を通して（特集　民俗学の諸相）」『史潮』（49）62-73.
南亮一，2011，「商業統計の業態別データに見る小売構造の変化」法政大学イノベーション・マネジメント研究センター『Working Paper Series』No. 113.
光岡浩二，2001，『日本農村の女性たち——抑圧と差別の歴史』日本経済評論社.
宮田登，1999，「経済学と民俗学」『神と資本と女性　日本列島史の闇と光』新書館，193-223.
森清編著，1991，『対談集　労働の近未来へ』，日本評論社.
森岡正博，2000，『脳死の人——生命学の視点から　増補決定版』法藏館.
諸富徹，2003，『思考のフロンティア　環境』岩波書店.
Mostaccio,F., 2015, "The Solidarity Economy in Italy: The Fair Trade Italian Consumers and the G.A.S Experience",『明治大学日欧社会的企業研究センター　2014年度セミナー記録「イタリアとフランスの連帯経済：「食と農」分野における最前線／ Solidarity Economy in Italy and France: Frontiers in the Field of Food and Agriculture」明治大学日欧社会的企業研究センター編，7-28，明治大学商学部柳沢敏勝研究室.
Mostaccio, F.今井，2014，「『食と農』セクターにおける連帯経済——イタリアの

Consumers". *Sociologia Ruralis*, Vol.45, No.4.
Laville J.-L., ed., 2007, *L'économie solidaire. Une perspective internationale*, Hachette Litteratures（= 2012, 北島健一・鈴木岳・中野佳裕訳 『連帯経済――その国際的射程』生活書院).
Le Naire, O. & Rabhi, P., 2013, *Pierre Rabhi, semeur d'espoir- Entretiens*, Actes Sud, Arles.（= 2017, 天羽みどり訳『希望を蒔く人――アグロエコロジーへの誘い』コモンズ).
Lévinas, E., 1961, *Totalité et Infini: Essai sur l'extériorité*, Martinus Nijhoff Publishers.（= 2005/2006, 熊野純彦訳『全体性と無限』(上)(下) 岩波書店).
———, 1984, *Ethique et Infini: dialogues avec Philippe Nemo*.（= 2010, 西山雄二訳『倫理と無限―― フィリップ・ネモとの対話』筑摩書房).
Lind, C., 1994, "How Karl Polanyi's Moral Economy Can Help Religious and other Social Critics." in K. McRobbie, ed., *Humanity, Society and Commitment: on Karl Polanyi*. Black Rose Books.
Luhmann, N, 1968 = 1973, *Vertrauen: ein Mechanismus der Reduktion Sozialer Komplexitat*. utb, Stuttgart.（= 1990, 大庭健・正村俊之訳『信頼――社会的な複雑性の縮減メカニズム』勁草書房).
間宮陽介, 2015,「社会的共通資本の思想」『現代思想　3月臨時増刊号　総特集　宇沢弘文』青土社, 76-87.
Mancuso, S. & Viola, A, 2015, *Verde Brillante: Sensibilità e Intelligenza del Mondo Vegetale*. Orizzonti.（= 2015, 久保耕司訳『植物は〈知性〉をもっている―― 20の感覚で思考する生命システム』NHK出版).
丸山博, 1975,『食品公害論』医療図書出版社.
丸山真人, 2001a,「広義の経済学の方法――市場原理の相対化にむけて」『多元的経済社会の構想』日本評論社, 139-158.
———, 2001b,「地域通貨――環境調和型経済を構築するために」『「循環型社会」を問う――生命・技術・経済』エントロピー学会編, 藤原書店, 199-215.
———, 2006,「カール・ポランニー――実体＝実在としての経済を求めて」大田一廣・鈴木信雄・高 哲男・八木紀一郎編『経済思想史――社会認識の諸類型』名古屋大学出版会.
———, 2014,「エコロジー経済学と生命系の経済学（室田武教授古稀記念論文集)」『経済学論叢』65 (3), 279-308.
丸山徳次, 2009,「4　公害・正義――「環境」から切り捨てたもの／者」鬼頭秀一・福永真弓編『環境倫理学』東京大学出版会, 67-80.
桝潟俊子, 1995,「有機農業運動の展開と環境社会学の課題（〈特集〉環境社会学のパースペクティブ)」『環境社会学研究』1, 38-52.

———, 2016,「動物哲学から動物の哲学へ」『談』106, 水曜社.
金子郁容, 1992,『ボランティア——もうひとつの情報社会』岩波書店.
———, 1998,『ボランタリー経済の誕生——自発する経済とコミュニティ』実業之日本社.
笠井高人, 2015,「カール・ポランニーの社会経済思想と『複合社会』像」同志社大学大学院経済学研究科博士論文.
勝俣誠、マルク・アンベール編著, 2011,『脱成長の道——分かち合いの社会を創る』コモンズ.
河上一雄, 1968,「栽培植物禁忌研究への予備的考察」『日本民俗学会報』56, 16-29.
———, 1979,「作物禁忌　胡瓜禁忌を中心として」五来重他編『巫俗と俗信』『講座・日本の民俗宗教 4　巫俗と俗信』弘文堂, 294-312.
岸康彦編, 2009,『農に人あり志あり』創森社.
北野収, 2016,「食と農をめぐる新しい』『市民的』潮流」『農村と都市をむすぶ』778, 29-39.
鬼頭秀一, 1996,『自然保護を問いなおす——環境倫理とネットワーク』筑摩書房.
———, 2005,「リスクを分かち合える社会は可能か～リスク論の環境倫理による問直し」松永澄夫編『環境——安全という価値は…』東信堂, 233-258.
———, 2012,「民俗学における学問の『制度化』とは何か——自然科学の『制度化』の中から考える」岩本通弥、菅豊、中村淳編著『民俗学の可能性を拓く「野の学問」とアカデミズム』青弓社.
鬼頭秀一・福永真弓編, 2009,『環境倫理学』東京大学出版会.
Klages,K.H., 1928, *Crop Ecology and Ecological Crop Geography in the Agronomic Curriculum*. The Journal of American Society of Agronomy.
Kohn, E., 2013, *How Forests Think: Toward an Anthropology Beyond the Human*. University of California Press.（= 2016, 近藤祉秋・二文字屋脩共訳『森は考える——人間的なるものを超えた人類学』亜紀書房).
小路田泰直編, 2003,『網野史学の越え方——新しい歴史像を求めて』ゆまに書房.
小手川正二郎, 2015,『甦るレヴィナス——「全体性と無限」読解』水声社.
栗原彬編, 2015,『人間学』世織書房.
———, 2015,『ひとびとの精神史 3　六〇年安保——1960年前後』岩波書店.
———, 2016,『ひとびとの精神史 9 震災前後——2000年以降』岩波書店.
栗原克丸, 2004,『民俗拾遺——比企郡小川地方を中心に』水脈社.
桑子敏雄, 2014,「農業空間の未来学」桑子敏雄・浅川芳裕・塩見直紀・櫻井清一『日本農業への問いかけ——「農業空間」の可能性』ミネルヴァ書房, 1-82.
Lamine, C, 2005, “Settling Shared Uncertainties; Local Partnership Between Producers and

飯塚里恵子, 2012,「土の力が私たちの道を拓いた――耕すことで見つけだした希望」菅野正寿・長谷川浩編著『放射能に克つ農の営み――福島から希望の復興へ』コモンズ, 64-87.
池田寛二, 1987,「モラル・エコノミーとしての入会とその現代的意義――兵庫県下の生産森林組合の動向を中心にして」『千葉大学人文研究』16, 25-72.
――――, 1988,「モラル・エコノミーの射程――農業問題への歴史社会学的視座」『思想』773, 175-201.
池上甲一, 2016,「農業の新たな可能性――農業の枠を広げることの意義」『都市と農村をむすぶ』778, 40-47.
池上甲一・原山浩介, 2011,『食と農のいま』ナカニシヤ出版.
Illich, I, 1982, *Gender*, Marion Boyars Publishers Ltd.（= 1984, 玉野井芳郎訳『ジェンダー』岩波書店).
今村仁司, 1988,『仕事』弘文堂..
――――, 1994,『近代性の構造』講談社.
――――, 1998,『近代の労働観』岩波書店.
――――, 2000,『交易する人間（ホモ・コムニカンス)』講談社.
稲泉博己・下口ニナ・安江紘幸・大室健治, 2014,「有機農法の先駆者による青年農業者の育成方法――埼玉県小川町霜里農場40年の取り組みから」日本農業経済学会論文集, 184-189.
伊藤幹治, 2011,『贈答の日本文化』筑摩書房.
岩渕潤子編, 1996,『「旦那」と遊びと日本文化――達人に学ぶ粋な生き方』PHP研究所.
岩井克人, 2003,『会社はこれからどうなるのか』平凡社.
岩井克人・小林陽太郎・原丈人・糸井重里, 2005,『会社はだれのものか』平凡社.
岩野卓司, 2014,『贈与の哲学――ジャン＝リュック・マリオンの思想』明治大学出版会.
岩佐礼子, 2015,『地域力の再発見――内発的発展論からの教育再考』藤原書店.
Iyengar, S., 2011, *The Art of Choosing*. Abacus.（= 2014, 櫻井祐子訳,『選択の科学――コロンビア大学ビジネススクール特別講義』文春文庫).
Jonas, H., 1979, *Das Prinzip Verantwortung. Versuch einer Ehik fur die technologische Zivilisation*. Insel-Verlag.（= 2010, 加藤尚武監訳『責任という原理――科学技術文明のための倫理学の試み』東信堂).
影浦峡, 2012,「信頼をめぐる状況と語りの配置」『科学』82（5), 510-516.
蔭山公雄, 1985,「昭和の酒造り（その3）戦後の窮乏から復興, そして機械化, 大量製造へ　昭和25年より44年まで」『日本釀造協會雜誌』80（4), 227-233.
金森修, 2012,『動物に魂はあるのか――生命を見つめる哲学』中央公論新社.

荷見武敬・鈴木利徳編著，1980，『有機農業への道――土・食べもの・健康 新訂版』楽游書房.
波夛野豪，1998，『有機農業の経済学――産消提携のネットワーク』日本経済評論社.
―――，2013，「CSAの現状と産消提携の停滞要因――スイスCSA（ACP：産消近接契約農業）の到達点と産消提携原則 」『有機農業研究』5巻1，21-31.
―――，2004，「あらためて産消提携を考える」『有機農業研究年報』4，53-70.
久野秀二，2008，「バイオ燃料ブームの政治経済学　グリーンはどこまでクリーンか？」『農業農協問題研究』38, 16-27.
本間岳史，2015，「青石の特質と石材への利用」『青石の里　小川町の中世を語る2015資料集』小川町・小川町教育委員会.
星寛治，1977，『鍬の詩――“むら”の文化論』ダイヤモンド社.
―――，1997，「18章　金子美登　日本の有機農業の大黒柱」佐藤藤三郎・星完治・山下惣一著『三〇人の大百姓宣言――農の時代を創る主役たち』ダイヤモンド社，171-179.
星寛治・山下惣一，1981，『北の農民南の農民――ムラの現場から』現代評論社.
細川あつし，2014，「エシカル・ビジネス概念とその事業モデルとしての従業員所得事業」立教大学大学院21世紀社会デザイン研究科博士論文.
細川あつし，2015，『コーオウンド・ビジネス――従業員が所有する会社』築地書館.
アンベール－雨宮裕子，2010，「TEIKEIからAMAPへ――フランスに台頭する地産地消の市民運動」『環――歴史・環境・文明』40，藤原書店，184-197.
―――，2011，「TEIKEIからAMAPへ――互助のがまん較べか、きたえあう連帯か」池上甲一・原山浩介編『食と農のいま』ナカニシヤ出版，314-337.
―――，2012，「うららかな日仏交流牧場を夢見て」『PRIME』35，51-69.
―――，2013，「フクシマの被災農家たち――極限の選択をしいられて」『震災とヒューマニズム――3・11後の破局をめぐって』明石書店，176-186.
Humbert, M., 2011,「社会主義も資本主義も超えて」勝俣誠・マルク・アンベール編著，『脱成長の道――分かち合いの社会を創る』コモンズ，176-205.
Hyde, L.,1979, *The Gift: Imagination and the Erotic Life of Property*. Vintage Books.（ ＝ 2002，井上美沙子・林ひろみ訳『ギフト――エロスの交易』法政大学出版局).
茨木泰貴・井野博満・湯浅欽史，2015，『場の力、人の力、農の力――たまごの会から暮らしの実験室へ』コモンズ.
一楽照雄，1973，「現代協同組合運動の基本問題について」『協同組合経営研究月報』235，協同組合経営研究所.
一楽照雄伝刊行会，1996，『暗夜に種を播く如く――一楽照雄伝 普及版』一楽照雄伝刊行会.
井上隆三郎，1979，『健保の源流――筑前宗像の定礼』西日本新聞社.

*World Food Security.*（= 2014，家族農業研究会／農林中金総合研究所訳『家族農業が世界の未来を拓く——人口・食料・資源・環境：食料保障のための小規模農業への投資』農山漁村文化協会）.

Fraser, N., 2014, "Behind Marx's Hidden Abode: For an Expanded Conception of Capitalism" *New Left Review*, 86, Mar/Apr. 55-72.（= 2015，竹田杏子訳「マルクスの隠れ家の背後へ——資本主義の概念の拡張のために」『大原社会問題研究所雑誌』No.683/684, 7-10）.

———, 2016, "Rethinking Capitalism. Crisis and Critique: An Interview with Nancy Fraser, Interview by Gaël Curty".（= 2017，斎藤幸平訳「〈インタビュー〉資本主義、危機、批判を再考する——ナンシー・フレイザーに聞く：聞き手＝ガエル・カーティ」『思想』1118，2017年6月号，岩波書店，71-86）.

藤田菜々子，2014，「価値——価値は価格に反映されているのか」橋本努編『現代の経済思想』勁草書房，143-170.

藤原辰史，2012，『ナチス・ドイツの有機農業——「自然との共生」が生んだ「民族の絶滅」』柏書房.

———，2014，『食べること考えること』共和国.

福地重孝，1963，『近代日本女性史』雪華社.

福永真弓，2010，『多声性の環境倫理——サケが生まれ帰る流域の正当性のゆくえ』ハーベスト社.

———, 2014，「生に『よりそう』——環境社会学の方法論とサステイナビリティ（環境社会学のブレイクスルー）」『環境社会学研究』20，77-99.

———，2016，「エコロジーとフェミニズム—— 生（life）への感度をめぐって」『女性学研究』23，1-26.

降旗節雄・伊藤誠，2000，『マルクス理論の再構築——宇野経済学をどう活かすか』社会評論社.

古沢広祐，1988，『共生社会の論理——いのちと暮らしの社会経済学』学陽書房.

———，1990，『共生時代の食と農——生産者と消費者を結ぶ』家の光協会.

Gliessman, S. R., 2007, *Agroecology: The Ecology of Sustainable Food Systems*, 2nd ed. CRC Press.

Gudeman, S., 2001, *The Anthropology of Economy: Community, Market, and Culture*. Blackwell.

原洋之介，2006，『「農」をどう捉えるか——市場原理主義と農業経済論』書籍工房早山.

針谷勉，2012，『原発一揆——警戒区域で戦い続ける"ベコ屋"の記録』サイゾー.

橋本努編，2014，『現代の経済思想』勁草書房.

花崎皋平，2012，『天と地と人と——民衆思想の実践と思索の往還から』七つ森書館.

有吉佐和子，1975，『複合汚染（上・下）』新潮社．

———，1977，『複合汚染その後』潮出版社．

坂東洋介，2015，「『経世済民』から『経済』へ」『ニュクス』創刊号，堀之内出版，96-107．

Baum, G., 1996, *Karl Polanyi on Ethics and Economics*. McGill-Queen's University Press.

Berque, A.,1986, *Le Sauvage et L'artifice: Les Japonais Devant La Nature*, Gallimard.（＝1992，篠田勝英訳『風土の日本――自然と文化の通態』筑摩書房）．

Bock, G & Duden, B., 1977, *Arbeit aus Liebe-Liebe als Arbeit: Zur Entstehung der Hausarbeit im Kapitalismus*. Frauen und Wissenschaft, Courage-verlag.（＝1986，丸山真人編訳「資本主義と家事労働の起源」『家事労働と資本主義』岩波書店）．

Bowlez, S., 2016, *The Moral Economy: Why Good Incentives Are No Substitute for Good Citizens*. Yale University Press.（＝2017，植村博恭・磯谷明徳・遠山弘徳訳『モラル・エコノミー――インセンティブか善き市民か』NTT出版）．

Brown, B., 2012, *Daring Greatly: How the Courage to be Vulnerable Transforms the Way We Live, Love, Parent, and Lead*. Gotham Books.

Caille, A. & Laville, J., 2007, "Actualité de Karl Polanyi", *Revue du MAUSS*, 29(1), 80-109.（＝2011，藤岡俊博訳「カール・ポランニーの現代性――『ポランニー論集』へのあとがき」西谷修編『経済を審問する』せりか書房，256-296）．

Cayley, D., 1992, *Ivan Illich in Conversation*. House of Anansi Press.（＝2005，高島和哉訳『生きる意味――「システム」「責任」「生命」への批判』藤原書店）．

Cembalo. L, A. Lombardi, S. Pascucci, D. Dentoni, G. Migliore, F. Verneau, and G. Schifani, 2012, "The Beauty of the Commons Consumers' participation in Food Community Networks", *Research in Agricultural and Applied Economics*.（http://ageconsearch.umn.edu/bitstream/123531/2/Cembalo_TheBeautyOfTheCommons.pdf）．

Daly, H. E. & Cobb, B. D., 1994, *For the Common Good: Redirecting the Economy toward Community, the Environment, and a Sustainable Future*. Beacon Press.

Daly, H. E.& Farley, J (2010). *Ecological Economics: Principles and Applications (2nd ed.)*. Island Press.

Duncan. C., & Maruyama. M., 1990, "The Japanese Counterpart to Karl Polanyi: The Power and Limitations of Kozo Uno's Perspective", *The Life and Work of Karl Polanyi: a Celebration*. Black Rose Books.

エントロピー学会編，2001，『「循環型社会」を問う――生命・技術・経済』藤原書店．

Food, Agriculture Organization of the United Nations. High Level Panel of Experts on Food Security, Nutrition, 2013, *Investing in Smallholder agriculture for food security : a report by the High Level Panel of Experts on Food Security and Nutrition of the Committee on*

## そのほかの文献


Aaserud, F., 1990, *Redirecting Science: Niels Bohr, Philanthropy, and the Rise of Nuclear Physics*. Cambridge University Press.（＝2016，矢崎裕二訳『科学の曲がり角——ニールス・ボーア研究所ロックフェラー財団核物理学の誕生』みすず書房.

足立恭一郎，1989，「有機農産物の基準づくりに関する一考察——"いわゆる"有機農業は果たして高付加価値型農業か」『農総研季報』4，農林水産研究所，29-53.

安藤丈将，2015，「ネオリベの時代に「新農本主義」を求めて」『現代思想　3月臨時増刊号　総特集　宇沢弘文』青土社，214-227.

明峯哲夫，2016，『生命を紡ぐ農の技術——明峯哲夫著作集』コモンズ.

秋津元輝，2010，「農業の社会学——誰がどう農業を担うのか」祖田修・杉村和彦編『食と農を学ぶ人のために』世界思想社，127-145.

———，2014，「食と農をつなぐ倫理を問い直す」桝潟俊子・谷口吉光・立川雅司編著『食と農の社会学——生命と地域の視点から』ミネルヴァ書房，275-292.

Altieri, M, 1987, *Agroecology: the Scientific Basis of Alternative Agriculture*. Westview Press, IT Publications.

天笠啓祐，2007，『バイオ燃料——畑でつくるエネルギー』コモンズ.

天野正子，1996，『「生活者」とはだれか？——自律的市民像の系譜』中央公論社.

———，2012，『現代「生活者」論——つながる力を育てる社会へ』有志舎.

網野善彦，1996，『増補　無縁・公界・楽　日本の中世の自由と平和』平凡社.

———，2005，『日本の歴史をよみなおす（全）』筑摩書房.

———，2012，『新版　日本中世に何が起きたか——都市と宗教と「資本主義」』洋泉社.

網野善彦・宮田登，1998，『歴史の中で語られてこなかったこと』洋泉社.

———，1999，『神と資本と女性　日本列島史の闇と光』新書館.

Anderson, E., 1993, *Value in Ethics and Economics*. Harvard University Press.

Anspach, M. R, 2002, *A Charge de Revanche: Figures Elementaires de la Reciprocite*. Seuil.（＝2012，杉山光信訳『悪循環と好循環——互酬性の形　相手も同じことをするという条件で』新評論).

安全な食べ物を作って食べる会，2005，『村と都市を結ぶ三芳野菜——無農薬・無化学肥料30年』ボロンテ.

青木孝平，2016，『「他者」の倫理学——レヴィナス、親鸞、そして宇野弘蔵を読む』社会評論社.

青木玲子，2015，「今日の技術と市場を考える」経済セミナー編集部編『経済セミナー増刊　これからの経済学——マルクス、ピケティ、その先へ——総力ガイド！　豪華61人の経済学者による徹底解説』日本評論社.

荒谷大輔，2013，『「経済」の哲学——ナルシスの危機を越えて』せりか書房.

# 文 献

## 霜里農場、金子美登氏文献資料一覧

[1] 1971年，農業者大学校卒業論文「酪農経営計画」.

[2] 1979年，「農的世界の幕開け」，農業者大学校寄稿論文.

[3] 1981年，「新しい農の世界“自給区”の広がりを」『新しい農の世界』日本有機農業研究会，93-112.

[4] 1983年a，「対談　農業は男のロマンだ！」『われら百姓の世界』日本有機農業研究会青年部，10-25.

[5] 1983年b，「小さな自給区づくりをめざして」（2月定例会発表記録）『土と健康』129，日本有機農業研究会，5-10.

[6] 1986年，『未来をみつめる農場』岩崎書店.

[7] 1989年，「有機農業運動の現状Ⅰ　日本における現状二　霜里農場」『有機農業　新しい「食と農」の運動』国民の食糧白書‘89　食糧問題国民会議編』亜紀書房，10-15.

[8] 1990年，「農から見える未来――有機農業18年の実践から」『生態学的栄養学研究』14，生態学的栄養学研究会，7-16.

[9] 1991年，「実践者からみた日本の農業と環境」久宗高・熊澤喜久雄（監修）『環境保全型農業と世界の経済』農山漁村文化協会，212-250.

[10] 1992年，『いのちを守る農場から』家の光協会.

[11] 1999年，「土づくりと肥料」『有機農業ハンドブック土づくりから食べ方まで』日本有機農業研究会，13-29.

[12] 2002年，「第9章　有機農業による〈循環型地域社会〉づくり1　食・エネ自給と地場産業ネットワーク：埼玉県小川町・地域循環モデル」『食・農・からだの社会学』桝潟俊子・松村和則編，新曜社，156-167.

[13] 2003年，『絵とき金子さんちの有機家庭菜園』家の光協会.

[14] 2009年，「限りなく永遠に近い農――有機農業実践40年の現場から」『農業と経済』75（3）昭和堂，92-99.

[15] 2010年，『有機自給菜園』家の光協会.

[16] 2010年，「小利大安の世界を地域に広げる」『有機農業の技術と考え方』中島紀一，金子美登，西村和雄編集，コモンズ.

[17] 2014年，「確かな未来へ――内発的発展の村おこし」（山形県高畠町和田資料館での講演配布資料）2014年11月9日，「一楽思想を語る会」.

[18] 2015年，「お礼制の産消提携をはじめたわけ」（日仏会館での講演原稿）2015年2月17日，「日仏セミナー　福島から考える家族農業」.

〈著者紹介〉
折戸えとな
1975年12月7日　横浜生まれ
2001年3月　津田塾大学学芸学部国際関係学科卒業
2011年3月　立教大学大学院異文化コミュニケーション研究科博士前期課程修了（異文化コミュニケーション学修士）
2017年9月　東京大学大学院新領域創成科学研究科博士後期課程修了（環境学博士）

# 贈与と共生の経済倫理学

## ポランニーで読み解く金子美登の実践と「お礼制」

2019年1月15日　初版第1刷発行
2020年11月3日　初版第2刷発行

著　者　折戸えとな

発行者　大野祐子／森本直樹
発行所　合同会社 ヘウレーカ
http://heureka-books.com
〒180-0002　東京都武蔵野市吉祥寺東町2-43-11
TEL : 0422-77-4368
FAX : 0422-77-4368

装　幀　末吉 亮（図工ファイブ）

印刷・製本　モリモト印刷株式会社

ISBN 978-4-909753-01-4　C1036